Vorschusslorbeeren für „Erfolg im Direktvertrieb"

Top-Führungskräfte sind sich einig:
dieses Buch wird dir dabei helfen, das größtmögliche Geschäft aufzubauen!

"ICH LIEBE DIESES BUCH! Hätte ich es früher gelesen, hätte es mir Hunderte von Stunden erspart. Es ist DER ECHTE STOFF, DIE WAHRHEIT darüber, was jeder über dieses Geschäft wissen muss. Ich werde es in meinem gesamten Team einsetzen."

—**Eugene Hong**, Partner bei YOLI

"ICH HASSE DIESES BUCH! Weil ich es hätte schreiben sollen ... aber dann wäre es nicht so gut geworden. Erfolg im Direktvertrieb ist das ultimative Schulungswerkzeug zum Aufbau eines erfolgreichen Geschäfts."

—**Erick Gamio**

"Einfach unglaublich - und eine Goldmine an Informationen. Duplikation ist der Schlüssel für ein erfolgreiches Geschäft im Direktvertrieb und Randy Gage ist der Meister im Unterrichten."

—**Zach Bradley,** Präsident bei ZYIA Active

"Ich hoffe, dass jeder CEO und Manager im Direktvertrieb dieses Buch liest!"

—**Art Jonak,** Gründer des Mastermind-Events

"Dieses Buch ist großartig! Es zeigt dir, worum es bei wahrer Führung geht und es konnte nur von jemandem geschrieben werden, der diese Werte er- und gelebt hat. Noch nie hat es in unserer Branche ein solch starkes Arbeitswerkzeug gegeben, das dir zum Erfolg verhelfen wird."

—**Dan Higginson,** Gründer von Synergy Worldwide

"Ich kann dieses Buch gar nicht genug loben und bin dankbar, dass Randy es geschrieben hat. Zu viele Bücher über Direktverkauf stammen von Menschen, die gar nicht die Erfolge erreicht haben, die sie für sich beanspruchen. Oder die ihre ehemaligen Erfolge nicht aufrecht erhalten konnten. Randy Gage ist seit mehreren Jahrzehnten erfolgreich im Geschäft, weshalb er über Einsichten und Fachkenntnisse verfügt, die nur wenige haben. Und über die noch weniger Menschen mit anderen sprechen."

—**Dana Collins,** Partnerin bei Arbonne

"Erfolg im Direktvertrieb ist zweifellos der BESTE LEITFADEN, wenn du dir ein eigenes Team aufbaust! Randy gibt dir einen klaren und vor allem bewährten Weg vor, mit dem du deine Ziele erreichen kannst. Jedes Mal, wenn ich eines seiner Bücher lese, fühle ich mich wohl und bin mir sicher, dass wir alle Dinge richtig machen."

—**Lily Rosales**, FuXion Biotech

"Egal, ob du zur alten oder neuen Garde gehörst - dieses Buch ist für dich gemacht. Ich finde es toll, dass Randy lehrt, wie man neue Methoden einsetzt, aber gleichzeitig auch mit den bewährten Grundprinzipien des Direktverkaufs arbeitet. Durch seine Erfahrungen aus dem wahren Leben und seine verrückt-geniale Art, Dinge zu erklären, macht er die Dinge leicht verständlich und duplizierbar."

—**Jeremiah Bradley**, CEO von Nimbus Performance

"Träumen. Kämpfen. Siegen! Wo immer du dich in deinem Aufbauprozess befindest, wird dir dieses Buch helfen, größer zu träumen, deine Kämpfe zu meistern und deine Siege zu erringen. Du magst vielleicht in einigen Punkten widersprechen – wir haben es zumindest. Doch dies hilft dir auch dabei, die für deinen endgültigen Erfolg erforderlichen kritischen Überlegungen anzustellen."

—**Hilde Rismyhr Saele and Ørjan Saele**, Mitgründer von Zinzino

"Dies ist die Bibel des Direktvertriebs! Randys Energie, Leidenschaft und wissenschaftliche Herangehensweise springen dir buchstäblich aus jedem Kapitel ins Gesicht."

—**Jeff D. Higginson,** CEO von International FuXion Biotech

"Ob du ein hauptberuflicher Networker bist oder gerade erst in diesem Geschäft beginnst – dieses Buch ist für dich unverzichtbar!"

—**Jairo Bernal,** General Manager von OMNILIFE Colombia

"Ich bin von diesem Buch wirklich zutiefst begeistert. Wenn du bereit bist, dein Geschäft zu verwandeln und deinem Einkommen ein paar Stellen vor dem Komma hinzuzufügen, dann musst du dieses Buch nicht nur lesen, sondern immer und immer wieder durcharbeiten. Und sorge dafür, dass deine Teampartner das Gleiche tun. Menschen, welche das darin enthaltene Wissen aus dem wahren Leben umsetzen, werden Erfolgs- und Einkommensstufen erreichen, die ihnen andernfalls verschlossen bleiben. Randy Gage ist der wahre Profi unter den Trainern."

—**Wes Linden,** Mitglied der Direct Selling Hall of Fame und Autor des Bestsellers *79 Network Marketing Tips*

"Die tiefen Weisheiten, die du auf diesen Seiten findest - wenn du dich dazu verpflichtest, dir diese Lektionen zu Herzen zu nehmen – können dich zu einer viel effektiveren Führungskraft machen und dir dabei helfen, auf das höchste Niveau in deinem Unternehmen aufzusteigen. Ja wirklich. Du wirst dafür sorgen wollen, dass jeder in deinem Team (und damit meine ich jeden, der es ernst meint, ein erfolgreiches und lukratives Geschäft aufzubauen) dieses Buch liest, es studiert und vor allem die enthaltenen bahnbrechenden Ratschläge anwendet."

–**Bob Burg,** Mitautor von Der Go-Giver und The Go-Giver Influencer

"Randy hat den ultimativen Leitfaden geschrieben, mit dem wir unseren Beruf auf allen Ebenen verstehen können. Wäre der Direktvertrieb eine Religion, dann wäre dieses Buch dessen Bibel."

– **Jaime Lokier,** Autor von Leadership Networks (Redes de Liderazgo)

"Randy regt immer wieder zum Nachdenken an, ist engagiert und interessant. Seine Erkenntnisse sind keine komplizierten Wissenschaften, sondern praktische Ratschläge, mit denen jeder sein Geschäft aufbauen kann. Mir gefällt vor allem das Kapitel „Die Landminen der Mitarbeiterführung, die dein Wachstum ruinieren"

– **Steve Critchley**, Partner von Utility Warehouse

"Ein erstaunliches, erstaunliches Buch. Randy Gage hilft uns erneut, in die Zukunft unseres Berufs zu sehen. Dieses Buch ist nicht aktuell, es ist visionär!"

–**Dr. Hedi Khezrzadeh,** Partner der Viaveta Company

"Ich liebe dieses Buch. Es gibt schon so viele Unterrichtstechniken aus den Zeiten von vor 30 Jahren. Doch sein Buch Erfolg im Direktvertrieb liefert erfrischend neue Erkenntnisse – und reale, relevante und schrittweise Prozesse, um in der heutigen Zeit erfolgreich zu werden."

–**Sam Higginson,** früherer nationaler Verkaufsleiter von Rodan + Fields

"Einfach ein hervorragendes Werkzeug für Erfolg in diesem Geschäft. Kunden suchen, präsentieren, Kunden gewinnen, sich registrieren, duplizieren und eine erfolgreiche Führungskraft werden ... eine klare Empfehlung für jedes Starter-Kit!"

–**Sunny Ooi,** früherer CEO bei ORGANO Malaysia

Es ist eine neue Zeitrechnung im Direktvertrieb angebrochen und dieses Buch zeigt, was du brauchst, um in unserem - sich ständig wandelnden - Beruf erfolgreich zu sein. Bewährte Methoden und Erkenntnisse, die dir helfen und dich inspirieren, dein eigenes weltweites Imperium aufzubauen.

–**Lisa Jimenez,** M.Ed. Autor von Schluss mit Selbstsabotage!

Dank der Bücher von Randy konnten wir Organisationen aufbauen, die aus Tausenden von Menschen in mehr als 20 Ländern bestehen. Ich kann seine Inhalte nur empfehlen, wenn du ein wirklich großes Geschäft aufbauen willst!!!

–Luca Melloni, Partner bei FuXion Biotech

Dieses Geschäft ist keine Raketenwissenschaft, aber mit Randy Gage arbeitest du wie ein NASA-Ingenieur und startest deinen Erfolg wie eine Atlas-Rakete!

–Michael Smith, Chief Operating Officer von Crescendo

Dieses Buch ist - sowohl für Neueinsteiger als auch für Veteranen - Randys aktuelle und vollständige Anleitung, wie man in diesem Geschäft wirklich erfolgreich sein kann. Als ausgewiesener Experte in Theorie und Praxis lüftet Randy Gage mit zeitgemäßen Ratschlägen die Geheimnisse des Erfolgs im Network Marketing. Unter anderem auch, wie man soziale Medien nutzt und Partner über große Entfernungen aufbaut. Wenn dein Traum darin besteht, ein Network aufzubauen, das auf dem Prinzip der Duplikation basiert, dann mach dieses Buch zu deiner Bibel.

–Christopher Cooper, Regionaldirektor Jeunesse Global

Randy hat die nötige Forschung betrieben, hat experimentiert und seine Theorien im Labor für den Geschäftsaufbau getestet. Und er kennt die Formel für Erfolg in diesem Geschäft. Wenn es einen Nobelpreis für den Direktverkauf gäbe, Randy Gage hätte ihn schon erhalten. Lies dieses Buch. Oder verbringe 30 Jahre damit, alles selbst herauszufinden.

–John Milton Fogg, Mitglied der Direct Selling Hall of Fame und Autor von Der beste Networker der Welt

Ein brillantes Navigationssystem, um Erfolg in deinem Unternehmen entstehen zu lassen! Einfach genug für den Neuling, aber auch gespickt mit fortschrittlichen Strategien für Menschen mit sechs- und siebenstelligen Einkommen. Oder für diejenigen, die solche Einkommen erzielen möchten.

–Terry Petrovick, NewMLMTactics

Randy Gage ist am Puls des Geschäfts und inspiriert uns, bessere Führungskräfte und Menschen zu sein. Er führt dich nicht nur durch die Probleme in deinem Unternehmen, sondern zeigt dir auch, wie du sie auf sinnvolle, leicht verständliche Weise beheben kannst.

–Vickie Dickson, DōTERRA

Dies ist ein Buch, das jeder, der ernsthaft erfolgreich werden möchte, lesen muss. Randy zeigt dir, was es braucht, um in diesem Geschäft Erfolg zu haben. Und auch die Wahrheiten, die du kennen und anwenden musst, um Hebelwirkung und Duplikation zu erzeugen. Randys Erfahrung hat ihn nicht nur zu großem Erfolg in diesem Geschäft geführt, er hat auch einige wegweisende Bücher darüber geschrieben. Dies ist zum heutigen Tag eines seiner wertvollsten Werke.

–Jorge Meléndez, Moderator des Anquiro-Podcasts

ERFOLG IM DIREKTVERTRIEB

VON AMWAY BIS ZOMBIES

RANDY GAGE

Erfolg im Direktvertrieb
Von Amway bis Zombies

Published by John Wiley & Sons, Inc., Hoboken, New Jersey.
Original title: Direct selling success – from Amway to Zombies
Published simultaneously in Canada.
Cover image: © RLRRLRLL / Shutterstock
Cover design: Wiley
This translation published by arrangement with Columbine Communications & Publications,
Walnut Creek, California USA, www.columbinecommunications.com

Herausgegeben von John Wiley & Sons, Inc., Hoboken, New Jersey.
Originaltitel: Direct selling success – from Amway to Zombies
Gelichzeitig herausgegeben in Kanada.
Cover-Bild: © RLRRLRLL / Shutterstock
Cover-Design: Wiley
Diese Übersetzung wurde in Absprache mit Columbine Communications & Publications,
Walnut Creek, California USA, www.columbinecommunications.com, veröffentlicht.

Herausgegeben von:
Life Success Media GmbH
6020 Innsbruck, Austria

ISBN 978-3-902114-54-9

Gedruckt in der Europäischen Union

Für alle, die noch an die Kraft eines Traumes glauben ...

INHALTSVERZEICHNIS

Einleitung
Träume Gross, Handle Bewusst

Warum hast du dich für einen Direktvertrieb entschieden? Ich meine, wirklich?

War es, weil du Millionär werden wolltest? Um dir einen dieser exotischen Supersportwagen zu verdienen? Um eine der Personen auf der Bühne zu sein, die einen zwei Meter breiten Scheck mit einer großen Zahl darauf in die Höhe hält?

Lass uns ernsthaft werden.

Ich persönlich bin diesem Geschäft beigetreten, um reich zu werden. Ich war mein ganzes Leben lang pleite gewesen, hatte es satt, arm zu bleiben und wollte unbedingt reich sein. Das ist der wahre Grund, warum ich angefangen habe. Und wenn du aus demselben Grund eingestiegen bist, gibt es nichts daran auszusetzen.

Sei dir einfach nur im Klaren, dass du irgendwann etwas mehr, etwas Besseres brauchen wirst.

In meinem Fall wünschte ich mir so verzweifelt, reich zu werden, dass alles, was ich sagte und tat, durch diese Sichtweise gefiltert wurde. Also habe ich meine Interessenten mit einem Blick angesehen, wie hungrige Wölfe ein Schaf zur Essenszeit betrachten. Selbst die Menschen, die ich gesponsert habe, hatten das Gefühl, dass es mir nur darum ging, wie viel Geld sie für mich verdienen würden.

Keine wirklich gewinnbringende Formel...

Du musst deine Interessenten anhand eines Prismas ansehen, wie du ihnen helfen kannst. Du musst dich dem Geschäft mit der Einstellung nähern, dass dein eigener Erfolg dann sicher ist, wenn du in erster Linie deinen Teammitgliedern zum Erfolg verhilfst.

Ich glaube, dass Wohlstand tatsächlich nur auf zwei Arten geschaffen wird:

1) Indem du Probleme löst

2) Indem du einen Mehrwert erschaffst

Dies ist ein guter Rat für dein Direktvertriebsgeschäft. Es bedeutet, dass du deine Sichtweise weg von dir und hin auf deine potenziellen Kunden und Teammitglieder lenken musst.

Die Sichtweise der meisten Menschen beginnt sehr zentriert. Sie denken: „Ich brauche mehr Kunden, ich brauche sie, damit sie mehr kaufen, ich muss mehr Leute rekrutieren, ich muss mehr Führungskräfte finden ...

Aber diese Gedanken drehen sich nur um dich. Nichts davon ist für deine Kandidaten oder Teammitglieder relevant.

Sieh dir deine Produkt- oder Dienstleistungslinie genau an. Frage dich: Was genau bringt das meinem Kunden? Antworte nicht nur mit einem allgemeinen Wohlfühlversprechen wie „Diese Ernährungsprodukte verbessern deine Gesundheit". Ich spreche von klaren, greifbaren, einzigartigen, messbaren und nachweisbaren Vorteilen, die deine Kunden genießen werden.

Anschließend solltest du über die Vorteile nachdenken, die dein Unternehmen bietet. Diese beinhalten:

- Geringe Startinvestition
- Flexibler Zeitplan
- Reisemöglichkeiten
- Steuervorteile
- Dein eigener Chef sein

- Mit Menschen zu arbeiten, die man selbst auswählt
- Unbegrenztes Verdienstpotential
- Erfolgreich werden, indem man anderen hilft
- Kein Uni-Abschluss oder Geschäftserfahrung erforderlich

Beachte jedoch: Nicht jeder Vorteil ist auch für jeden Menschen von Belang. Wenn du deine Kandidaten also einfach nur mit Informationen überschüttest, wirst du nicht so erfolgreich sein, wie du es sein könntest. Du wirst es viel besser machen, wenn du herausfindest, in welcher Situation sich deine jeweilige Interessentin befindet und welche genauen Vorteile für sie am überzeugendsten sind.

Und hier sind die großartigen Neuigkeiten ...

Wenn du den Ratschlägen in diesem Buch folgst, kannst du all diese wichtigen Elemente zu einem robusten, erfolgreichen Unternehmen zusammenfügen und die richtigen Dinge tun. Du wirst in der Lage sein, ein hohes Einkommen und große Anerkennung zu genießen. Und du wirst wissen, dass du Probleme löst und echten Mehrwert erschaffst.

Sei dir bewusst, dass dies hier kein „Wohlfühlbuch" ist. Ich hoffe zwar, dass es dir ein gutes Gefühl bei dem gibt, was du tust. Und dass es dich in deinem Glauben bestärkt, dass du in deinem Geschäft erfolgreich werden kannst. Jedoch ist der Hauptzweck dieses Buches, als dein Lehrwerk zu dienen, damit du in deinem Geschäft erfolgreich (oder noch erfolgreicher) werden kannst.

Du wirst auf konkrete und greifbare Wege stoßen, um großartige Interessenten zu finden, um diese zu qualifizieren, sie dann zu einer Reihe von überzeugenden Präsentationen einzuladen, dann hieraus die richtigen Menschen für dein Geschäft zu gewinnen, sie zu schulen, zu entwickeln und sie dann zum Erfolg zu führen.

Diese Wege funktionieren.

Diese Wege funktionieren heute in der tatsächlichen Welt, trotz aller Änderungen in Bezug auf Vorschriften, soziale Medien, das Internet, mobile Apps, replizierbare Internetseiten und wirtschaftliche Umwälzungen.

Falls es dir noch nicht aufgefallen ist - dieses Buch stellt die natürliche Fortsetzung von ‚*Wie baue ich eine Multilevel Geldmaschine?*' dar. Denn weil sich die Welt so sehr verändert hat, hatte ich das Gefühl, dass es an der Zeit war, anstelle einer neuen Ausgabe des alten Buches noch einmal ganz von vorn auf einer weißen Leinwand von Neuem zu beginnen.

Die stetig wachsende Bedeutung der Digitalisierung, von neuen Technologien und sozialen Medien hat das Geschäft vor fünf Jahren in einem Ausmaß beeinflusst, welches kaum vorstellbar war. Das regulatorische Umfeld ist komplexer und sicherlich negativer geworden. Und die seit vielen Jahren positive Wahrnehmung und Darstellung unseres Geschäfts in der Öffentlichkeit ist stark zurückgegangen.

Dieses neue Buch unterscheidet sich auch in seiner Struktur von seinem Vorgänger. Das ursprüngliche Buch führte dich schrittweise durch den Prozess vom Start und anschließendem Aufbau in deinem Unternehmen. Doch Erfolg im Direktvertrieb ist dazu gemacht, um für dich wie ein Schulbuch mit jeder Menge Eselsohren zu sein. Es ist je nach den erforderlichen Fähigkeiten in einzelne Kapitel unterteilt. Markiere dir die wichtigsten Sequenzen. Kritzele Notizen in die Seitenränder. Knicke eine Seitenecke herunter, um einen schnellen Zugriff auf deine Lieblingsstellen zu finden. Male wichtige Punkte mit einem Textmarker an.

Wenn du dann gebeten wirst, deine erste Präsentation auf der Bühne zu halten oder du dich damit konfrontiert siehst, einen beängstigenden Interessenten anzurufen oder dich mit einer abtrünnigen Führungskraft zu befassen, kannst du gezielt zu einem bestimmten Kapitel zurückkehren. Und findest umgehend den richtigen Ratschlag, den du sofort umsetzen kannst.

EIN WICHTIGER HINWEIS: Ich habe fünf Bonuskapitel für Führungstechniken auf höherem Niveau beigefügt. Wenn du noch ein Neueinsteiger bist, empfehle dir dringend, die Kapitel 13, 14, 15, 16 und 17 zunächst zu überspringen. (Fahre direkt nach Kapitel 12 mit Kapitel 18 fort.) In den vorgenannten Kapiteln geht es um komplexe Führungsstrategien, die dich wahrscheinlich noch überwältigen werden, wenn du sie jetzt liest. Es wäre weitaus besser, wenn du zu einem späteren Zeitpunkt zu diesen Inhalten zurückkehrst und diese Kapitel dann liest, nachdem du mindestens zwei Jahre im Geschäft warst.

In den davor stehenden Kapiteln wirst du erfahren, wie du deine Zeit produktiv nutzt, Führungskräfte entwickelst und - was am wichtigsten ist - diese Führungskräfte in die Lage versetzen kannst, weitere neue Führungskräfte zu entwickeln. Dabei wirst du zu einem klaren Verständnis für eine grundlegende Wahrheit über den Direktvertrieb gelangen:

Du vergrößerst deine Gruppe nicht.
Du hilfst deinen Leuten, zu wachsen - und diese vergrößern dann deine Gruppe.

Du wirst feststellen, dass ich mich nicht für Motivationsklischees und für lahme, überstrapazierte Plattitüden interessiere. Ich glaube, dass sich Menschen - wenn du ihnen gezielt zeigen kannst, wie sie ein gewünschtes Ziel erreichen können - selbst motivieren werden. Daher ist dieses Buch wie ein Navigationssystem, mit dem du deine Mitarbeiter zum Erfolg führen kannst.

Wenn du das Buch durchgearbeitet hast, wirst du:

- eine realistische Vorstellung davon haben, wie Wohlstand in deinem Unternehmen geschaffen wird;
- die Schlüsselkomponenten für die Entwicklung echter Duplikation kennen;
- wirkungsvolle Fähigkeiten und Strategien für die Suche und Gewinnung neuer Partner haben;
- verstehen, was Top-Führungskräfte tun, um ihr Geschäft effektiv aufzubauen; und,
- einen gezielten Spielplan haben, um dies zu erreichen.

Unsere Branche hat die 60-Jahres-Marke überschritten und steht vor größeren Herausforderungen als je zuvor. Mit diesen Herausforderungen sind jedoch gleichzeitig auch noch größere Chancen verbunden. Hierfür werden wir uns jedoch neu erfinden müssen. Dieses Buch ist mein Beitrag zu diesen Bemühungen.

In diesem Geschäft kannst du eine Menge Geld verdienen, kannst Reisen zu exotischen Orten erhalten und diese wunderschönen Firmenautos fahren. Du hast tatsächlich die Möglichkeit, deine persönliche Freiheit zu erschaffen.

Aber mit der Freiheit ist es so eine Sache – es gibt sie nie ohne Anstrengung ...

Freiheit ist das Nebenprodukt von Einsatz, Ausdauer und Fleiß. Du musst bereit sein, den Preis zu zahlen und die nötige Arbeit zu erledigen. Wenn du dazu bereit bist, führt dich dieses Buch genau durch die Vorgehensweise.

Ich habe dieses Buch nicht geschrieben, um deine Träume in Frage zu stellen. Sondern um dir zu helfen, sie zu verwirklichen. Und ich habe es auf keinen Fall geschrieben, um dich zu verändern. Sondern um dir zu helfen, damit du herausfinden kannst, wer du wirklich sein sollst und wie du dich zu diesem

Menschen entwickeln kannst. Du begibst dich auf einen fliegenden Teppich voller Herausforderungen, Abenteuer und Wachstum. Genieße also die Reise.

Ich bin demütig und geehrt, dass du mir vertraust und mich als „Ersatzsponsor" akzeptierst. Zusammen werden wir einige großartige Dinge unternehmen.

Träume groß, handle bewusst!

Randy Gage
Key West, Florida
Januar, 2019

KAPITEL 1

Das Geheimnis Nr. 1, um Wohlstand zu erschaffen

Was ist das allergrößte Geheimnis um Erfolg, Reichtum und allgemeinen Wohlstand entstehen zu lassen?

Der berühmte griechische Mathematiker Archimedes hat dieses Geheimnis am besten gelüftet, als er sagte:

> *„Gib mir einen Hebel, der lang genug ist – sowie den passenden Drehpunkt, um ihn zu platzieren - und ich werde die Welt aus den Angeln heben."*

Als er diese Worte sprach, beleuchtete er die unglaubliche Kraft der *Hebelwirkung. Hebelwirkung* ist das wichtigste Geheimnis, mit dem du Erfolg schaffen, Reichtum entwickeln und Wohlstand manifestieren kannst.

Die produktivsten Unternehmer der Welt nutzen Hebelwirkung, um Wohlstand zu schaffen. Berühmte Industrielle wie John D. Rockefeller, J. Paul Getty und Andrew Carnegie nutzten dieses Prinzip ebenso wie auch die Personen hinter den moderneren Erfolgsgeschichten – z.B. Elon Musk, Bill Gates und Oprah Winfrey.

Durch den Direktvertrieb hat nun jeder Mensch die Möglichkeit, das Prinzip der Hebelwirkung zu nutzen, wie es alle reichen Menschen tun. Um sich hierdurch finanzielle Freiheit und Sicherheit zu schaffen. Jeder neue Vertriebspartner kann sich eine solide Kundenbasis und ein Team von Unternehmern aufbauen, von denen sich jeder selbstständig ein eigenes Passiveinkommen erwirtschaftet. Und bereits in kurzer Zeit kann sich auch dein Unternehmen exponentiell ausbreiten. Aber wie baust du dir auf erfolgreiche Weise eine tragfähige Partnerschaft im Direktvertrieb auf? Gestatte mir, dir eine meiner Lieblingsaffirmationen verraten, die ich regelmäßig verwende:

Ich durchbreche meine sämtlichen selbstbegrenzenden Glaubensmuster und öffne mich all meinen Möglichkeiten.

Der Grund, warum ich diese Affirmation so oft benutze, besteht darin, dass ich sie so sehr brauche. Denn hierin geht es direkt um das Wesentliche des persönlichen Wachstums und darum, wie man wirklich erfolgreich wird:

Um die Notwendigkeit, diejenigen vorgefassten und einschränkenden Überzeugungen zum Teufel zu jagen, die dazu führen, dass wir entweder unsere Anstrengungen reduzieren. Oder dass sogar wir selber die Ziele sabotieren, für die wir uns ursprünglich einmal entschieden haben.

Sobald du dies wirklich verstanden hast, ändert sich deine ganze Welt. Weil du aufhörst, nach Ausreden zu suchen, die aus externen Quellen stammen (Wirtschaftslage, Politik, Ex-Ehepartnern, usw.). Und weil du deine Aufmerksamkeit nun auf dein Inneres lenkst.

Niemand hält dich mehr zurück als du es selbst tust.

Lass mich etwas vorschlagen, das dich möglicherweise schockiert und an das du wahrscheinlich nur schwer glauben kannst: Die meisten Meinungen, Ideen und

Regeln, nach denen du lebst, sind Lügen.

Es sind die Überbleibsel vergangener, einschränkender Überzeugungen, die du noch nicht erkannt hast. Du wurdest höchstwahrscheinlich schon mit diesen Überzeugungen programmiert, bevor du 10 Jahre alt warst. Aber um im Direktvertrieb erfolgreich zu sein, musst du diese Überzeugungen ausmerzen. Und dann ersetzt du sie durch neue Überzeugungen, die dich tatsächlich ermutigen und die dich stärken, statt dich zurückzuhalten.

Wenn du einschränkenden Glaubensmustern (wie z.B. „Ich bin es nicht wert“ oder „Ich habe nicht die richtigen Kontakte/Erfahrungen/Ausbildungen, um es zu tun“) den Garaus machst, verändert sich im Handumdrehen deine gesamte Welt.

Und nein, du erhältst die Ergebnisse nicht sofort. Du musst trotzdem noch die nötigen Entscheidungen treffen, Maßnahmen ergreifen und den erforderlichen Prozess durchlaufen.

Aber deine Welt hat sich dann offensichtlich verändert. Weil du mutig genug warst, die Entscheidung für einen Neustart zu treffen. Von diesem Punkt an ändert sich für dich alles in Richtung Fortschritt.

Wenn du nach Gründen suchst, warum etwas nicht funktioniert, wird es dir niemals an solchen Gründen mangeln. Wenn du dieses Geschäft jedoch mit der Erwartung angehst, dass du erfolgreich sein wirst, wirst du deine Chancen auf Erfolg dramatisch verbessern. Worauf es wirklich ankommt, ist deine Geisteshaltung – deshalb beginne ich das Buch mit diesem Thema.

Eigentlich ist es ziemlich einfach, in unserer Branche ein erfolgreiches Geschäft aufzubauen. Aber verwechsle einfach nicht mit leicht. Es ist niemals leicht.

Es wird Ausfälle geben. Menschen, die zusagen, aber nicht auftauchen. Potenzielle Superstars, die nach 30 Tagen ausgebrannt sind. Du wirst mit verlogenen Wettbewerbern, Schneeballsystemen und anderen Geldspielen konkurrieren müssen. Du kannst Frustration und Zurückweisung erfahren und dich vielleicht sogar der Lächerlichkeit preisgeben. Auch wirst du etwas noch viel, viel Schlimmeres erleben: Deine eigenen Selbstzweifel.

Um durchzuhalten, bis du deinen Sieg am Ende erreicht hast, wirst du den Preis bezahlen müssen. Doch bezahle ihn mit Freude. Denn die Kosten, deinen Traum zu leben, sind hoch. Aber die Kosten, deine Träume aufzugeben, sind noch viel, viel höher.

Du trittst einem Geschäft bei, mit dem Millionen von Menschen auf der ganzen Welt ihr Leben verbessert haben. Und ich habe die Beweise gesehen ...

In Skopje, Mazedonien, habe ich Seminare mit neuen Partnern durchgeführt, leitete Führungskräfte-Trainings in Zagreb, Kroatien, und sponserte die erste Frau, die sich jemals im Direktvertrieb in Ljubljana, Slowenien, für ein Firmenfahrzeug qualifiziert hat.

Ich habe Leute gesehen, die 40 Stunden mit dem Zug zum Seminar in Almaty, Kasachstan, gefahren sind. Oder die zu einer Veranstaltung in Trujillo, Peru, auftauchten - mit dem Maultier. Ich habe die Leidenschaft in den Augen von Menschen gesehen, die für ihre Träume gekämpft haben: von San Diego nach London, von La Paz nach Sydney, von Moskau nach Memphis und von Seoul zu einer Wohnwagensiedlung in Pensacola. Abertausende haben es geschafft. Und weitere Millionen tun es.

Ich habe dieses Buch geschrieben, um dir die beste Chance zu geben, die Erfolge dieser Menschen zu wiederholen. Stell Dich mir bitte als deinen Ersatzsponsor vor, der dich durch diesen Prozess führt.

Aber natürlich wird alles von dir abhängen ...

Und davon, was du mit den Informationen tust, die du hier erhältst. Du wirst dich deinen Herausforderungen und deinen Zweifeln stellen müssen. Und du wirst hunderte Male in Versuchung geraten, aufzuhören.

Wirst du dich dafür entscheiden, ein Opfer oder ein Sieger zu sein?

Du kannst nicht beides sein. Du musst dich entscheiden. Die größte Ehre, die du deinem Schöpfer zuteilwerden lassen kannst, besteht darin, zu dem Menschen zu werden, der du wirklich zu sein bestimmt bist. Wenn du also dazu bereit bist, dann lass uns genau danach streben.

Aber bevor wir uns mit den Dingen befassen, auf die es ankommt, um in diesem Geschäft hocherfolgreich zu sein, lass uns einige Dinge durchgehen.

EINIGE DINGE, VON DENEN DU DENKST, DASS DU SIE BRAUCHST – WAS JEDOCH NICHT ZUTRIFFT.

Hier sind die Dinge, die du *nicht* brauchst, um im Direktvertrieb erfolgreich zu sein:

- Erfahrung
- Universitatsabschlüsse
- Viel Geld
- Verkaufsfähigkeiten

Lass uns jeden dieser Punkte angehen und erlaube mir, dir zu jedem einzelnen meine Gedanken mitzuteilen.

Erfahrung:

Du brauchst keine Erfahrung, da dich niemand dazu auffordert, deine Arbeitsstelle zu kündigen und dein Einkommen sofort ersetzen zu müssen. Ich empfehle, dass du nebenberuflich beginnst, 10 bis 15 Stunden pro Woche arbeitest und deinen derzeitigen Job behältst. Betreibe das Geschäft einfach als Nebenbeschäftigung und sieh dir an, wie es sich entwickelt. Du hast keinerlei Druck und kannst im Laufe der Zeit lernen und verdienen.

Der eigentliche Erfolg in unserem Geschäft beruht auf der Duplikation und dem Einsatz des Prinzips der Hebelwirkung. Dabei können dich in vielen Fällen vorgefasste Meinungen oder frühere Erfahrungen aufhalten. Ich persönlich arbeite lieber mit Menschen zusammen, die keine Erfahrung mit dieser Branche haben, weil ich mit ihnen keinen massiven Prozess des „Entlernens" durchlaufen muss – ihnen also nicht beizubringen brauche, den ganzen fehlerhaften Quatsch wieder zu vergessen, den sie sich angewöhnt haben.

Universitätsabschlüsse:

Da ich selbst ein Schulabbrecher bin, der in diesem Geschäft reich geworden ist, halte ich Abschlüsse und Akkreditierungen nicht für erforderlich. Aber das ist nicht nur meine Meinung. Es gibt unzählige Geschichten von erfolgreichen Menschen, die keinen Abschluss haben. Denn die meisten theoretischen Dinge, die an Universitäten unterrichtet werden, treffen auf dieses Geschäft ohnehin nicht zu.

Viel Geld:

Der Einstieg in ein Direktvertriebsgeschäft erfordert nur minimale Investitionen. Du benötigst kein physisches Ladengeschäft, keine Mitarbeiter oder großes Inventar. Du kannst dieses Geschäft buchstäblich für einen Bruchteil dessen starten, was die Gründung eines traditionellen Unternehmens kostet.

Verkaufsfähigkeiten:

Das vielleicht Überraschendste ist, dass du keine Verkaufsfähigkeiten benötigst. Denn es wird dich niemand darum bitten, an die Türen fremder Menschen zu klopfen oder Telefonate mit fremden Menschen (sog. Kaltaquise) zu tätigen. Und du musst auch keine verkäuferischen Hochdrucktechniken anwenden, um Menschen davon zu überzeugen, deine Produkte zu kaufen.

Wir produzieren Jahr für Jahr Umsätze in Höhe von Milliarden Dollar (Pesos, Euro, Pfund, Yen, Rubel und vielen andere Währungen). Diese erstaunliche Zahl an Verkäufen entsteht durch die Vermarktung der Produkte im Gespräch mit Freunden, Familienangehörigen und Nachbarn. Also mit Menschen, zu denen du bereits eine Beziehung hast und die von deinem Produkt oder deiner Dienstleistung profitieren können.

Du lernst, wie du Bedürfnisse erkennst, Probleme löst und durch dein Angebot einen Mehrwert schaffst.

Der große Unterschied in unserem Geschäft ist das Prinzip der Hebelwirkung. Hebelwirkung ist eines der großen Wunder der Welt - ähnlich wie Zinseszinsen. Denn hierdurch kannst du der Falle entkommen, lediglich deine Arbeitsstunden gegen Geld zu tauschen. Und wenn du dieses Hebelprinzip einsetzt, kannst du anhand eines einfachen, duplizierbaren Systems eine Vertriebsgruppe aufbauen, die buchstäblich Umsätze in Höhe von Millionen Euro erwirtschaftet, obwohl du keine Abschlusstechniken beherrscht. Und auch keine der üblichen Verhaltensweisen einsetzt, die man gewöhnlich mit einem Verkäufer in Verbindung bringt. Aus diesem Grund nenne ich unser Geschäftsmodell „Verkaufen mit Hebelwirkung", ein Konzept, auf das wir im nächsten Kapitel noch näher eingehen werden.

Erfolg im Direktvertrieb beruht darauf, dass eine große Gruppe von Menschen befähigt wird, kontinuierlich ein paar einfache Verhaltensweisen auszuführen. Du brauchst also keine vier Jahre höherer Ausbildung, um diese einfachen Dinge zu tun.

Wenn du bei einem Direktvertriebsunternehmen einsteigst, steht dir eine Linie von Sponsoren bzw. Führungskräften zur Seite, die ein berechtigtes Interesse an deinem Erfolg hat. Diese Menschen werden regelmäßig zu deiner Gruppe kommen, um dich zu schulen und kostenlos mit dir zu arbeiten. Dies macht das Vorhandensein von Erfahrung oder einer Ausbildung erheblich weniger wichtig, als dies in einem traditionellen Unternehmen der Fall wäre.

JETZT, WO DU WEISST, WAS DU NICHT BRAUCHST, UM ERFOLGREICH ZU SEIN – WAS IST DANN EIGENTLICH NÖTIG, UM ERFOLGREICH ZU WERDEN?

Dieses Geschäft hat einige der bemerkenswertesten und inspirierendsten Erfolgsgeschichten hervorgebracht, von denen du jemals gehört hast. Praktisch jedes Unternehmen hat seine „Vom Tellerwäscher zum Millionär" -Geschichten. Von alltäglichen Menschen, die es aus armen oder bescheidenen Verhältnissen geschafft haben, den Lebensstil ihrer Träume zu verwirklichen.

Von alleinerziehenden Müttern, die von Sozialhilfe lebten, hin zu Menschen mit Behinderungen, über ehemalige Pizzaboten bis hin zu jungen Männern in Taiwan, die mit dem Fahrrad zur Geschäftspräsentation kamen – all diese Menschen haben ihre Träume wiederentdeckt und durch den Direktvertrieb wahr werden lassen.

Überall in unserer Branche findest du in den unterschiedlichsten Firmen auffallende Ähnlichkeiten unter den wirklich erfolgreichen Menschen. Diese gemeinsamen Merkmale sind die Voraussetzungen für langfristigen Geschäftserfolg. Lass uns daher genau untersuchen, welche Gemeinsamkeiten diese Menschen haben:

Jeder in dieser Gruppe ist ein Träumer

Diese Menschen haben aufgehört, an [illegible] Schicksal zu glauben, wie es [illegible] ie haben sich wieder für die [illegible] für uns hatten.

[illegible] Film „Die Matrix", diesen [illegible], würden sie immer wieder [illegible] Sicherheit der Matrix zu [illegible] Welt die neue Sicherheit [illegible] en, die auf Nummer sicher [illegible] ein mittelmäßiges Leben [illegible]

[illegible] Denker

[illegible] en ab und üben sich in diffe[illegible] sind von Natur aus neugierig. Und sie sind bereit, ihre tiefsten Grundüberzeugungen in Frage zu stellen. Sie sind keine Zyniker, aber sie stehen den konventionellen Weisheiten skeptisch gegenüber. Sie stellen Autoritäten in Frage und möchten genau wissen, was hinter einer Prämisse steckt. Sie sind sich darüber im Klaren, dass alle Überzeugungen, die ihnen nützlich sind, eine gesunde Skepsis überleben können. Und dass alle Überzeugungen, die nicht geprüft und unter die Lupe genommen werden, ersetzt werden müssen.

Jeder in dieser Gruppe ist fleißig

Diese Leute suchen nicht nach den einfachen Lösungen oder nach leichten Wegen zum Reichtum. Im Gegenteil - statt vor der Arbeit davonzulaufen, stehen sie auf, ziehen die Laken vom Bett und freuen sich tatsächlich auf ihre Arbeit. Sie lieben

Herausforderungen und Abenteuer, schätzen das Wachstum und helfen anderen, während sie sich selbst helfen. Weil sie ihre Arbeit so sehr mögen, brauchen sie kein Sixpack und keine endlose Serien im Fernsehen, um ihrer Arbeit zu entfliehen. Sie haben herausgefunden, wie sie Arbeit und Freizeit zu einem perfekten Lebensstil vereinen können.

Jeder in dieser Gruppe ist ein guter Lehrer

Diese Menschen erkennen, dass echte Duplikation viel mehr durch die Fähigkeiten guten Lehrens und weniger durch die Fähigkeiten guten Verkaufens entsteht. Sie folgen einer Formel, die es einer großen Zahl von Personen ermöglicht, ihre Tätigkeiten nachzuahmen und ständig zu wiederholen.

Jeder dieser Gruppe ist gleichzeitig auch ein Schüler

Diese Menschen haben eine Leidenschaft für lebenslanges Lernen und nehmen sich täglich Zeit zur stillen Reflexion und Selbstentwicklung.

Mein anfänglich größter Fehler in diesem Geschäft war, dass ich daran glaubte, mein Erfolg entstünde dadurch, indem ich andere Menschen verändere. Doch ich habe schnell gelernt, dass Erfolg davon herrührt, wenn man sich selbst verändert. All die Maßnahmen, die du selbst ergreifst - und all die Beispiele, die du deinen Partnern vorlebst - erzeugen einen Welleneffekt, der sich positiv auf deine gesamte Umgebung auswirkt. Um die Welt zu verändern, musst du dich zuerst selbst verändern.

Jeder in dieser Gruppe ist ein Anführer

Diese Menschen wurden nicht als Anführer geboren. Niemand hat sie in diese Position berufen und Titel, Hierarchie oder Angepasstsein sind ihnen gleichgültig. Sie fühlen sich von der kleinen, leisen Stimme in sich selbst zum Führen berufen.

Sie führen, weil sie einen Glauben besitzen. Den Glauben an einen besseren Weg. Den Glauben, einen Beitrag leisten zu können. Den Glauben daran, dass Wohlstand ein Geburtsrecht für jedermann ist. Und sie wissen, dass ihre Überzeugung auch die Verantwortung enthält, diesen Glauben mit vielen anderen Menschen zu teilen.

Die Regeln der klassischen Geschäftswelt gelten im Direktvertrieb nicht. In diesem Geschäft kommst du nicht dadurch vorwärts, indem du andere Menschen übervorteilst oder ausbremst. Sondern indem du anderen hilfst, zu wachsen. Je mehr andere Menschen du erfolgreich machst, desto erfolgreicher wirst auch du selbst.

Ein klassisches Unternehmen hat Platz für einen Vorstandsvorsitzenden, für ein paar Vorstandsmitglieder, für mehrere Abteilungsleiter und dann für viele Arbeiter in untergeordneten Stufen. Aber im Direktvertrieb ermutigen wir jeden Menschen, der Führungsqualitäten entwickeln möchte, auch dazu, dass er oder sie eine Führungsposition anstrebt. Denn die Zahl der Personen, die eine der höchsten Stufen im Vergütungsplan deiner Firma erreichen können, ist unbegrenzt.

Nachdem du nun die Eigenschaften kennst, die für den Aufbau eines erfolgreichen Direktvertriebs erforderlich sind, möchte ich dir auch etwas anderes zeigen: Warum die alten Regeln des Network Marketing bzw. MLM aussterben müssen. Und wie wir mit einem besseren Modell auch besser vorankommen…

Kapitel 2

Ruhe in Frieden, MLM

Willst du wissen, wie die meisten Network-Marketing-Firmen gegründet werden? Es fängt mit zwei Burschen an, die in einer Bar stehen. Einer von den beiden kippt sich einen Kurzen hinter die Binde und sagt: „Weißt du, was wir machen sollten? Wir sollten eine MLM-Firma gründen!"

Der andere Typ hebt seinen Schädel von der Bar und sagt mit halbgeöffneten Augen: "Gute Idee! Was sollen wir verkaufen?"

Und dann sehen sich die beiden um und schauen sich an, was die meisten anderen Firmen verkaufen. Also entscheiden sie sich wahrscheinlich für irgendeine Art von Nahrungsergänzung, für eine Hautpflege- oder für eine Kosmetiklinie. Dann rufen sie einen Hersteller an, der Auftragsprodukte mit persönlichen Etiketten liefert.

Wenn sie sich für Nahrungsergänzungen entschieden haben, könnten sie beispielsweise ein Vitamin- und Mineralstoffsortiment, einen Energieriegel und einen Eiweißshake in Auftrag geben. Und der Auftragshersteller wird ihnen die exakt gleichen Inhalte verkaufen, mit denen er schon zwei Dutzend andere Firmen beliefert. Alle haben zwar ihr eigenes persönliches Etikett, aber alle verkaufen den gleichen mittelmäßigen Mist.

Diese Unternehmen wurden nicht gegründet, um einen echten Gegenwert zu liefern oder um ein Problem zu lösen. Sie wurden nur aus einem Grund ins Leben gerufen: Um die Gründer reich zu machen.

Nun ist hieran nichts moralisch Fragwürdiges. Aber es gibt daran auch nichts besonders Lobenswertes. Und das ist ein Rezept, das wir viel zu häufig in unserer Branche erleben: *Überschwängliche Leute, die hohe Positionen in einem Vergütungsplan versprechen, dem jedwedes Fundament eines Produktes mit echtem Gegenwert fehlt.*

Überzogene Produktversprechen sind eine ständige und weit verbreitete Angelegenheit innerhalb der meisten Nahrungsergänzungs-, Wellness und Kosmetikfirmen in unserer Branche. Und es gibt viel zu viele Fälle geradezu lächerlicher Einkommensversprechen, verteilt über das gesamte Firmenspektrum in diesem Geschäft.

Dann betrachte auch die vielen Fälle, in denen Menschen und Unternehmen lediglich die Partnergewinnung vorantreiben, dies jedoch auf Kosten eines tragfähigen Kundenstamms tun (der nie existiert hat). Da es in dieser Denkweise fast ausschließlich darum geht, neue Mitarbeiter zu gewinnen, liegt der Schwerpunkt praktisch nie auf der Entwicklung einer soliden Kundenbasis.

Wenn du nun denkst, dass ich ein Heuchler wäre und du mich bloßstellen willst, erspare ich dir die Zeit.

Es ist nicht nötig, dass du eine knarzende Audiokassette oder ein altes, flimmerndes VHS-Video ausgräbst, worin ich erzähle, dass das wahre Geld durch den Aufbau der großen Macher und Anführer entsteht. Dort draußen sind buchstäblich *Millionen* dieser Aufnahmen unterwegs, denn diese Dinge habe ich 20 Jahre lang gepredigt. Also bekenne ich mich schuldig im Sinne der Anklage.

Ich war ein Schulabbrecher, der zum ersten Mal in seinem Leben einen Weg gefunden hatte, Wohlstand für sich zu erschaffen. Da ich mich im Teamaufbau geschickt anstellte, konzentrierte im mich natürlich in meiner Arbeit und in der Ausbildung neuer Partner darauf. Ich hatte das Gefühl, dass Menschen, welche die Produkte nur deshalb kauften, um ihren Provisionsscheck zu erhalten oder zu vergrößern, zumindest den Nutzen dieser Produkte erleben würden. Die meisten von uns in diesem Geschäft dachten: Solange zumindest eine Möglichkeit zum Einzelhandel besteht, sei es in Ordnung, wenn wir einfach alle nur eine geschlossene Gruppe von Großhandelskunden wären.

Aber die Gesellschaft entwickelt sich weiter...

Wir dachten einmal, dass Frauen nicht wählen sollten, dass Blutegel Krankheiten kurieren und dass es in Ordnung wäre, Menschen als Besitztümer zu behandeln. So wie sich die Menschheit weiter entwickelt, bildet sich auch unser Bewusstsein aus und wir erfahren mehr Erleuchtung.

Dummerweise haben wir diese Art der Entwicklung in den letzten sechzig Jahren, seit Network Marketing existiert, nicht ausreichend vollzogen ...

Seit mindestens einem Jahrzehnt haben die Gesetzeshüter eines klar gemacht: Dass sie uns für den Tatbestand eines Geldspiels, Schneeball- oder Pyramiden-Systems verfolgen werden, wenn wir nicht eine solide Basis von Einzelhandelskunden vorweisen können. Also von Menschen, die nicht vom Vergütungsplan profitieren.

Es gab Führungskräfte in unserer Branche, die dies erkannt und für Änderungen gesorgt haben. Sie erschufen eine Firmenkultur, in welcher von jeder Person, die dem Team beitrat, erwartet wurde, mindestens10, 20 oder mehr Kunden zu gewinnen.

Art Jonak und die Trainer seines firmenneutralen Mastermind Events liefern zu diesem Thema seit Jahren intensive Schulungen. Ich habe meine Bücher und Trainingsalben angepasst und meine Academy for Network Marketing Leadership anhand der Prinzipien einer großen, stetig wachsenden Kundenbasis entwickelt.

Aber es sind immer noch viel zu viele Dinosaurier übrig geblieben...

Seit den rechtlichen Problemen mit Herbalife und Vemma redet plötzlich jeder über Kunden. Selbst die Geldspiele mit den Kryptowährungen sprechen von Kunden! Du kannst aber nicht einfach nur das Wort „Kunden" in den Mund nehmen und dann denken, dass du damit auf der sicheren Seite bist. Du musst es beweisen, indem du tatsächlich über echte Kunden verfügst. Und die traurige Wahrheit lautet, dass dies bei vielen Firmen in unserer Branche nicht zutrifft.

Es trifft nicht auf sie zu, weil deren Produkte mittelmäßig ihre Preise überzogen und die Firmenkultur ausschließlich auf die Gewinnung von Partnern aufgebaut ist.

Wir haben den Plan aus den Augen verloren.

Wir haben vergessen, dass *ALLES* mit den persönlichen Verkäufen (oder persönlichem Volumen, PV) beginnt und endet. In deiner Firma mag man es als Kundenvolumen (KV) oder als Qualifikationsvolumen (QV) oder ähnlich bezeichnen, aber der kritische Punkt lautet: Jede Bonuszahlung, alle Tantiemen, jeder bezahlte Firmenwagen und jedes Incentive, das wir verdienen, muss auf der Grundlage von persönlichen Verkäufen aufgebaut sein.

Und als persönliche Verkäufe zählen nur die Umsätze von Produkten, die ein Endverbraucher tatsächlich selbst gekauft und verwendet hat

Es ist an der Zeit, uns den Plan wieder vor Augen zu führen.

Das Geschäftsmodell, das als MLM, Multilevel oder Network Marketing bekannt ist, steht ernsthaften und, wie ich glaube, unüberwindlichen Bedrohungen gegenüber. Wir haben es verbockt.

Wir haben dieses wundervolle Geschäftsmodell – die wohl letzte Bastion im System der freien Wirtschaft, in der ein gewöhnlicher Mensch außergewöhnlichen Wohlstand und Erfolg schaffen kann – genommen und haben es pervertiert. Schwindler, Betrüger und gierige Opportunisten haben es gekapert.

Wir müssen einen mutigen, gewagten und kreativen Dialog über die Zukunft anstoßen. Und auch darüber, was wir tun können, um eine bessere Kommunikation zu den Millionen von Menschen zu schaffen, die von dem, was wir tun, betroffen sind. 2017 habe ich ein Manifest dazu geschrieben. Nun ist dieses Buch der nächste Schritt.

Wenn du bereit bist, unserem Beruf beim Übergang in die nächste Entwicklungsstufe zu helfen und wenn du Teil der Bewegung sein möchtest, die genau dies ermöglicht, dann lies auf jeden Fall weiter.

Aber zuerst müssen wir die Tatsache anerkennen, dass dieses Geschäftsmodell - das so viele von uns lieben und welches Wohlstand für Millionen geschaffen hat - im Sterben liegt. Die Krebsgeschwüre haben sich zu weit und zu schnell verbreitet. Und wir haben es geschehen lassen. Also ist es an der Zeit, das Leiden zu beenden.

Ruhe in Frieden, MLM

Wohin also gehen wir nun von hier? Wie befreien wir uns von den Scharlatanen, die das Geschäft in Geiselhaft genommen und es in eine Senkgrube verwandelt haben? Wie können wir den von ihnen verursachten Schaden beheben und das Ansehen von Network- oder Multilevel-Marketing wiederherstellen?

Die traurige Antwort lautet: Wir können es nicht. Die Trickser, Betrüger und Kriminellen haben den guten Ruf dieses Geschäfts zerstört und wir werden ihn niemals zurückbekommen. Anstatt darauf zu hoffen, dass irgendetwas unseren Werdegang ändern wird, brauchen wir den Mut, ihn selbst zu ändern.

Ich glaube, der befreiendste Tag deines Lebens wird derjenige sein, an dem du erkennst, dass manche Brücken dazu bestimmt sind, verbrannt zu werden. Und dieses ermüdete und falsch interpretierte Modell, das als Multilevel-Marketing bezeichnet wird, muss verbrannt werden.

MLM ist tot. Es ist Zeit, den Kranz auf den Sarg zu legen und diesen zu Boden zu lassen.

Doch die Tätigkeit, Produkte und Dienstleistungen an Menschen heranzutragen, die diese Dinge lieben und haben möchten, ist immer noch sehr lebendig. Es ist aber an der Zeit, die Art und Weise, wie wir das tun, neu zu erfinden.

Wir brauchen einen Neuanfang...

Mir ist klar, dass eine wachsende Zahl der verbleibenden seriösen Unternehmen neue Begriffe verwendet hat. Beispielsweise Social Selling, Network Sales oder Affiliate Marketing. Ich glaube aber nicht, dass eines dieser Etiketten tatsächlich den aufregendsten Teil unseres Geschäfts erfasst, nämlich das Prinzip der Hebelwirkung.

Ich kann dir also nur mitteilen, was ich persönlich tue ...

Ich habe die Verwendung von Begriffen wie MLM, Multi-Level- oder Network-Marketing eingestellt. Für all meine kommenden Marketing- und Schulungsunterlagen sowie für alle Präsentationen zur Partnergewinnung habe ich bereits die Wandlung zu einem anderen Geschäftsmodell begonnen: Verkaufen mit Hebelwirkung.

Verkaufen mit Hebelwirkung

Der Begriff "Verkaufen mit Hebelwirkung" trifft die wahre Grundlage dessen, was den Einstieg in dieses Geschäft so interessant gemacht hat. Es sind die beiden miteinander verbundenen Elemente, die den Kern unserer Tätigkeit definieren:

Für Verkäufe sorgen und anschließend das Konzept der Hebelwirkung einsetzen. Um auf diese Weise die Vergütung derjenigen Menschen progressiv wachsen zu lassen, die für das Entstehen dieser Verkäufe verantwortlich sind.

Wir können neue Strategien und Technologien einsetzen, beispielsweise interessante Vorzugskundenprogramme, bequeme Produktabonnements, leicht bedienbare Benutzeroberflächen für Online-Bestellungen und einfache Bestellmöglichkeiten per mobiler App. Und wir können das Konzept der Hebelwirkung integrieren, welches – wie der Zinseszins – zu einem der wahren Wunder dieser Welt gehört.

Doch dieses Mal müssen wir unermüdlich, wachsam und unerbittlich daran arbeiten, die Menschen fern zu halten, die versuchen, unsere legitime Struktur als einen Deckmantel zur Ausbeutung anderer zu nutzen.

Die Aufsichtsbehörden sind den Missetätern immer einen Schritt hinterher. Mit neuen Technologien wie Blockchains und Kryptowährungen wird die Kluft sogar noch größer. Es gibt zu viele Menschen mit bösen Absichten, aber nicht genügend Regulierungsbeamte, um für eine Überwachung zu sorgen.

Wir müssen uns daher selbst überwachen.

Wir müssen nicht andere Firmen schlecht machen, um unser eigenes Unternehmen besser aussehen zu lassen. Das stellt lediglich ein Armutsbewusstsein dar, mit dem wir uns nur selbst schaden. Wenn ein Wettbewerber bessere Arbeit liefert als du, erweise ihm deinen Respekt und entscheide dich, es beim nächsten Mal selbst besser zu machen. *Aber wir müssen damit aufhören, einfach wegzuschauen, wenn wir Menschen und Firmen bei einem unethischen und illegalen Verhalten beobachten.* Wir müssen es aussprechen, wenn wir fragwürdige Praktiken, wertlose Produkte und eine vorsätzliche Täuschung in der Vertriebspartnergewinnung erkennen.

Wir müssen die korrupten Anführer und Unternehmen bloßstellen, die diese unethischen Aktivitäten ausüben. Und wir müssen sie aus unserem neugeschaffenen Raum fernhalten.

Wir müssen die Spielregeln und das Spiel selbst ändern. Vor allem aber die Ergebnisse. Wir müssen wieder zu den alten Methoden zurückkehren, von Prinzipien geleitet sein und mit Integrität handeln. Wir werden das beste Modell im freien Unternehmertum neu erfinden, damit normale Menschen außergewöhnliche Ergebnisse erzielen können.

Immerhin waren wir selbst die ursprünglichen Störenfriede in der Welt der Vermarktung. Und jetzt werden wir diese Welt von Neuem stören.

Es wird nicht leicht werden ...

Tatsächlich wird es sogar extrem schwierig sein. Es wird Jahre dauern, um dieses Ergebnis zu erreichen. Und wir werden bei jedem Schritt auf Widerstand stoßen.

Umsätze in Höhe von Milliarden Euro werden im alten Modell von „Partner gewinnen ist wichtiger als Verkaufen" bedroht sein. Veränderungen machen den Menschen Angst. Einige werden Angst haben und uns angreifen.

Geldspiele und Pyramidensysteme erschaffen ebenfalls Einnahmen in Milliardenhöhe. Es gibt Tausende von Menschen, die an diesen korrupten Programmen interessiert sind. Diese Menschen werden nicht einfach still bleiben oder fortgehen.

Sowohl die Medien als auch die Öffentlichkeit werden uns gegenüber skeptisch sein. Beide werden unsere Motive in Frage stellen und an unserer Aufrichtigkeit zweifeln. Es wird das engagierte Engagement einer Kerngruppe von Menschen erfordern, die zu den Akteuren des Wandels gehören wollen.

Menschen, die an die wahre Mission glauben: Unternehmer dazu befähigen, lukrative Kundenstämme aufzubauen.

Willst du dich dieser Herausforderung stellen? Und bist du bereit, die Vergangenheit hinter dir zu lassen? Bereit, dich in ein Mitglied der nächsten Generation unserer Aktivitäten zu verwandeln? Dann lade ich dich ein, dich mir bei diesem nächsten Abenteuer anzuschließen.

Lass uns einen Blick auf ein paar der Dinge werfen, die wir in Zukunft besser oder anders machen müssen:

1. Wenn du dir ein Geschäft durch Verkauf mit Hebelwirkung aufbauen willst, dann musst du verkaufen.

Wie ich dir bereits in Kapitel 1 sagte, musst du keine Abschlusstechniken beherrschen. Du brauchst auch keine Klinken zu putzen oder Kaltakquise betreiben. Auch musst du keine übertriebenen Loblieder auf deine Produkte singen oder andere Menschen manipulieren. Du musst lediglich ein großartiger Botschafter für deine Produkte oder Dienstleistungen sein, an die du inbrünstig glaubst. Wenn du hierzu nicht bereit bist, höre jetzt gleich an dieser Stelle auf. Dieses neue Geschäftsmodell ist nichts für dich.

Verkäufe mit Hebelwirkung sind für Menschen gedacht, die leidenschaftlich an die von ihnen vertretene Produkt- oder Dienstleistungslinie glauben und die anderen gerne von diesen Produkten oder Dienstleistungen erzählen möchten.

Du magst jetzt vielleicht befürchten, dass diese Strategie die Zahl der Personen einschränkt, die bei diesem Geschäft einsteigen. Das ist allerdings kein Problem. Du wirst Menschen begegnen, die zu dir sagen, dass sie nicht verkaufen wollen. Großartig. Diese sollten in unserem Geschäft von Anfang an gar nicht erst mitmachen.

2. Hör auf, so leichtgläubig zu sein.

Der Grund, warum Schneeballsysteme und Versprechen vom schnellen Geld so gut funktionieren, besteht darin, dass sie von der Gier der Menschen profitieren. Heutzutage halten so viele Menschen Ausschau nach einem „Hack“, also einer Abkürzung, mit der man die für den Erfolg nötige Arbeit umgehen kann. Aber es gibt kein „automatisches System zum Downline-Aufbau“ und das wird es auch nie geben. Hör auf, danach zu suchen.

3. Schütze dich und dein Team vor den Geschäftemachern und Parasiten, die sich über unsere Branche hermachen, um Geld an dir zu verdienen.

Es gibt Trainer, Berater und Coaches, die zwar keine Ahnung von unserem Beruf haben, aber hohe Umsätze damit erzielen, indem sie uns beraten. Die meisten von ihnen produzieren nichts von echtem Wert. Auch diese Leute werden uns mit Sicherheit zu unserem neuen Bestimmungsort folgen.

Sie mögen behaupten, erstaunliche Kontaktprofis, brillante Verkaufstrainer oder Social Media-Experten zu sein. Setze einfach nur ein wenig gesunden Menschenverstand ein. Wenn diese Menschen wirklich das Erfolgsgeheimnis für unser Geschäft hätten, würden sie es selbst betreiben.

Und im heutigen neuen Geschäftsumfeld müssen wir uns nun auch noch mit allen Ablenkungen der Online-Welt auseinandersetzen. Das bedeutet, du musst dein Team auch gegen die Websites schützen, die sich als Berichterstatter, Aufpasser und Nachrichtenseiten darstellen.

Die Leute, die solche Seiten betreiben, sind Experten im SEO-Marketing, sodass sie immer ganz oben auf der Ergebnisliste stehen, wenn jemand nach einem Firmennamen sucht. Fünfundneunzig Prozent dieser Seiten und Portale schaden deinem Geschäft. Du musst dich davon fernhalten.

Manche dieser Portale sind vielleicht gut gemeint, führen dich aber doch nur in die Irre. Einige andere sind ausschließlich als "Köder und Haken" konzipiert. Das heißt, man lockt dich damit, dass du eine Bewertung zu deinem Unternehmen lesen kannst, aber tatsächlich handelt es sich um einen unterschwelligen Angriff, der dich von einem anderen Unternehmen überzeugen soll.

Einige führen Umfragen zum besten Trainer, CEO oder Unternehmen durch. Der eigentliche Zweck dieser Umfragen besteht aber nur darin, die E-Mailadressen deiner Teammitglieder abzugreifen. Damit diese später abgeworben werden können oder dass man ihnen irgendwelchen Mist verkaufen kann.

Es gibt zum Beispiel diesen Burschen, der für eine Website mit großer Reichweite wirbt, die aber nichts anderes eine PR-Plattform ist. Jeden Monat erhält er von Firmen oder Führungskräften seine monatliche Vergütung, um nette Dinge über seine Kunden zu schreiben. Wenn sie aber aufhören, ihn zu bezahlen, fängt er an, schreckliche Dinge über sie zu schreiben.

Lass dich nicht manipulieren. Diese Seiten sind nur für die "MLM Zombies" von Bedeutung, die es nicht besser wissen. Halte von solchen Leuten Abstand und halte auch deine Leute von deren Mailinglisten fern.

Auch musst du die Zeitungen, Newsletter und Magazine, die über unseren Beruf berichten, bewerten und einschätzen können. Die meisten sind genauso wie die zuvor erwähnten Internetseien. Die Leute, über die hierin berichtet wird, *kaufen sich ein*, um als „Aufsteiger des Monats“ oder in Form eines Firmenprofils dargestellt zu werden. Wenn du bereit bist, 25.000 US-Euro zu zahlen, kannst du dich sogar auf der Titelseite präsentieren lassen . . .

Und so funktioniert dieses System:

Die miesesten und fragwürdigsten Programme zahlen eifrig dafür, dass ihr

Programm und ihre Top-Führungskräfte vorgestellt werden. Dann verwenden sie Nachdrucke dieser Artikel, um legitim zu erscheinen und um ahnungslosere Opfer anzulocken.

Auch hier lautet das Schlüsselwort „Abgrenzung". Stehe jedem Guru, Coach, Berater, Autor, jeder Website und jeder Publikation erst einmal kritisch gegenüber. Dieses Buch hier eingeschlossen.

4. Hör auf, mit den Bösewichten zu konkurrieren.

Das kannst du nicht. Und das willst du auch nicht. Ein Bankräuber kann in 20 Minuten so viel Geld einstreichen, wie ein Klempner in 20 Jahren verdient. Das bedeutet aber nicht, dass du Banken ausrauben solltest.

Ja, es wird Leute geben, die behaupten, sie hätten in dem einen oder anderen Geschäft 10.000 oder 20.000 Euro in ihrem ersten Monat verdient. Dies mag zutreffen, wenn sie ein Team aus einem anderen Programm mitbringen. Oder wenn sie über eine spezielle Absprache mit einer „vorbereiteten Linie" verfügen. (Damit ist eine spezielle Vereinbarung gemeint, bei der eine oder mehrere Linien automatisch qualifiziert werden, was aber eigentlich nicht den Regeln entspricht.) Versuche nicht, hier mitzuhalten, du kannst es nicht. Und die Kandidaten, die diese Leute mit solchen Tricksereien anziehen, sind ohnehin nicht die Menschen, die du suchst.

5. Hör auf, fünf- und sechsstellige Monatseinkommen zu bewerben.

Jahrzehntelang war es so, dass eine Network-Marketing-Präsentation erst einmal aus Fotos von einem Lamborghini, Sandstränden und einem Bündel Geldscheine bestand. Und dann hat man diejenigen Menschen präsentiert, die monatlich fünf- und sechsstellig verdienten. Aber die Welt hat sich geändert. Wir müssen diese Art von Propaganda hinter uns lassen. Tatsächlich sind diese Methoden auch bei weitem nicht mehr so effektiv, wie sie es vielleicht einmal gewesen sein mögen.

Unternehmen, die beispielsweise mit fünf- oder sechsstelligen Monatseinkommen werben, werden heutzutage von den Aufsichtsbehörden geschlachtet. Dabei spielt es auch keine Rolle, wie viel Kleingedrucktes in den AGBs stehen mag. Solche Ergebnisse sind nicht typisch und werden es auch nie sein. *Wenn du diese Art von Behauptungen aufstellst, wirst du abgemahnt.*

Ja, es stimmt, dass es eine Menge Leute in unserer Branche gibt, die unverschämt viel Geld verdienen. Machen wir uns jedoch nichts vor - jedes Einkommen oberhalb von 25.000 Euro pro Monat wird von fast allen Menschen als unnatürlich empfunden. Die überwiegende Mehrheit der Menschen kann sich nicht damit identifizieren, jemals solche Beträge zu verdienen. Die meisten Menschen wären *glücklich*, wenn sie ein nebenberufliches Geschäft hätten, das ihnen ein Passiveinkommen von 800 Euro im Monat einbringt. Und sie wären VÖLLIG AUS DEM HÄUSCHEN, wenn sie ein Teilzeitgeschäft hätten, das ihnen ein monatliches Passiveinkommen von 3.000 Euro liefert.

Es gibt mindestens sechs (vielleicht auch sieben) Milliarden Menschen, deren Leben sich dramatisch und messbar ändern würde, wenn du ihnen einfach hilfst, ein paar hundert Euro mehr pro Monat zu verdienen, damit sie ihre Grundbedürfnisse befriedigen können.

Ihr Leben würde sich auf bedeutsame Weise verbessern, wenn du ihnen einfach nur helfen könntest, aus ihren Schulden herauszukommen. Und darüber zu sprechen, wie man seine Schulden abbaut, ist tatsächlich viel interessanter, als du vielleicht auf den ersten Blick denken magst. Damit erreichen wir unsere Gesprächspartner auf einer viel tieferen Ebene. Sogar Menschen, die nicht verschuldet sind, haben Eltern, Geschwister und Freunde, die mit ihren Leasingraten im Rückstand sind, von ihren Hypotheken erdrückt werden und an ihren Studentendarlehen und Kreditkartenschulden ersticken. Hör also damit auf, diese extrem hohen Einkommen hochzujubeln. Und biete den Menschen stattdessen einen Weg, um aus ihrer Verschuldung herauszukommen. Dann wird alles für dich viel besser funktionieren.

6. Hör damit auf, Arbeitsplätze oder Ausbildungen schlechtzureden und alles auf den kleinsten gemeinsamen Nenner herunterzurechnen.

Wir müssen aufhören, Studiengänge zu verunglimpfen oder so zu tun, als ob alle Chefs böse Menschen wären. Und es ist auch keine gute Idee zu behaupten, dass jeder, der einen Arbeitsplatz hat, ein Verlierer ist. Hier kommt eine revolutionäre Idee ...

Beginnen wir mit der Prämisse, dass die meisten Menschen es nicht schätzen, bevormundet, verspottet oder von oben herab betrachtet zu werden.

Wenn du ihnen helfen willst, dann hör auf, sie zu beurteilen. Wenn du möchtest, dass sie bei deiner Firma einsteigen, dann mach den Anfang, indem du sie mit Respekt behandelst. Zu behaupten, jemand sei ein Idiot, weil er die Uni besucht oder dass er ein Verlierer ist, weil er einen Job hat, ist wahrscheinlich nicht der beste Weg, jemanden zu inspirieren, sich deinem Geschäft anzuschließen.

Tatsache ist, dass viele Menschen eine gute Ausbildung und sogar Freude an ihrer Arbeit haben. Oder vielleicht verdienen sie zwar viel Geld mit ihrem Job, aber dieser bietet ihnen nicht die Freiheit und Lebensweise, die sie suchen. Oder vielleicht lieben sie ihre Arbeit und möchten sie gern behalten, verdienen aber nicht genug damit. Lass uns für alle Möglichkeiten offen sein und Menschen dort abholen, wo sie sich befinden.

Du musst nicht unter einer Brücke geschlafen haben, um dich dem Konzept des Verkaufs mit Hebelwirkung anzuschließen. Wir müssen das Bild auslöschen, dass jeder, der in unserem Geschäft erfolgreich geworden ist, zuvor verarmt, obdachlos oder bankrott war.

Versteh mich nicht falsch: Wenn du arm bist, dich Herausforderungen stellen musst oder mit persönlichen Problemen zu kämpfen hast, dann bietet dir dieses Geschäft durchaus eine Möglichkeit, die nächste Erfolgsgeschichte zu schreiben. Und das werden wir feiern. Wir alle lieben es, von der Bühne herab diese Erlösungsgeschichten zu hören. Aber nicht alle Menschen starren einem katastrophalen Unglück ins Angesicht und sind dringend auf Rettung angewiesen.

Wir müssen dieses Geschäft für Menschen auf allen Ebenen des Erfolgs in ihren jeweiligen Leben attraktiv wirken lassen. Deshalb müssen wir auch die Menschen feiern, die über eine solide Ausbildung, gut bezahlte Jobs und eine stabile finanzielle Situation verfügen - und sich trotzdem dafür entscheiden, in unser Geschäft einzusteigen.

Bei der Partnergewinnung geht es nicht darum, dass wir Menschen in unsere vorgefertigten Raster pressen. Es geht darum, ihnen Wege aufzuzeigen, mit denen sie genau das erreichen können, was sie sich wünschen.

Wenn ich heutzutage gebeten werde, das Konzept „Verkauf mit Hebelwirkung" vorzustellen, weißt du, worüber ich dann spreche?

Über den Aufbau einer soliden Kundenbasis. Über den Aufbau eines Passiveinkommens, um dem persönlichen „Traumlebensstil" näher zu kommen. Darüber, wie man das leidige Thema der Geldprobleme einfach aus dem Weg räumen kann. Um nicht mehr über Geld streiten oder nachdenken zu müssen.

Keine zwei Meter breiten Schecks mehr auf der Bühne. Keine Lamborghinis. Keine Angebereien über riesige Monatseinkommen. Einfach nur ein simples Gespräch darüber, wie Menschen ihre Schulden loswerden und ihr Traumleben gestalten können.

Es klappt. Und es wird für dich genauso funktionieren - wenn du es zulässt.

Wir können auch ohne die ganzen Schönfärbereien erfolgreich sein, ohne die fragwürdigen Taktiken und ohne die Flunkerei. Es gibt eine ganze Welt von Menschen, die nach Produkten und Dienstleistungen suchen, mit denen sie ihr Leben verbessern können. Und es gibt unzählige Menschen, die nicht nur den Wunsch haben, ein Passiveinkommen zu beziehen - sondern die auch bereit sind, dafür zu arbeiten.

Was übrigens der weitere Grund dafür ist, warum ich dieses Buch veröffentliche . . .

Mir ist klar, dass viele der Leute, die derzeit noch mit dem alten Modell des Übertreibens und mit lautem Hurra-Geschrei arbeiten, tatsächlich gute Menschen sind. Ich habe viele Freunde aus dieser Kategorie. Freunde, von denen ich weiß, dass sie sich niemals wissentlich einer Sache angeschlossen hätten, die unethisch ist oder andere Menschen verletzen würde.

Doch sie kennen sich nicht mit der Entwicklung von Technologien wie Blockchains aus. Oder ihnen ist der Unterschied nicht bewusst, ob sie jemandem ein Produkt verkaufen oder in zu einer Investition überreden. Aber irgendjemand, dem sie vertrauten, überzeugte sie davon, dass die Taktiken, die sie anwenden, ethisch einwandfrei und legal sind. Und somit setzten sie ihr Urteilsvermögen unwissentlich außer Kraft und folgten diesen Personen. Sie waren einfach nicht sachkundig genug, um zu verstehen, dass sie Menschen betrügen und auch selbst betrogen werden.

Ich hoffe, dass wir einige dieser Menschen "retten" und von der dunklen Seite zurückholen können ...

Wenn wir zusammenarbeiten, können wir dieses neue Geschäftsmodell aufbauen und viele wertvolle Menschen ermutigen. Wir können Geld verdienen, Spaß haben und die Welt trotzdem zu einem besseren Ort machen als wir ihn vorgefunden haben. Ja, MLM ist tot. Aber wir brauchen bei der Beerdigung nicht traurig zu sein. Wir können die schönen Erinnerungen feiern, die wir damit hatten, können die Lektionen anwenden, die wir gelernt haben und uns in die nächste Stufe der Unternehmerschaft und des Wachstums hineinentwickeln.

Möchtest du immer noch weiterlesen und bist bereit, unsere Branche von Neuem zu erfinden? Dann lass uns jetzt feststellen, wie du für dich die richtige Firma auswählen kannst …

Kapitel 3

Wie du die richtige Firma für dich auswählst

Eine der wichtigsten Entscheidungen, die du in deiner Karriere im Direktvertrieb treffen wirst, ist die, mit welcher Firma du dein Geschäft aufbaust. Leider verbringen jedoch die meisten Menschen weniger Zeit mit der Überlegung, mit welchem Unternehmen sie zusammenarbeiten sollen, als einen Datentarif für ihr Handy auszuwählen.

Die meisten, die dieses Buch lesen, haben diese Bewertung bereits abgeschlossen. Denn sie haben bereits ein Unternehmen gefunden, mit dem sie zusammenarbeiten. Wenn das auf dich zutrifft, kannst du dieses Kapitel gerne überspringen. Ich verspreche dir, dass du meine Gefühle hierdurch nicht verletzt. Dieses Kapitel existiert für diejenigen, die sich Gedanken über dieses Geschäft machen und noch kein Zuhause gefunden haben. Oder vielleicht ist etwas Schlimmes passiert, so dass du dein letztes Unternehmen verlassen musstest und suchst nun nach einer Herausforderung, die zu dir passt. Wenn ja, dann ist dieses Kapitel für dich. Beginnen wir damit, den Unterschied zwischen zwei Dingen zu klären …

Illegale Pyramidensysteme und legitime Vergütungspläne

Aufgrund der zunehmenden Regulierung in unserer Branche sollten wir genau darauf achten, dass wir uns von rechtlichen Problemen fernhalten. Machen wir also eine kurze Bestandsaufnahme von vier Kriterien, mit denen wir legitime Vergütungspläne von den illegalen Pyramidensystemen und Geldspielen trennen können. (Die Gesetzeslage ist zwar auf der ganzen Welt unterschiedlich, aber diese vier Richtlinien sind gute grundlegende Praktiken, die überall zutreffen.)

1. Echte Verkäufe von Produkten oder Dienstleistungen an Endverbraucher.

Hierbei ist eine Sache entscheidend: dass die Produkte den Endverbraucher erreichen. Wenn dich jemand bittet, Handgelenk-Pulsmessgeräte im Wert von 20.000 US-Euro zu kaufen, um dich für eine Bonuszahlung oder für eine Rangstufe zu qualifizieren, ist es offensichtlich, dass du nicht der Endbenutzer all dieser Geräte bist. Dann hat jemand mit dir so genanntes "Front-loading" betrieben (hat dir viel mehr Inventar verkauft, als du in angemessener Zeit weiterverkaufen kannst) und das ist keine legitime Vorgehensweise.

Hier ist das andere Problem, das hierbei entsteht ...

Ein Großteil der in deiner Gruppe verkauften Produkte wird wahrscheinlich von Vertriebspartnern verbraucht. Also von Menschen, die einerseits die Produkte nutzen, gleichzeitig aber auch das Geschäft betreiben. Und die daher berechtigt sind, Bonuszahlungen und Provisionen zu erhalten. Hierdurch entsteht zwar ein hohes Verkaufsvolumen, dies kann aber ein Problem darstellen, wenn Aufsichtsbehörden das Unternehmen überprüfen.

Manche Menschen sind dem Geschäft beigetreten, hatten jedoch keinen wirklichen Erfolg. Doch sie sind im System geblieben, um weiterhin Rabatte auf die Produkte zu erhalten. Oder manchmal treten Leute als Vertriebspartner bei, um einfach nur zum Großhandelspreis einkaufen zu können. du wirst diese Menschen wahrscheinlich als Kunden betrachten. Aber die Aufsichtsbehörden sehen diese Personen weiterhin als Vertriebspartner. Und einer der Standards, der momentan von manchen Aufsichtsbehörden propagiert wird, lautet, dass ein Unternehmen mindestens 51 Prozent seiner regelmäßigen Umsätze mit echten Kunden erzielen muss. Und diese behördliche Definition bezieht sich auf Personen, die in keiner Form als Mitarbeiter gelten, die also niemals berechtigt sind, Provisionen zu erhalten.

Kunden also einfach als Vertriebspartner zu registrieren, damit diese zu Großhandels- oder reduzierten Preisen einkaufen können, kann heutzutage für das Unternehmen manchmal zu schwerwiegenden rechtlichen Problemen führen. Die Aufsichtsbehörden machen immer öfter geltend, dass diese Personen keine Kunden, sondern erfolglose und übervorteilte Vertriebspartner sind. Dies wird dann als weiteres Argument aufgeführt, dass die Geschäftsgelegenheit nicht legitim sei.

Es ist also sehr wichtig, dass ein echter Unterschied zwischen Kunden und Vertriebspartnern gemacht wird. Eine kostenlose Registrierung als Distributor ist beispielsweise eine sehr schlechte Idee. Denn dann gibt es wirklich keinen Grund, warum sich nicht jeder Kunde als Vertriebspartner anmelden sollte, um einfach nur den Großhandelsrabatt zu erhalten. Genau dies könnte sich dann in einen endlosen rechtlichen Albtraum verwandeln.

Einige Unternehmen verfolgen einen anderen, aber effektiveren Ansatz. Sie bieten keine Großhandelspreise an, Händler und Kunden zahlen den gleichen Preis. In einigen Fällen sind sogar Kunden die einzigen, die kostenlosen Versand und einige weitere Vorteile erhalten. Dies ermutigt Menschen, die lediglich Produkte kaufen - nicht aber das Geschäft aufbauen wollen - dazu, ein zufriedener Kunde zu bleiben und kein "Händlerkunde" zu werden.

Die Vertriebspartner verdienen dann durch den Vergütungsplan direkt an den Bestellungen ihrer Kunden. Lediglich die Vertriebspartner können für diese Bestellungen Provisionen und Boni erhalten. Das Endergebnis ist also eine gewünschte klare Unterscheidung zwischen Kunden und Händlern.

2. *Provisionen sollten immer nur für Produktumsätze gezahlt werden, niemals als "Kopfgelder"*

Dein Einkommen muss aus Boni und Provisionen bestehen, die auf dem von deinem Team produzierten Umsatzvolumen basieren. Damit meine ich die Umsätze, die durch Produkte oder Dienstleistungen erzeugt werden, die tatsächlich von Kunden bezahlt wurden und auch an diese geliefert wurden. Wirst du nur dafür bezahlt, dass du jemanden bei deiner Firma eingeschrieben hast, befindest dich wahrscheinlich in einem Pyramidensystem.

Nun wird kaum ein Unternehmen damit werben, dass du dein Geld in erster Linie durch das Einschreiben neuer Leute verdienen wirst. Aber du musst deinen gesunden Menschenverstand einsetzen. Denn es gibt viele fragwürdige Geschäfte, deren Modelle im Wesentlichen genau hierauf basieren. Sie bieten spezielle Registrierungspakete für neue Partner an, für die der Anwerber eine hohe Provision erhält. Ein kurzer Einblick in die Unternehmenszahlen zeigt, dass die Mehrheit der Verkäufe (und damit der größte Teil der ausbezahlten Provisionen) ausschließlich aus diesen Paketen stammt. Diese Unternehmen versprechen sich von den schnell entstehenden hohen Einkommen einen großen Werbeeffekt. Aber irgendwann knickt das Ganze wieder ein, weil nur wenige Produkte wirklich verbraucht werden.

3. Verdiene das Geld mit der Goldmine, nicht an den Minenarbeitern

Diese Branche hat eine lange und wilde Geschichte von Fällen hinter sich, in denen hochrangige Vertriebspartner verschiedener Unternehmen einen großen Prozentsatz ihres Einkommens aus dem Verkauf von Schulungsmaterialien und Seminaren erzielt haben. Dies ist in manchen Ländern illegal, aber immer eine fragwürdige Praxis.

*Die Geschäftsgelegenheit muss für sich selbst genommen ein **überlebensfähiges** Geschäftsmodell sein.*

Wenn eine Führungskraft ein Honorar dafür verlangt, um ihr Team zu schulen, stellt das ein Problem dar. Wenn diese Führungskraft mit dem Verkauf der Marketingmaterialien Geld verdient, die das Team zum Geschäftsaufbau verwendet, führt das zu einem inneren Interessenkonflikt.

Dies bedeutet nicht, dass jeder, der so etwas macht, dies mit schändlicher Absicht tut. Manchmal handelt es sich bei den Werkzeugen, die vom Team selbst hergestellt werden, um die effektivsten Tools, die auch noch besser sind als das, was das Unternehmen selbst produziert. Trotzdem bleibt der Konflikt bestehen.

Ein Ergebnis dieser Vorgehensweise ist, dass Menschen mit ihren Einkünften hausieren gehen, aber nicht offenlegen, dass ein hoher oder sogar der größte Teil ihres Einkommens aus Schulungs- oder Werkzeugverkäufen stammt, die außerhalb des Vergütungsplans liegen. Und somit den meisten Partnern nicht zur Verfügung stehen. Diese Praxis ist unethisch.

In anderen Fällen werden Schneeball- oder Pyramidensysteme als legitime Produktangebote getarnt. Ein perfektes Beispiel dafür sind die Angebote mit dem Titel „Gründe dein eigenes Reisebüro", die in den 90er Jahren der große Trend waren. Diese Pseudo-Reisebüros standen ernsthaften rechtlichen Herausforderungen gegenüber. Der Grund war, dass die meisten Verkäufe und Provisionen durch den Verkauf ihrer Marketing-Websites an weitere Händler entstanden. Und nicht durch den Verkauf von Reisen, die ja als das eigentliche Produkt dargestellt wurden.

4. Verfügungen zur Warenrücknahme

Die meisten Länder, in denen Richtlinien für unser Geschäft existieren, verlangen, dass Unternehmen Warenbestände zurückkaufen, die von ihren Vertriebspartnern retourniert werden. Diese Staaten verlangen auch, dass diese Richtlinie in der Vertriebsvereinbarung festgelegt wird.

In den meisten Fällen wird diese Anforderung zum Rückkauf erst dann wirksam, wenn die Vertriebspartnerschaft beendet wird. In anderen Fällen muss das Unternehmen das zurückgegebene Inventar einfach dann zurückkaufen, wenn der Händler es nicht innerhalb von 90 Tagen nach Erhalt weiterverkaufen konnte. (In beiden Fällen gibt es einige Besonderheiten und in der Regel erfolgt der Rückkauf zu 90 Prozent des Kaufpreises. Die Produkte müssen wiederverkaufsfähig sein. Auf die verkauften Produkte gezahlte Provisionen können abgezogen werden, usw.)

Unternehmen, die diese vier Kriterien erfüllen, stimmen sowohl mit dem Wortlaut als auch mit dem Sinn des Gesetzes überein. Aber wir sind noch nicht fertig ...

SCHENKKREISE

Ein weiterer Bereich, den ich ansprechen muss, sind die so genannten „Schenkkreise". Deren Argument lautet, dass sie ja keine Produkte brauchen, weil die Teilnehmer des Programms ihren Förderern freiwillige Geldspenden geben. Schenkkreise sind nichts anderes als ein Abklatsch des Kettenbriefs. Und sie sind so gut wie überall illegal.

Und wie oft wird wohl noch versucht, das Konzept des Rabattclubs zurückzubringen? Oder die Marktschreierei für Produkte und Dienstleistungen von fragwürdigem Wert? So etwas wurde immer wieder versucht und hat nie dauerhaft funktioniert. Die Marktwirtschaft unterstützt diese Dinge nicht. Und die Aufsichtsbehörden schließen diese Läden, weil die von ihnen beworbenen Rabatte nicht höher sind als diejenigen, die jeder Mensch erhält, der einfach nur seine Augen aufmacht hält oder Mitglied verschiedener Verbände ist.

> *Das Produkt oder die Dienstleistung muss ein legitimes Angebot darstellen, welches Menschen auf dem freien Markt auch zum Einzelhandelspreis beziehen würden.*

Wenn fast niemand das Produkt oder die Dienstleistung ohne einen Vorteil durch den Vergütungsplan kaufen würde, dann stehst du wahrscheinlich vor einem Pyramidensystem. Wenn du darauf baust, dass die Geschäftsgelegenheit deinen Interessenten so sehr begeistern wird, dass er gar nicht merkt, wenn er zu viel für deine Produkte bezahlt, wirst du schnell enttäuscht werden. Eine solide Einzelhandelsbasis von zufriedenen Kunden (die nicht wegen der Provisionsschecks mitmachen) ist einer der besten Indikatoren für ein starkes Unternehmen.

Eine weitere Variante, von der du dich fernhalten solltest, sind die „Einkaufsgemeinschaften". Diese Programme werben damit, dass kein Verkauf erforderlich sei. Sie schlagen vor, dass du einfach all deine Freunde für die Einkaufsmöglichkeit zum Großhandelspreis anmeldest. Aber die meisten Regulierungsbehörden betrachten solche geschlossenen Marketing-Konzepte als Pyramidensystem.

Hier ist der Grund dafür:

Du kannst einen Großhandelsclub gründen, genau wie es Sam Walton und andere getan haben - das ist vollkommen legal. Nimmst du aber einen Großhandelsclub und baust eine mehrstufige Provisionsstruktur ein, dann wird dieser „Club" in den meisten Fällen illegal, weil es sich um ein geschlossenes System handelt. Da jeder Kunde auch gleichzeitig Mitglied ist, gibt es niemanden außerhalb des Systems, an den etwas verkauft werden kann. Müssten wir einfach nur einkaufen, um Geld zu verdienen, würden das alle tun. Aber so einfach ist es nicht. Halte dich also von diesen Dingen fern.

Die passende Firma finden

Wenn du dich nun versichert hast, dass das Programm, das du dir ansiehst, nicht illegal ist, wie stellst du dann sicher, dass es zu dir passt? Zuvor hatte ich ja schon gesagt, dass sich die meisten Leute von ihrer Firma auswählen lassen. Hierzu gibt es zwei Denkrichtungen.

Erste Sichtweise: Wenn du eine Gelegenheit von jemandem angeboten bekommst, den du kennst und dem du vertraust - und der dich gerne sponsern und sich für die Zusammenarbeit mit dir einsetzen möchte - , dann kann dies eine kraftvolle Verbindung sein. du musst nicht jedes andere Direktvertriebsunternehmen aufsuchen und einen direkten Vergleich anstellen. Du würdest zwei Jahre mit Nachforschungen verbringen - und zu dem Zeitpunkt, an dem du bereits ein anständiges Einkommen beziehen könntest, würdest du stattdessen erst anfangen.

Zweite Sichtweise: Die Qualität des Unternehmens, dem du beitrittst, ist zu einem großen Teil für deine Erfolgschancen verantwortlich. Du solltest also wenigstens eine grundlegende Überprüfung durchführen, um eine gute Entscheidung zu treffen. Das ist meine persönliche Meinung.

Wie also machst du das? Nun, ich möchte nicht, dass du zwei Jahre brauchst, um jede mögliche Geschäftsgelegenheit zu überprüfen und zu bewerten. Aber du kannst sicherlich einige intelligente Fragen stellen und die von dir in Betracht gezogene Firma sorgfältig prüfen. Beginne also mit ...

Dem Produkt. Dem Produkt. Dem Produkt.

Du kannst deine Bewertung der Produktlinie mit zwei "disqualifizierenden" Fragen beginnen. Wenn deine Antwort nicht aus einem klaren Ja auf beide Fragen besteht, solltest du diese Firma vergessen und weiter suchen.

Das erleichtert dir deinen Bewertungsprozess erheblich, da du mit diesen zwei Fragen wahrscheinlich 98 Prozent der von dir betrachteten Programme streichen kannst.

Die beiden wesentlichen Fragen lauten ...

1. Wenn du kein Geschäftspartner wärst, würdest du dieses Produkt oder diese Dienstleistung trotzdem kaufen?
2. Würdest du das Produkt oder die Dienstleistung zu diesem Preis kaufen?

Sei ehrlich zu dir selbst. Wenn deine Antwort „Nein" lautet, dann such dir ein anderes Unternehmen. Wenn die Geschäftsgelegenheit, mit der du dich befassen willst, nicht auf Produkten basiert, an die du glaubst und die du persönlich nutzen wirst, ist es sehr unwahrscheinlich, dass du mit diesem Unternehmen erfolgreich sein wirst. Das Konzept des Direktvertriebs basiert auf der echten Begeisterung und den persönlichen wahren Aussagen aller Beteiligten.

Hier sind zwei der ersten Fragen, die dir deine Interessenten stellen werden:

1. Sind die Produkte gut?
2. Benutzt du sie selbst?

Wenn du beide Fragen nicht mit „Ja" beantworten kannst, werden sich andere Menschen wahrscheinlich nicht auf dich einlassen.

Wenn du auf dem freien Markt nicht den Preis für deine Produkte bezahlen würdest, dann ist es unwahrscheinlich, dass dies jemand anderer tut. Glaube nicht, dass Menschen mehr für ein Produkt bezahlen, nur weil sie möglicherweise einen Bonusscheck erhalten können. Es hat sich immer wieder gezeigt, dass dies nicht der Fall ist.

Dein Erfolg basiert darauf, dass du deine Produkte zu Endverbrauchern bringst, die diese tatsächlich verwenden. Und die sie häufig nachbestellen. Menschen, die Produkte nur deshalb kaufen, um einen Provisionsscheck zu erhalten, lagern sie am Ende nur ein. Und hören schließlich ganz auf, sie zu kaufen, wenn ihre Garage voll oder ihr Kreditrahmen ausgeschöpft ist.

Du brauchst Kunden, die bereit sind, den normalen Verkaufspreis für deine Produkte zu bezahlen. Das bedeutet nicht, dass dein Unternehmen Produkte zu geringeren Kosten verkaufen muss, als dies irgendwo anders möglich ist. Vielmehr bedeutet das, dass deine Produkte einen solch hohen Gegenwert bieten müssen, dass du und andere Menschen bereit sind, den gewünschten Preis dafür zu zahlen.

In der Tat bieten viele Direktvertriebsfirmen Produkte an, die mehr kosten als vergleichbare Produkte, die an anderer Stelle erhältlich sind. Aber aufgrund ihrer hohen Qualität, Wirksamkeit oder Konzentration bieten sie dem Verbraucher tatsächlich einen besseren Wert.

Mit unserem Geschäft haben wir der breiten Öffentlichkeit eine Vielzahl von Produkten vorgestellt, die in traditionellen Vertriebssystemen niemals eine Chance gehabt hätten. Diese Produkte haben Millionen von Menschen geholfen und sogar Leben gerettet und verlängert.

Direktvertriebsunternehmen haben viele bahnbrechende Gesundheitsprodukte, Produktkonzentrate und umweltfreundliche Verpackungen auf den Markt gebracht, bevor diese Ideen das Bewusstsein der Bevölkerung erreichten. Wir waren auch bei natürlichen und gentechnikfreien Produkten die Vorreiter - lange bevor diese im Trend lagen.

Der andere greifbare Vorteil ist selbstverständlich der persönliche Service und die Aufmerksamkeit, die ein Kunde von dir erhält. Viele Kunden sind gern bereit, für diese persönliche Leistung, die du bietest, etwas mehr zu zahlen. Mach dir also keine Sorgen, wenn du nicht das billigste Produkt auf dem Markt hast. *Worauf es ankommt, ist, ob du einen angemessenen Wert bietest.*

Sehen wir uns nun die anderen Produktvariablen an, die du bei der Bewertung eines Unternehmens berücksichtigen solltest.

Die marktfähigsten Produktlinien sind einzigartig, exklusiv und werden mit hoher Regelmäßigkeit verbraucht.

Idealerweise wünschst du dir Produkte, die ausschließlich von deinem Unternehmen angeboten werden, damit deine Kunden sie nur bei dir erhalten können. Wenn ähnliche Produkte wie die deinen in zahlreichen Einzelhandelsgeschäften und auf Internetseiten zum Verkauf stehen, erlebst du wahrscheinlich größere Herausforderungen, wenn dein Preis nicht deutlich niedriger ist. Doch Preiskämpfe sind immer ein Wettlauf um den niedrigsten Preis, also ein Rennen, das du nicht gewinnen kannst.

Verbrauchsgüter wie Nahrungsergänzungen, Produkte zur Haut- oder Körperpflege oder zur Reinigung funktionieren langfristig besser als Gebrauchsgüter wie Wasserreiniger, Luftfilter oder Schmuck. Ich weiß, dass in unserer Branche bereits unzählige Unternehmen für Ernährung, Haushaltsprodukte und Körperpflege existieren, aber hierfür gibt es einen Grund: Weil sie funktionieren.

Wenn deine Leute regelmäßig Shampoo, Waschmittel oder Vitamine verbrauchen (wie es die meisten zivilisierten Menschen tun), wirst du wahrscheinlich auch regelmäßigere Bestellungen erhalten. Das Gleiche gilt für regelmäßige Produkte des täglichen Lebens, weil Menschen ihr Internet, ihren Strom, ihr Heizöl oder ihr Handy ununterbrochen nutzen. Dies bedeutet, dass hierdurch höhere Umsätze und somit auch ein höheres Passiveinkommen für dich entstehen.

Das Problem ist, dass sich viele Unternehmen vom Wettbewerb abheben möchten und mit der Idee eines „einzigartigen und exklusiven Konzepts" über das Ziel hinaus schießen. In den letzten Jahren entstand eine ganze Lawine von Unternehmungen, die ziemlich ungewöhnliche Produktlinien wie z.B. Kryptowährungen, Finanzderivate oder Mitfahrgelegenheiten auf den Markt brachten. Jemand kam kürzlich mit einem Programm auf mich zu, in dem ein Medizinprodukt für 6.000 US-Dollar angeboten wird - eine einmalige Anschaffung für medizinische Zentren. Bei diesen Programmen wird eine grundlegende Wahrheit nicht berücksichtigt: Dass einige Produkte zwar großartig sein mögen, sich aber nicht für einen Direktverkauf mit Hebelwirkung eignen. (Und natürlich gibt es auch einige Produkte, auf die beides nicht zutrifft.)

Das Problem mit Kryptowährungen im Direktvertrieb ...

Als jemand, der liberal denkt und sich daran stört, dass sich die Regierung in mein persönliches Leben einmischt und dieses kontrollieren will, bin ich von der Idee der Kryptowährung fasziniert. In der Tat werden meine Leser wissen, dass ich deren entstehende Popularität bereits vor Jahren in meinem Buch *Risiko ist die neue Sicherheit* vorausgesagt habe.

Der Grund, warum mir das Prinzip der Kryptowährungen zusagt, beruht auf meiner Skepsis, einer staatlichen Währung zu vertrauen. Schließlich sind die öffentlichen Haushalte die größten Schneeballsysteme, die die Welt je gesehen hat. Währungen wie der Dollar, der Peso und das Pfund haben keinen inneren Wert, sie stellen einfach nur ein Zahlungsversprechen dar. Und sie können nach den Launen eines Regierungsbürokraten be- und abgewertet werden. (Was ja auch ständig geschieht.)

In Bezug auf das Konzept der Kryptowährungen bin ich also ein großer Fan. Sie haben das Potenzial, sichere, bestätigte Transaktionen zwischen Käufer und Verkäufer zu ermöglichen, ohne dass eine Bank oder eine Regierung intervenieren kann.

Aber ein Direktvertriebsunternehmen mit einer Kryptowährung als Produktlinie zu gründen, ist einfach eine absurde Idee.

Es wäre, als würde man ein Unternehmen gründen und ankündigen, dass das Produktsortiment aus dem US-Dollar oder dem Euro besteht. Wie würde dann der Geschäftsvorschlag lauten?

"Kaufen Sie diesen 20-Euro-Schein für 27 Euro und vielleicht ist er nächstes Jahr 30 Euro wert."

Egal, ob wir Bitcoin, den US-Dollar, das britische Pfund oder eine andere Währung verwenden - nichts davon stellt einen wertschöpfenden Aktivposten dar. Diese Dinge erzielen keine Einnahmen und zahlen keine Dividenden. Man kann damit einfach nur ein Handelsspiel betreiben und darauf wetten, dass die Kurse steigen oder fallen.

Leute, die heute in eine Kryptowährung investieren, spekulieren darauf, dass diese an Wert gewinnen wird. Es ist unwahrscheinlich, dass sie mit dieser Währung etwas kaufen werden. Es handelt sich also nicht wirklich um eine Währung, sondern um ein Anlageinstrument. Nun kannst du zwar argumentieren, dass du dann eben ein Devisenhändler bist. Aber darüber diskutieren wir hier nicht. Kryptowährungen können gehandelt oder es kann in sie investiert werden. Und eines Tages werden sie auch regelmäßig verwendet werden, um tatsächlich Rechnungen und Dinge damit zu bezahlen. Aber für ein Direktvertriebsunternehmen sind Kryptowährungen sicherlich keine brauchbare Produktlinie.

Wie können diese Unternehmen behaupten, tragfähige Network-Firmen zu sein? Das ist die Stelle, an der das „ICO“ ins Spiel kommt...

INITIAL COIN OFFERINGS

ICOs (Initial Coin Offerings) sind innerhalb der Kryptowährungs-Szene das Gegenstück zu einem klassischen Börsengang. Und auch ein ähnlich großes Würfelspiel. (Vermutlich ein noch riskanteres.) Das Ganze funktioniert wie folgt:

In der Regel ist bei einem ICO ein Unternehmen involviert, das durch den Verkauf einer neuen digitalen Währung Geld einsammelt. Wenn du an die Sache glaubst, kaufst du einen „Token", dem die Firma einen Wert zugewiesen hat. Doch im Gegensatz zu einem Börsengang gibt dir dieser Token keine Eigentumsrechte am Unternehmen und berechtigt dich auch nicht zu Dividenden.

Wenn diese Kryptowährung erfolgreich ist und an Wert gewinnt – was aber eine 100%ige Spekulation darstellt – machst du Gewinn. Denke jedoch daran, dass diesbezüglich keinerlei bindende Zusagen, Vorschriften oder Garantien bestehen. Das Unternehmen, das die Token ausstellt, kann den Wert häufig in einer Weise manipulieren, die der Firma selbst am meisten zugutekommt.

Was halten Regierungen von ICOs? Nicht viel. Sie beäugen sie in einigen Fällen argwöhnisch, in anderen Fällen verbieten sie sie. Ich persönlich glaube, dass ICOs in den nächsten Jahren das größte Feld für Betrug und Vorteilsnahme in der Geschäftswelt darstellen werden. Sie sind einfach für Missbrauch prädestiniert.

Sie sind das perfekte Reagenzglas für die Entwicklung der „Theorie des größeren Trottels". (Die Prämisse dieser Theorie lautet, dass der Preis eines Objekts nicht durch irgendeinen inneren Wert bestimmt wird. Sondern durch irrationale Überzeugungen und Erwartungen der Marktteilnehmer. Ein hoher Preis kann von einem rationalen Käufer unter der Annahme gerechtfertigt werden, dass eine andere Partei bereit ist, einen noch höheren Preis zu bezahlen.)

Und diese neuen Abzockerbuden holen aus der ignoranten und irrationalen Gier das Meiste für sich heraus ...

Das Beängstigende daran ist, dass diese Trickserelen von Mal zu Mal komplexer werden. Der erste Schwindel in diesem Bereich veröffentlichte nie einen Prospekt und bot auch niemals ein ICO an. Es ist auch zweifelhaft, ob es dort überhaupt je eine Blockchain gab. Doch die nachfolgenden „Unternehmen“ begannen als Kopien des Originals, verstärkten die Marktschreierei aber noch mehr. Denn sie hatten all die richtigen Schlagworte gelernt und diese in ihre Werbebotschaften eingewoben.

Einer dieser Gauner veröffentlichte einen „Fahrplan“, der mit dem ICO begann und in dem dann eine Prognose über den Wert des firmeneigenen Tokens in jeder Phase der erwarteten Produktentwicklung genannt wurde. Es war gerade so raffiniert gemacht, dass damit die halbgebildeten Möchtegern-Bitcoin-Milliardäre (die reich werden wollen, ohne tatsächlich dafür zu arbeiten) zum Narren gehalten werden konnten, weil sie auf diese Art von Marketing-Wirbel hereinfallen.

Und als ob das nicht schon schlimm genug wäre, bringt uns das ganze Krytowährungs-Trara nun auch noch die Forex-Schwindeleien zurück …

Ich werde nicht viel Zeit damit verschwenden, außer zu sagen, dass diese Währungsspekulationen gerade eine halblebige Renaissance erleben. Der Krypto-Wahn hat einem Konzept neues Leben eingehaucht, das sich schon einmal als ein grauenhaftes Modell für den Direktvertrieb erwiesen hat.

Wenn du ein Anleger oder Daytrader werden und in Währungen oder Kryptowährungen investieren möchtest, wunderbar. Ich wünsche dir viel Glück und noch ein tolles Leben. Aber sei nicht so dumm, zu glauben, dass dieses Zeug ein tragfähiges Produkt für einen Direktvertrieb darstellen würde. Das tut es nicht.

SINNVOLLE PRODUKTE

Stühle sind großartige Produkte. Wann immer ich mich setzen möchte, suche ich nach dem nächsten Stuhl. Reifen sind ein großartiges Produkt. Wenn ich ein Auto kaufe, überprüfe ich immer, ob es auch mit Reifen geliefert wird. Aber Stühle und Reifen sind völlig untaugliche Produkte für einen Direktvertrieb.

Während ich dies hier gerade schreibe, teilen mir zwei Facebook-Nutzer mit, was für ein Idiot ich doch bin. Weil ich mich nicht bei ihrem neuen Programm einschreibe, das auf einer mobilen Mitfahrgelegenheits-App basiert. Sie glauben, dass ich das Potenzial von Apps für Mobilgeräte und für Mitfahrgelegenheiten nicht verstehe. (Dies zeigt nur, dass sie ihre Hausaufgaben nicht gemacht haben, da Mitfahrgelegenheiten ein weiterer Trend waren, den ich in meinem *Risiko*-Buch vorhergesagt habe.)

Ich kenne das Potenzial, die Risiken und die Chancen besser als die beiden. Und ich weiß, auf welche Merkmale es ankommt, um die besten Produkte für einen Direktvertrieb zu erkennen.

In dem Vergütungsplan, den sie mir gezeigt haben, gibt es keine Provisionen für die zurückgelegten Fahrten der Fahrer. Dieser Plan basiert ausschließlich auf dem Konzept, *Menschen zu einer Zahlung von 2.400 Euro zu überreden, um das Recht zu erwerben, Fahrer zu werden.* Auf diese Gebühr gibt es dann einmalige Provisionen. Eine Vorgehensweise, die schon einmal viele Fragen aufwirft ...

Es ist schon schwer genug, drei Leute dazu zu bringen, eine Registrierungsgebühr von 50 Euro zu zahlen, um Vertriebspartner für Vitamine, Kosmetika oder was auch immer zu werden. Wie viel schwieriger wird es sein, drei Personen dazu zu bringen, 2.400 Euro zu zahlen? Werden die Aufsichtsbehörden dies als Kopfgeld betrachten und das Programm für illegal erklären? Kann sich dieses Unternehmen wirklich gegen etablierte Wettbewerber behaupten, die über Milliarden von Euro in Barreserven verfügen? Und die bereit sind, jahrelang Geld zu verlieren, um Wettbewerber aus dem Markt zu drängen? Viele Fragen, die wir stellen könnten, nicht wahr?

Aber keine davon spielt eine Rolle, wenn wir uns der grundlegendsten aller Fragen zuwenden, nämlich der Überlebensfähigkeit der Produktlinie.

Die beiden bauen ihr gesamtes Unternehmen auf der Prämisse auf, dass sie ein besseres Produkt haben und deshalb Uber Marktanteile abnehmen werden. Aber hier ist das Problem an dieser Denkweise: Meiner Meinung nach ist *nicht einmal das Modell von Uber tragfähig.* (Und ich glaube, Uber ist und war sich dessen von Anfang an bewusst.)

Es ist nicht kosteneffektiv, alle Fahrer und Autos zur Verfügung zu stellen, die in Spitzenzeiten benötigt werden, wenn man all diese Kosten aber auch in den Leerlaufzeiten begleichen muss. (Was zu ungefähr 70 Prozent der Zeit der Fall ist.) Das Modell von Uber funktioniert nur auf lange Sicht - wenn es irgendwann einmal seine Fahrer eliminieren kann, eine völlig autonome Flotte hat und diese Flotte auch für andere Zwecke (wie etwa zur Paketzustellung) außerhalb der Stoßzeiten verwenden kann. Genau das, worauf diese Neugründung ihren Provisionsplan aufbaut – auf Fahrern, die eine Gebühr zahlen sollen, um fahren zu dürfen -, ist das Element, von dem ich glaube, dass Uber es eliminieren muss, um profitabel zu sein.

Schauen wir uns das Beispiel des Medizinprodukts an, das ich bereits erwähnt habe.

Es mag vielleicht die größte medizinische Erfindung seit dem Röntgengerät sein. (Eventuell ist es das sogar.) Aber ein Produkt, das nur zugelassene Mediziner verwenden können, wird mit Sicherheit niemals regelmäßig nachgekauft werden. Und ein Preis von 6.000 Euro wird niemals zu echter Duplikation führen. Das Produkt kann also durchaus großartig sein. Es könnte auch für einen Verkäufer eine sehr lukrative Verdienstmöglichkeit darstellen und für den Hersteller äußerst rentabel sein. (Ist es wahrscheinlich auch.) Aber für ein Direktvertriebsmodell ist es kein gutes Produkt.

Mein Ziel ist hierbei nicht, auf diesen Unternehmen herumzuhacken. Ich wünsche mir, dass sie am Ende alle zu großen Erfolgsgeschichten werden. Ich glaube nur nicht, dass es sich um Erfolgsgeschichten im Direktvertrieb handeln wird, da diese Produkte nicht die nötigen Kriterien erfüllen. Ich trete dies so breit, weil mir wichtig ist, dass du verstehst, wie sehr alles mit der Überlebensfähigkeit der Produktlinie beginnt und endet.

Wenn das Produktkonzept nicht überlebensfähig ist, sind Finanzierung, Management, Logo-Design, Unterstützung durch Prominente oder ein toller Vergütungsplan komplett bedeutungslos.

WEITERE WÜNSCHENSWERTE EIGENSCHAFTEN

Also gut, wir haben nun festgestellt, dass diejenigen Produkte am besten funktionieren, einzigartig, exklusiv und regelmäßig in großen Mengen konsumierbar sein müssen. Was sind weitere Eigenschaften, nach denen du Ausschau halten solltest?

Sind die Vorteile des Produkts nachweisbar? Kann dein Fleckenreiniger Spaghettisauce von einer weißen Bluse entfernen? Sehen die Anwender deines Produkts zur Gewichtsreduktion schnell, wie die Pfunde purzeln? Spüren sie sofort den Kick von deinem Energy-Drink?

Erschaffen die Produkte eine emotionale Bindung? Wenn Menschen tatsächlich abnehmen, ihre Akne verlieren oder Geld sparen, entsteht eine Verknüpfung zwischen einem echten Wohlgefühl und deiner Produktlinie.

Befinden sich deine Produkte vor dem Beginn eines Trends? Werden sie auf natürliche Weise und nach Bio-Prinzipien hergestellt und tun auch noch dem Planeten gut? Dann könnte es sich um einen wachsenden Trend handeln, mit dem deine Kunden gerne in Verbindung gebracht werden möchten.

Welche monatlichen Mengen können von den Produkten produziert und gekauft werden, die du vermarktest? Je höher der durchschnittliche Monatsumsatz ist, desto größer ist auch dein Gewinnpotenzial.

Nehmen wir an, du arbeitest für ein Unternehmen, das nur ein einziges Produkt - einen Energy-Drink – anbietet, der für 30 Euro verkauft wird. Nehmen wir weiterhin an, dass die durchschnittliche Person eine Flasche pro Monat verwendet. Bei 100 Vertriebspartnern und Kunden in deinem Team würdest du dann für ein Umsatzvolumen von 3.000 Euro bezahlt.

Nehmen wir nun an, du bist für ein Unternehmen tätig, das einen Energy-Drink, Riegel zum Mahlzeitenersatz, ein Multivitaminpräparat, Antioxidationsmittel und Ballaststoff-Kapseln anbietet. (Oder eine Firma für Hautpflegeprodukte mit Feuchtigkeitscreme, Lippenbalsam, Toner, Anti-Falten-Gel und Sonnenschutz. Oder eine Firma für Haushaltsprodukte mit Fensterreiniger, Holzpolitur, Fliesenreiniger, Seife und Bodenwachs.) Sagen wir, dass das durchschnittliche monatliche Umsatzvolumen pro Familie bei 100 Euro liegt. Bei den gleichen 100 Vertriebspartnern und Kunden würdest du nun Provisionen auf ein Volumen von 10.000 Euro erhalten.

Wenn alle anderen Faktoren gleich sind, verdienst du in einem Unternehmen mit mehreren Produkten mehr Geld als in einem Unternehmen mit lediglich einem einzelnen Produkt. Das bedeutet darüber hinaus, dass du natürlich auch mehr Gewinn im Einzelhandel erzielst.

Das soll nun nicht bedeuten, dass du in einem Unternehmen mit nur einem Produkt kein Geld verdienen kannst. Wenn für dieses Produkt höhere monatliche Kosten anfallen oder wenn die Leute es mehrmals pro Monat kaufen müssen, entstehen ebenfalls höhere Umsätze, also erhältst du auch höhere Provisionen. Das Endergebnis lautet: *Je höher der durchschnittliche monatliche Umsatz durch verbrauchte Produkte ist, desto höher ist auch dein Gewinnpotenzial.*

Diese Fragen zu den Produkten sind die wichtigsten Überlegungen, die du bei der Auswahl eines Unternehmens berücksichtigen solltest. Echtes, langfristiges Wachstum in deinem Team wird durch die Nachfrage nach deinen Produkten vorangetrieben. Der Vergütungsplan, das Management des Unternehmens und andere Faktoren spielen neben den Produkten nur eine untergeordnete Rolle.

Es gibt einige Glücksritter und sogar manche Trainer, die dir sagen werden, dass die Produkte keine Rolle spielen. Sie bestehen darauf, dass der Vergütungsplan für das Wachstum verantwortlich ist. Dies mag zwar anfangs der Fall sein (solange die Werbetrommel in vollem Gang ist), aber du kannst dein Geschäft nicht langfristig aufrechterhalten, wenn deine Produkte für den Endverbraucher keinen echten Wert liefern.

Wenn Menschen in den Produkten lediglich ein Mittel zum Erhalt eines Bonusschecks sehen, werden sie die Produkte nie wirklich verwenden. Und sie entwickeln niemals die nötige emotionale Bindung, die für langfristigen Erfolg so wichtig ist.

Es ist diese emotionale Verbindung zu den Produkten deines Unternehmens, welche die Menschen zum Wachstum motiviert und sie davon abhält, zur nächsten scheinbar brandheißen neuen Firma zu wechseln.

Lass uns also annehmen, dass alle Produktkriterien erfüllt sind. Was sind dann die anderen Faktoren, auf die es bei der Auswahl des richtigen Unternehmens für dich ankommt?

Dein Sponsor und deine Upline

Das wohl nächstwichtigste Element, auf das du achten musst, ist dein Sponsor und die Linie der Menschen, die sich darüber befinden. Wähle diese so aus, als würdest du Geschäftspartner auswählen, die eine Million Euro in ein Unternehmen investieren.

Diese Menschen werden deine Trainer und deine unterstützende Struktur sein. Und du wirst in den nächsten zwei bis vier Jahren viel Zeit mit ihnen verbringen. Darüber hinaus wirst du - hoffentlich ein paar Jahrzehnte lang – mit ihnen gemeinsame Kreuzfahrten unternehmen, Drinks aus Kokosnüssen genießen und in Luxushotels auf der ganzen Welt herumstreunen.

Oft herrscht die weit verbreitete Überzeugung, dass du als moralisch handelnde Person gezwungen bist, dich bei dem Menschen einzuschreiben, der dir die erste Produktflasche verkauft oder dir zum ersten Mal den Namen des Unternehmens genannt hat. Aber das ergibt genauso viel Sinn, wie der Gedanke, dass du moralisch verpflichtet bist, deine McDonalds-Filiale auf dem ersten freien Grundstück zu errichten, das du siehst - auch wenn sich dieses fern jeder Zivilisation auf dem freien Land befindet. Das ist eine ernsthafte Entscheidung, die du mit Bedacht treffen solltest.

Es ist wichtig, dass dein Sponsor ein Mensch ist, den du magst, dem du vertraust und mit dem du gerne zusammenarbeiten möchtest. Denke nicht, dass du bei jemandem einsteigen musst, der einen großen Scheck erhält oder ein Superstar ist. Die oben genannten Eigenschaften sind weitaus wichtiger. In der Tat könnte – schnelles Wachstum vorausgesetzt – dein bester Sponsor jemand sein, der noch keine 50 Euro pro Monat verdient.

Der Grund hierfür ist, dass es in einem schnell wachsenden Unternehmen (wie du es dir wünscht) nichts Ungewöhnliches ist, dass es in einem einzigen Monat in der Tiefe vier oder fünf Ebenen nach vorn geht. Solche neuen Leute mögen noch keine Erfahrung haben und auch noch keine großen Schecks beziehen, aber sie verfügen möglicherweise über den nötigen Antrieb, die erforderliche Vision und über einen starken Enthusiasmus für den Aufbau einer großen Vertriebsgruppe.

Gleichzeitig willst du aber auch sicherstellen, dass an der Spitze des Teams die ausreichende Erfahrung vorhanden ist. Du willst jemanden, der bereits erfolgreich die Dinge getan hat, die auch du tun möchtest.

Wenn du von Kalifornien nach Hawaii fliegst, ist es besser, mit einem

Piloten zu fliegen, der tatsächlich echte Flugzeug gesteuert und das nicht nur an Computersimulationen getan hat.

Hier ist ein wichtiger Hinweis: Nur weil ein Interessent darauf achten sollte, wen er als Sponsor auswählt, bedeutet dies nicht, dass es sich bei den Kontakten von anderen Partnern um Freiwild handelt. Wenn du feststellst, dass Jenny einen Interessenten namens Jeremy zu einer Veranstaltung mitgebracht hat, darfst du nicht versuchen, Jeremy abzuwerben. Das ist unethisch. Und einfach nur schmierig.

Halte nach einer Sponsorlinie Ausschau, die über ein etabliertes Schritt-für-Schritt-System verfügt. Dieses System sollte den Prozess zur Partnergewinnung, für Produktschulungen, Einführungsseminare und Live-Veranstaltungen (online und offline) für das fortlaufende Training umfassen.

Diese Informationen sollten genau formuliert sein und jedem Partner innerhalb des Teams zur Verfügung stehen. Sie sollten erläutern, welche Handlungen unternommen werden müssen und welche Materialien in jedem Schritt der Kontakt- und Partnergewinnung zu verwenden sind.

Dies ist für dich aus zwei Gründen wichtig:

Erstens wird es die Zeit, die du zum Aufbau deiner Gruppe benötigst, erheblich verkürzen. Mit einem System, das genau beschreibt, was zu tun ist, verschwendest du keine wertvolle Zeit damit, dich zu fragen, was als Nächstes zu tun ist. Und auch nicht damit, irgendwelche Strategien zu verfolgen, die nicht funktionieren. Ein solches System beinhaltet ausschließlich die Methoden und Techniken, die sich nachweislich bewährt haben.

Der zweite Grund, warum ein System so wichtig ist, besteht darin, dass du hierdurch sicherstellen kannst, dass deine neuen Mitarbeiter Erfolge duplizieren können. Deren Bildungsstand oder ihre Geschäftserfahrung sind dann kein Thema mehr. Sie brauchen einfach nur dem System zu folgen - genau so, wie du und die Menschen deiner Sponsorenlinie es getan haben.

DIE FIRMA OBJEKTIV EINSCHÄTZEN

Und nun, nach all diesen wichtige Faktoren, kannst du beginnen, dich mit den nicht produktbezogenen Dingen des Unternehmens zu befassen ...

STARTUP ODER ETABLIERTES UNTERNEHMEN?

Eine der Fragen, die mir am häufigsten gestellt werden, lautet, ob es besser sei, bei einer Neugründung oder bei einem etablierten Unternehmen einzusteigen. Beides hat seine jeweils eigenen Vorteile. Daher solltest du eine Auswahl treffen, deren Punkte für dich am wichtigsten sind. Ich habe mit etablierten Unternehmen gearbeitet und hatte mäßigen Erfolg. Ich habe ganz unten mit zwei Startups begonnen, um später herauszufinden, dass es noch weiter abwärts, nämlich in den Keller, gehen kann! Aber ich bin auch knapp sechs Monate nach dem Start zu einem Unternehmen gekommen, das sich zu einer ernsthaften Größe entwickelt und mir Millionen Dollar sowie ein dauerhaftes Einkommen eingebracht hat. Welche Option für dich die beste ist, hängt stark von deiner Persönlichkeit ab.

Tatsache ist, dass die meisten neuen Direktvertriebsunternehmen innerhalb von zwei Jahren ihre Geschäftstätigkeit wieder einstellen werden. Aber natürlich stimmt auch, dass die meisten neuen Restaurants, chemischen Reinigungen und Hundesalons ihre Pforten innerhalb von zwei Jahren wieder schließen. So ist das Leben in der Unternehmenswelt - 90 Prozent aller Neugründungen scheitern. Im Direktvertrieb ist es nicht besser und nicht schlechter. Bedeutet das nun, dass du den Einstieg bei einer Neugründung vermeiden solltest? Vielleicht.

Es ist wahr, dass die Wahrscheinlichkeit höher ist, dass ein Startup-Unternehmen scheitert als ein seit 10 Jahren etabliertes Unternehmen. Doch Existenzgründungen üben eine gewisse Anziehungskraft aus. Die Chance,

„von Anfang an dabei zu sein" zieht Menschen an. Wenn das Unternehmen einen Bonuspool für Gründungsmitglieder oder ein ähnliches Programm anbietet, kannst du dich eventuell durch einen frühen Einstieg für sehr lukrative Einnahmequellen qualifizieren, die in späteren Jahren nicht mehr verfügbar sein werden.

Übrigens, wie viele große, etablierte und sogar mehr als 100 Jahre alte Unternehmen sind ebenfalls in den letzten Jahren verschwunden, weil sie sich nicht an die geänderten Wirtschaftsverhältnisse angepasst haben?

Erinnert sich noch jemand an Schlecker, Toys "R" Us, Air Berlin, Lehman Brothers, Kodak und die Praktiker-Baumärkte?

Ein Unternehmen, das neu und noch nicht bekannt ist, verfügt über ein großes Wachstumspotenzial. Du hast ein höheres Risiko, aber auch die entsprechenden Chancen für höhere Gewinne.

Wenn du jedoch mit einer etablierten und bekannten Firma arbeitest, erhältst du gleich zu Beginn ein gewisses Maß an Glaubwürdigkeit, und die Wahrscheinlichkeit steigt, dass du mit weniger Skepsis konfrontiert wirst.

Wenn du einem gewissen Risiko nicht abgeneigt bist, kannst du dich der Herausforderung eines neugegründeten Unternehmens und damit der Chance stellen, hohe Gewinne und eine Spitzenposition zu erzielen. Wenn du etwas konservativer eingestellt bist und mehr Sicherheit suchst, solltest du dich an ein etabliertes Unternehmen wenden. Wähle die Situation, die am besten zu deiner Persönlichkeit, deinen Bedürfnissen und deinen finanziellen Zielen passt.

Schulden, Barvermögen und das Firmenkapital

Eine weitere häufig genannte Standardphrase lautet, ob bzw. dass das Unternehmen schuldenfrei ist. Die Wahrheit lautet, dass die einzigen Unternehmen, die hiermit werben, in der Regel Neugründungen mit einer solch schlechten Bonität sind, dass sie ohnehin keine Kredite erhalten würden. Oder sie wachsen so langsam, dass sie kein zusätzliches Kapital benötigen. Andere wiederum haben zwar jede Menge Schulden, verschweigen diesen Umstand jedoch.

Nahezu jedes Unternehmen, das schnell expandiert, wird Liquiditäts-Probleme haben und benötigt eine Kreditlinie für das weitere Wachstum. Dies gilt nicht nur für im Direktvertrieb, sondern für jede Branche. In der Tat könnte man aufgrund des progressiven Wachstums, das in diesem Geschäft häufig zu verzeichnen ist, argumentieren, dass es hier sogar noch mehr positive Gründe für eine Kreditlinie gibt als das bei traditionellen Unternehmen der Fall ist.

Anfang der neunziger Jahre baute ich ein Programm auf, mit dem in einem Monat über 25.000 neue aktive Vertriebspartner und Kunden gewonnen wurden. Zwei Monate später haben wir im gleichen Zeitraum 40.000 neue aktive Menschen eingestellt. Kurze Zeit später waren es weitere 60.000 in nur einem Monat.

Die Anforderungen, die während eines solch massiven Wachstums an das Partnerunternehmen gestellt werden, sind unglaublich hoch. Die Vertriebskapazitäten zu erweitern, genügend Mitarbeiter für die Zentrale zu finden und einzustellen sowie zügig weitere Büroräume zu mieten und einzurichten, stellen enorme Herausforderungen dar.

Nun stell dir auch noch vor, was erforderlich ist, um bei der rasch steigenden Nachfrage mit der Herstellung der Produkte Schritt zu halten. Fabriken können nicht in zwei Monaten gebaut werden. Es kann bereits schon ein Jahr dauern, bis der richtige Standort gefunden, Pläne erstellt und die nötigen Genehmigungen eingeholt sind. Realistisch gesehen, muss eine Fabrik drei bis fünf Jahre vor ihrem Bedarf geplant werden. Abhängig von der Breite der Produktlinie können die nötigen Maschinen zur Produktion Millionen von Euro kosten.

Stell dir also vor, du müsstest in einem Monat 50, 75 oder sogar 100 neue

Verwaltungsmitarbeiter einstellen. Dann musst du auch noch für alle Büroräume, Schreibtische, Computer, Schulungen usw. aufkommen, die diese Leute benötigen. Und du musst zusätzliche Millionen von Euro in eine Fabrik investieren, die du zwei oder drei Jahre lang noch gar nicht benötigst. Dies sind die Herausforderungen, der sich schnell wachsende Direktvertriebsunternehmen häufig gegenübersehen. Ein Unternehmen, das ein solches Wachstum aus der eigenen Liquidität heraus finanzieren kann, ist eines unter einer Million. Man könnte sogar behaupten, dass dieses Vorgehen das Vermögen des Unternehmens zu sehr binden würde, um unerwartete Herausforderungen bewältigen zu können.

Ich hasse Schulden. Ich war zu viele Jahre damit belastet. Heutzutage halte ich meine Partner dazu an, alles, einschließlich ihrer Autos, in bar zu begleichen und sogar ihre Hypotheken zurückzuzahlen. Dennoch ist es sinnvoll, eine Kreditlinie oder einige Kreditkarten zur Verfügung zu haben. Auch wenn du sie nicht ausschöpfst, weißt du nie, wann sich die Umstände ändern und es gut wäre, einen Kreditrahmen zur Verfügung zu haben. Für ein Unternehmen gilt das Gleiche.

Stell dir das Dilemma vor, das ein Unternehmen im Gefecht des stärksten Wachstums hat. Völlig schuldenfrei zu sein, ist vielleicht überhaupt keine gute Idee. Ich habe dies immer wieder erlebt - Unternehmen wachsen so schnell, dass sie in den Konkurs hinein wachsen. Selbst wenn sie ein rapides Wachstum verzeichnen, reicht das eingehende Geld einfach nicht aus, um die massiven Investitionen in die neuen erforderlichen Anlagen und in den nötigen Verwaltungsapparat tätigen zu können.

Dies bedeutet nicht, dass das Unternehmen nicht angemessen kapitalisiert sein sollte. Ich glaube, dass die Zeiten vorbei sind, in denen ein erfolgreiches Direktvertriebsunternehmen in einer Garage oder an einem Küchentisch gegründet werden konnte. Meiner Erfahrung nach sind heute mindestens 15 Millionen Dollar an Startkapital erforderlich, um ein Unternehmen zu gründen, da das Internet die ganze Welt zu einem Markt von nebenan gemacht hat.

Und selbst mit dieser Menge an Startkapital ist es möglich, dass das Unternehmen, wenn es die „kritische Masse" erreicht und in die exponentielle Wachstumskurve eintritt, eine zusätzliche Kreditlinie oder eine weitere Finanzspritze benötigt, um der Nachfrage nach Produktionsstätten, Personal und Büros einen Schritt voraus zu sein.

Ein Unternehmen mit einigen Schulden und zusätzlicher Kreditwürdigkeit bei einem gängigen Finanzinstitut ist ein gutes Zeichen. Somit ist es also nicht unsere Aufgabe, nach einem schuldenfreien Unternehmen zu suchen. Lass uns daher die Elemente angehen, auf die es für den Erfolg eines Unternehmens wirklich ankommt:

Größe und Umfang des Managements

Wenn die gesamte Belegschaft des Unternehmens aus nur fünf Personen besteht, wird das Unternehmen kaum in der Lage sein, den Vertrieb sinnvoll zu unterstützen. Ein glaubwürdiges Unternehmen sollte einen Geschäftsführer und Vorstandsvorsitzenden haben (das kann ein und dieselbe Person sein), einen Finanzvorstand, einen Technologievorstand, einen Abteilungsleiter für das operative Geschäft, einen Verwaltungsleiter, einen Manager des Vertriebszentrums, einen Kundendienst-Manager, und einen Marketing-Manager.

Einige dieser Manager benötigen auch bereits dann Assistenten und Sachbearbeiter, wenn das Unternehmen erst neu gegründet wurde. Möglicherweise gibt es für sie zu Beginn noch nicht viel zu tun. Aber der springende Punkt im Geschäftsleben besteht darin, über die nötigen Ressourcen zu verfügen, *bevor sie benötigt werden.*

Ich schaue mir vor allem an, welche Art von Marketingmitarbeitern ein Unternehmen hat. Haben sie einen Marketing-Vizepräsidenten oder einen nationalen Marketing-Manager? Haben sie firmeneigene Trainer, die zu den Firmenveranstaltungen fahren und Schulungen abhalten? Gibt es Support-Mitarbeiter, die diese Personen unterstützen? Welche Art von Kundendienstabteilung ist vorhanden?

Wichtig ist auch zu wissen, ob jemand in der Unternehmensleitung über erfolgreiche Erfahrungen im Bereich des Verkaufes mit Hebelwirkung verfügt. Unser Geschäft unterscheidet sich deutlich von allen anderen traditionellen Unternehmen. Wenn ein Management-Team kein Verständnis für die Einzigartigkeit unseres Geschäfts hat, wird es für die Firmenleitung ziemlich schwierig sein, das Unternehmen zu führen.

Wenn ich ein Unternehmen berate, ist in den meisten Fällen genau dies das größte Problem, dem das Management gegenüber steht. Man verfügt dort über ein Team von Mitarbeitern mit traditioneller Unternehmenserfahrung, die jedoch kein Verständnis für die unverwechselbare Kultur unseres Geschäfts haben.

Die Struktur des Vertriebssupports

Welche Art von unterstützender Struktur gibt es für den Vertrieb? Verfügt das Unternehmen über eine zuverlässige Website, einzelne replizierbare Internetseiten für die Partner und über Apps für mobile Endgeräte? Der Online-Handel spielt eine immer größere Rolle in unserem Geschäft, und ich glaube, dass dies viele Unternehmen in unserer Branche immer noch nicht verstanden haben.

Gibt es jährliche Kongresse, Führungstrainings und andere Veranstaltungen des Unternehmens? Bieten sie regelmäßig geplante Telefonkonferenzen oder Webinare? Sind die Unterlagen professionell aufbereitet, nutzenorientiert und, vom Marketingstandpunkt aus betrachtet, auch wirkungsvoll?

And dieser Stelle fallen die meisten Unternehmen auf die Nase. Und ich meine die meisten Unternehmen, nicht nur die Neugründungen. Sie möchten ihr Wachstum durch ihre ersten Verkäufe finanzieren und sind nicht bereit, die erforderlichen Investitionen zu tätigen, bevor sie den ersten Vertriebspartner eingeschrieben haben.

Das andere große Problem ist, dass man dort meist keine Ahnung hat, wie man überzeugende Marketingmaterialien bereitstellen kann. Die von diesen Firmen angebotenen Unterlagen orientieren sich meist nur an den Ausstattungsmerkmalen und sind nicht nutzenorientiert.

Schau dir das Werbematerial des Unternehmens an, über das du dir Gedanken machst. Ist das Erste, was du zu sehen bekommst, das Firmenlogo? Ein Bild des Gründers? Bilder der Lüftungsgeräte auf dem Dach des Firmengebäudes? Strotzen die Prospekte nur so von Unsinn darüber, wie großartig und wie alt die Inhaber sind, wo die Manager studiert haben und wohin sie reisen, um die Zutaten für die Produkte zu erhalten? Bei all diesen Dingen handelt es sich lediglich um Ausstattungsmerkmale, die für deine Interessenten keinerlei Bedeutung haben.

Lass es von deinen Interessenten handeln ...

Wirkungsvolle Marketingmaterialien müssen den Interessenten ansprechen, um effektiv zu sein. Dies bedeutet, dass der Nutzen und nicht die Ausstattungsmerkmale entscheidend sind.

Wenn es in der Broschüre heißt: "Wir sind ein etabliertes elfjähriges Unternehmen ...", dann ist das ein Ausstattungsmerkmal. Wenn dort steht: "Ihre Zukunft ist sicher, weil wir ein etabliertes elfjähriges Unternehmen sind", dann nähern wir uns den Vorteilen für den Leser.

Wenn in der Broschüre steht: "Wir haben ein Budget für Firmenfahrzeuge ...", dann ist dies eine Ausstattungsmerkmal. Wenn man dort lesen kann: "Sobald Sie die Stufe des Gold Directors erreichen, erhalten Sie ein neues Auto ...", dann ist dies ein Vorteil.

Hier ist eine hilfreiche Methode für dich, um festzustellen, ob etwas ein Ausstattungsmerkmal oder ein echter Nutzen ist. Wenn du die Worte "Sie erhalten . . ." vor den Satz stellen kannst, dann handelt es sich höchstwahrscheinlich um einen nutzbaren Vorteil. Kannst du diese Formulierung jeoch nicht verwenden, ist es wahrscheinlich nur ein wirkungsloses Ausstattungsmerkmal.

Vor vielen Jahren habe ich mit einem Unternehmen zusammengearbeitet, das 250.000 Dollar für ein neues Rekrutierungsvideo ausgegeben hat (als das noch SEHR VIEL Geld war). Es handelte sich um eine 20-minütige Dokumentation darüber, wie viele Maschinen sich in der Produktionsstätte befanden und wie viel sie jeweils gekostet hatten. "Diese Maschine, die die Verschlüsse auf jede Flasche schraubt, kostete mehr als 500.000 US-Dollar ..." Wie du dir vorstellen kannst, fielen viele Interessenten, die sich das Video ansahen, ins Koma und man hat nie wieder etwas von ihnen gehört.

Die Qualität und Effektivität des Marketingmaterials, das dir zur Verfügung steht, wird in hohem Maß für deinen Erfolg verantwortlich sein. Achte also genau darauf, dass diese Dinge wirklich nutzenorientiert gestaltet sind.

Die Bewertung eines Vergütungsplans

Heutzutage sind einige großartige Vergütungspläne im Einsatz. Gleichzeitig aber auch einige Rohrkrepierer. Und dann gibt es natürlich noch die Pyramidensysteme und Geldspiele, die versuchen, sich als legitime Geschäftsgelegenheiten darzustellen. Wie also kannst du diese richtig einschätzen?

WICHTIGER HINWEIS: Ich muss dich warnen, dass wir jetzt einige schmutzige Wäsche waschen werden. Und wenn du ein Neuling in dieser Branche bist, kann vieles von dem, was du jetzt lesen wirst, mehr sein, als du verarbeiten kannst. Ich halte es jedoch für wichtig, auch diese Informationen einzubeziehen, damit Top-Führungskräfte und Geschäftsführer, die Einfluss auf den Vergütungsplan nehmen können, über diese Informationen verfügen können. Die meisten Leser können diesen Abschnitt aber einfach überspringen!

Lass uns zunächst darüber sprechen, um welche Art des Vergütungsplans es sich handelt. In meinem Buch *Wie baue ich eine Multilevel Geldmaschine?*, habe ich die verschiedenen Arten von Plänen aufgeschlüsselt und die Vor- und Nachteile der einzelnen Pläne beschrieben. Ich werde das aus zwei Gründen nicht noch einmal tun.

Erstens: Die Vergütungspläne haben sich stark weiterentwickelt und das Thema ist zu komplex, als dass es ein durchschnittlicher Vertriebspartner oder Interessent verstehen könnte. Zweitens: Heutzutage gibt es so viele Pläne, bei denen es sich um Hybride und Kombinationen der vier Grundpläne handelt, dass eine Analyse nicht mehr viel Sinn ergibt.

Mittlerweile existieren nur noch sehr wenige Pläne, die sich als einer der ursprünglichen vier Typen qualifizieren würden. Vor ungefähr 15 Jahren begannen wir, immer mehr Überlappungen in den Vergütungsplänen zu sehen. Ich glaube, dass dies eine sehr positive Entwicklung war und dass diese weiterentwickelten Pläne für alle Teilnehmer die besten Ergebnisse bieten.

Aber bevor wir diese Diskussion über die vier Haupttypen von Vergütungsplänen verlassen ...

Ich werde nun speziell über eine Art von Vergütungsplan sprechen. (Das wird jetzt wahrscheinlich viele Leser verärgern und mich eine Menge Buchverkäufe kosten. Ich halte es jedoch für wichtig, darüber zu sprechen.) Bei diesem Typ handelt es sich um den binären Plan.

Binäre Vergütungspläne

Binäre Pläne wurden ursprünglich von Betrügern erfunden, um die weniger gut informierten Vertriebspartner auszunutzen. Diese Pläne waren so beliebt und lösten so viel Rummel aus, dass auch seriöse Unternehmen damit begannen, Binärpläne oder Binärelemente in ihre bestehenden Vergütungspläne einzubauen. Binäre Pläne können großartig sein, um kurzfristig hohe Einkommen entstehen zu lassen. Und sie sind perfekt, wenn man einen „Deal unter Freunden" für bevorzugte Personen erstellen möchte.

Die Silbe „Bi" im Wort binär steht für die Nummer zwei, da jeder Partner zwei Seiten (auch als „Linien" oder „Beine" bezeichnet) seiner Organisation aufbaut. Die meisten Geschäfte, die heutzutage unter dem Tisch (oder in geheimen Absprachen), getätigt werden, versorgen den Empfänger mit einem „vorbereiteten Bein" (engl. „cooked leg"). Dies bedeutet, dass eine der zwei Seiten in jeder Zahlungsperiode automatisch qualifiziert wird, sodass diese Person nur noch eine Seite aufbauen muss. Und oft werden diesen Leuten auch noch weitere Plätze zugewiesen, in denen sie Partner unter sich platzieren können, die ebenfalls ein vorbereitetes Bein erhalten.

Natürlich werden diese Hinterzimmer-Geschäfte dem Rest der Vertriebspartnerschaft verheimlicht. Diese glauben dann, dass es sich bei den Beispielen für Wachstum und Einkommen, die sie über sich sehen, um die üblichen Geschwindigkeiten und Verdienstmöglichkeiten in diesem Geschäft handelt. Aber das ist eine schmutzige und verabscheuungswürdige Lüge.

Wenn jemand über ein vorbereitetes Bein verfügt, ist es nicht nur doppelt so einfach, eine hohe Stufe zu erlangen. E*s ist ungefähr 10-mal einfacher, diese Stufe zu erreichen,* weil man einfach alle Leute unter alle anderen platzieren muss - in nur einem Bein - wodurch diese Personen und ihre Partner weitaus schneller für die höheren Stufen qualifiziert werden.

In der Zwischenzeit sind all die anderen armen Trottel in der Gruppe deprimiert und geben sich selbst die Schuld. Weil sie nicht verstehen, warum sie es nicht schaffen und nicht die gleichen großen Bonusschecks erhalten, wie es die Leute über ihnen tun. Was sie jedoch nicht wissen, ist, dass sie nie eine Chance hatten. Weil sie nicht nach denselben Regeln spielen.

Hier sind einige andere Gründe, warum Betrüger und andere ethisch fragwürdige Menschen Binärpläne lieben:

- Die oberen Plätze können allen privilegierten Personen zugewiesen werden.
- Sie verursachen eine Menge „Breakage", (Umsätze, die nicht in die Vergütung einbezogen werden) wodurch mehr Geld an das Unternehmen oder an die Top-Partner mit bevorzugter Platzierung fließt.
- Viele Unternehmen deckeln das provisionsfähige Umsatzvolumen, sodass du mehr zusätzliche Plätze kaufen musst, um Provisionen auf die Umsätze in deiner Gruppe erhalten zu können.

Aufgrund dieser Faktoren und der Tatsache, dass die überwiegende Mehrheit der Hinterzimmer-Geschäfte mit Binärplanen stattfinden, hat der Binärplan bei den Regulierungsbehörden einen ausgesprochen schlechten Ruf. (Und ist in einigen Ländern sogar illegal.)

In vielen Fällen wird in binären Plänen kein besonderer Wert auf die Kundengewinnung gelegt, da die Einzelhandelsumsätze normalerweise nicht auf die beiden Linien aufgeteilt werden. Und selbst wenn dies der Fall ist, müssen spezielle Auszahlungsmechanismen eingesetzt werden, um den jeweiligen Verkäufer zu belohnen. Die Auszahlungshöhen solcher Mechanismen sind jedoch zu gering, um den erforderlichen Aufwand zu decken. Binäre Pläne sind für ein niedriges Verhältnis von Aufwand-zu-Einnahmen berüchtigt, bis der Vertriebspartner erst einmal die höheren Ebenen des Vergütungsplans erreicht. Dieser Umstand führt bei Firmen mit Binärplänen zu einer extrem hohen Ausstiegsquote unter den Neueinsteigern.

Ich glaube, dass es in Vergütungsplänen bessere Möglichkeiten gibt, die gewünschten Ergebnisse zu erhalten, als es im Binärplan der Fall ist.

WICHTIGER HINWEIS: *Dies bedeutet NICHT, dass alle Unternehmen,* *die einen binären Plan verwenden oder ein binäres Element in ihrem Hybridplan haben, unethische oder schlechte Unternehmen sind.* Das ist nicht der Fall.

Ich berate mehrere Unternehmen, die binäre Elemente in ihren Vergütungsplänen einsetzen und herausragende Beispiele für ethisches Handeln darstellen. Ich würde sagen, dass es mindestens sieben oder acht Unternehmen gibt, die vollständige binäre Vergütungspläne oder ein binäres Element in einem hybriden Plan einsetzen und gleichzeitig vorbildliche Organisationen leiten. Worauf wir uns daher konzentrieren müssen, sind die Ergebnisse, die am Ende entstehen.

Der wichtigste Punkt bei der Bewertung eines Unternehmens und eines Vergütungsplans besteht darin, ob ein klarer Fokus auf die Gewinnung von Kunden gelegt wird. Dies ist der wahre Unterschied zwischen echten Direktvertriebsunternehmen und zwielichtigen Geschäften in den Grauzonen. Und da wir hier ehrlich sein wollen – schmutziges Verhalten habe ich in allen Arten von Vergütungsplänen, nicht nur in binären, erlebt.

Ich bin zwar kein großer Befürworter binärer Elemente. Aber Ihr Hauptanliegen sollte nicht die Struktur des Planes sein, sondern die *Absicht*, die hinter dem Vergütungsplan steht.

Unabhängig davon, um welche Art von Plan es sich handelt - ob binär, Unilevel, Breakaway, Matrix oder Hybrid - wenn der Schwerpunkt beim Einkommensaufbau nicht auf dem Verkauf an Kunden, sondern auf dem Verkauf an Vertriebspartner liegt, werden das Unternehmen und der Vergütungsplan in den meisten Ländern illegal sein.

VOLLSTÄNDIGE OFFENLEGUNG: Ich erhalte momentan ein Passiveinkommen von demjenigen Unternehmen, mit dem ich zuletzt zusammengearbeitet habe, und in dessen Vergütungsplan ist eine binäre Komponente enthalten. Das hindert mich jedoch nicht daran, die Abschaffung von Binärplänen zu empfehlen. Ich glaube, dass es wirkungsvollere Möglichkeiten gibt, um die Vertriebspartner zu bezahlen. Letztendlich sollten wir uns aber vor allem darum bemühen, die Vertriebspartner so zu bezahlen, dass die besten Ergebnisse für alle Parteien erzielt werden.

Wir wollen daher die Schlüsselpunkte erforschen, die innerhalb eines Vergütungsplans für die besten Ergebnisse sorgen.

Ein gut durchdachter Plan

Ein gut durchdachter Plan erfüllt auf wirkungsvolle Weise die Bedürfnisse von drei völlig unterschiedlich denkenden Parteien: Den Interessen der Kunden, der Vertriebspartner und des Unternehmens.

Erstens sollte der Plan unseren Kunden Anreize bieten, regelmäßig und/ oder in größeren Mengen zu bestellen. Und sich im Idealfall für ein Abonnement mit automatischen Versand zu registrieren. Dies ist eine neue Aufgabe, der Vergütungspläne gerecht werden müssen. In der Vergangenheit wurden diese Pläne einfach für die Vertriebspartner und für das Unternehmen entworfen. Aber so, wie sich unsere Branche und auch gleichzeitig die behördlichen Vorschriften weiterentwickeln, müssen Unternehmen auch gezielte Maßnahmen ergreifen, um die Gewinnung und den Erhalt von Endkunden zu fördern.

Die Vertriebspartner werden immer versuchen, ihr Einkommen innerhalb eines Vergütungsplans zu maximieren. Daher ist es nur sinnvoll, wenn dein Plan so gestaltet ist, dass die Teammitglieder das Ziel haben, einen großen Kundenstamm aufzubauen.

Als nächstes muss der Vergütungsplan die Vertriebspartner dafür belohnen, dass sie das richtige und gewünschte Verhalten an den Tag legen: Den Aufbau eines Kundenstamms, das Aufrechterhalten der monatlichen oder jährlichen Umsatzqualifikation und die gründliche Unterstützung ihrer Teams. Dies bedeutet, dass Händler *nicht* für langfristig unproduktive Verhaltensweisen belohnt werden dürfen. (Zum Beispiel für das zuvor erwähnte Frontloading oder für das persönliche Sponsern von so vielen Leuten, dass sie keine Zeit mehr haben, auch die Partner auf den tieferen Ebenen einzuarbeiten.)

Schließlich muss der Plan noch sicherstellen, dass das Unternehmen auch profitabel arbeitet. Denn es stellt die „goldene Gans" für die Vertriebspartner dar. Wenn das Unternehmen keine finanzielle Rentabilität aufrechterhalten kann, bleibt es weder für die Kunden noch für die Vertriebspartner bestehen. Doch viele Mitarbeiter scheinen dies zu vergessen. Daher muss der Vergütungsplan so strukturiert sein, dass regelmäßige Investitionen in Forschung und Entwicklung, Marketing und Expansion möglich sind – während gleichzeitig auch eine Dividende für die Aktionäre erzielt werden kann.

Hier findest du eine Gesamtübersicht über die Ziele eines gut gestalteten Vergütungsplans:

- Einzelhandelsverkäufe steigern
- Die Verdienstmöglichkeit im Einzelhandel vereinfachen
- Neuen Partnern schnelle Einstiegsverdienste ermöglichen
- Das Unternehmenswachstum steigern und gleichzeitig die Profitabilität aufrecht erhalten
- Korrekten langfristigen Geschäftsaufbau belohnen
- Ein Übergangseinkommen während der Zeit liefern, in der neue Partner Erfahrungen sammeln und neue Fähigkeiten entwickeln

- Mit anderen Firmen wettbewerbsfähig sein
- Nahtlose Auszahlungen für ausländische Partner
- Den kundenorientierten Regularien entsprechen
- Qualifikationen erleichtern, um mehr Führungskräfte kontinuierlich in der Erfolgsspur zu halten
- Spezielle Anerkennungen für starke Einzelhändler, die keinen Teamaufbau betreiben
- Eine Plattform für ernsthafte Hauptberufler schaffen, damit diese ein Passiveinkommen aufbauen können
- Abstand von potenziell angreifbaren Begriffen wie Network Marketing, MLM, Millionär, etc. halten
- Komplex genug sein, um das gewünschte Verhalten zu erschaffen, aber einfach genug, um in nur 15 Minuten erklärt werden zu können
- Eine Win/Win/Win-Situation für Kunden, Teampartner und Aktionäre darstellen

Was also ist die beste Vorgehensweise, um einen Vergütungsplan zum Erreichen dieser Ziele zu erstellen? Hier sind einige Schlüsselelemente:

Eines der größten heutigen Probleme - und gleichzeitig das Problem, das in älteren Vergütungsplänen meist übersehen wird - ist, was ich bereits oben erwähnt habe. Erfolgreiche Vergütungspläne müssen über wirksame Strategien verfügen, um für eine Abgrenzung zur Konkurrenz und für eine Entwicklung des Kundenstamms verfügen. Aus zwei Gründen: um sowohl rechtliche Anforderungen zu erfüllen als auch um das Wachstum des Unternehmens zu steigern. So können Unternehmen beispielsweise von den Mitarbeitern eine höhere

Zahl an Einzelhandelskunden als Bedingung fordern, damit die Vertriebspartner auch auf die höheren Ebenen der Bonuszahlungen zugreifen können.

Die andere große Änderung, die ich heute in neuen Plänen empfehle, besteht darin, Vertriebspartnern, die in erster Linie Einzelhandel betreiben, neue Wege zu bieten, um auch von den Incentives des Vergütungsplans zu profitieren.

In den meisten Unternehmen haben Einzelhändler keine Möglichkeit, sich für ein Firmenauto oder für ein Reiseprogramm zu qualifizieren. Diese Belohnungen erfordern normalerweise den Aufbau einer umfangreichen Vertriebsgruppe. Zukunftsorientierte Unternehmen sollten jedoch auch alternative Qualifikationsmöglichkeiten anbieten. So dass die Incentives auch von Personen erreicht werden können, die kein Team aufbauen, aber durch ihre persönlichen Einzelverkäufe hohe Umsätze erzielen.

Welche Botschaft sendet der Vergütungsplan an die Mitarbeiter, wenn die tollen Incentives (wie z.B. Reisen und Firmenfahrzeuge) nur für die Asse der Partnergewinnung verfügbar, aber für die Einzelhändler nicht realistisch zugänglich sind?

Bedingungen für einen soliden Vergütungsplan

Wie du in der obigen Liste sehen kannst, sollte ein guter Vergütungsplan drei Bereiche abdecken:

1. Sofortige Einnahmen für Neueinsteiger ermöglichen
2. Ein Übergangseinkommen liefern, während sich die Neueinsteiger weiter entwickeln
3. Ein ernstzunehmendes Passiveinkommen für Führungskräfte bieten

Hier ist die Realität ...

Wenn du 100 beliebige Personen aus einer Warteschlange am Flughafen auswählst, kannst du deinen Kopf darauf verwetten, dass mindestens 90 von ihnen nicht einmal über ein Sparkonto verfügen. 75 würden eine Kreditkarte benötigen, wenn unerwartete Kosten in Höhe von 400 USD auf sie zukommen. Die durchschnittlichen Pro-Kopf-Ersparnisse sind so niedrig wie nie zuvor, und gleichzeitig sind die Schulden der Verbraucher so HOCH wie nie zuvor. Die Leute brauchen also eine Möglichkeit, sofort etwas hinzu verdienen zu können.

Als ich mit diesem Geschäft anfing, war es üblich, dass man im ersten Monat zwischen 5 und 25 Dollar verdiente. (Und später, nach den ersten größeren Erfolgen, setzte man diese Geschichten dann als großartige Munition ein, um anderen Leuten davon zu erzählen. Ich habe drei Jahre lang von der Geschichte profitiert, dass ich in meinem ersten Geschäftsmonat nur 3 Dollar verdient habe.) Aber kannst du dir vorstellen, in der heutigen Welt mit so einer Geschichte noch erfolgreich hausieren zu gehen?

Die Menschen sind heute ungeduldiger als je zuvor. Die Tage, als sie bei der Stange blieben, während sie nur 30 Euro monatlich verdienten, sind seit langem vorbei. Die meisten werden die Startinvestition mit ihrer Kreditkarte bezahlen, und sie werden dieses Geld schnell wieder zurück holen müssen. Dein Vergütungsplan muss daher Wege anbieten, mit denen genau dies möglich ist. Und einen hohen Anteil dieser Einnahmen wird der Einzelhandel ermöglichen.

Aus dem gleichen Grund brauchen die "Feierabend-Krieger" – die Nebenberufler, die pro Woche 10 oder 12 Stunden in diesem Geschäft tätig sind und sich die nötigen Fähigkeiten erst noch aneignen müssen – ein Übergangseinkommen. Dieses muss gar nicht so hoch sein. Aber es muss für diese Menschen einen Weg geben, ihr Nebeneinkommen möglichst schnell auf wenigstens 300 oder 400 Euro zu steigern. Das wird ihnen ermöglichen, die Kosten für ihre Persönlichkeitsentwicklung, für ihren eigenen Produktverbrauch und für ihre Seminarbesuche zu decken. Das wird sie bei Laune halten, bis sie all die nötigen Dinge gelernt haben, um auch die höheren Einkommensstufen und Bonusprogramme zu erreichen.

Das dritte Kriterium ist eines meiner persönlichen Vorurteile. Ich achte immer darauf, welche Elemente des Plans ein echtes Passiveinkommen möglich machen. Ich möchte meine Arbeit nicht jeden Monat wiederholen müssen. (Deshalb arbeite ich nicht mehr als Kellner.) Ich möchte meine Aufgabe einmal auf die richtige Weise erledigen und dann weiterhin jeden Monat dafür bezahlt werden. Und es gibt viele andere Menschen, die genauso denken wie ich.

Was du hiermit im Wesentlichen tust, ist, deinen Top-Führungskräften „goldene Handschellen" anzulegen. Der Wettbewerb ist heutzutage gnadenlos und viele andere Unternehmen versuchen, ihr eigenes Geschäft auszubauen, indem sie die Führungskräfte anderer Firmen abwerben. Daher willst du dafür sorgen, dass deine Top-Führungskräfte fest im Sattel sitzen, sodass für sie ein Wechsel zu einem anderen Unternehmen viel zu unsicher und wenig verlockend erscheint.

Stufenübergreifendes Ausbalancieren der Provisionen

Nun wollen wir erforschen, wie man Menschen anhand des Vergütungsplans zum richtigen Verhalten ermuntert und wie die Auszahlungen des Plans hierzu ausbalanciert sein sollten.

Der Vergütungsplan muss den Menschen Anreize geben, das Richtige tun zu wollen. Das bedeutet, dass der Plan nicht unausgeglichen sein darf – indem beispielsweise das gesamte Einkommen nur durch Umsätze generiert wird, die durch das Einschreiben neuer Partner entstehen. Stattdessen möchten wir, dass unsere Mitarbeiter ständig neue eigene Umsätze produzieren. Gleichzeitig ist auch wichtig, dass der Vergütungsplan Führungskräfte dafür belohnt, wenn sie neue Partner gründlich einarbeiten. Hierdurch wird sichergestellt, dass neue

Vertriebspartner von erfahrenen Führungskräften genau die Unterstützung erhalten, die sie benötigen.

Das wichtige Detail, auf das es ankommt, ist das richtige Gleichgewicht zwischen dem oberen und unteren Bereich des Vergütungsplans. Einige Pläne sind jedoch kopflastig.

Ein Beispiel hierfür kann der Vergütungsplan eines Unternehmens sein, das nur ein oder zwei Produkte anbietet, aber einen hohen persönlichen regelmäßigen Umsatz (z.B. 10.000 oder 15.000 Euro pro Monat) voraussetzt, damit man in den Genuss der Provisionszahlungen kommt. Aufgrund der niedrigeren Durchschnittsumsätze, die von den meisten Menschen erreicht werden, können sich 99 Prozent der Vertriebspartner niemals regelmäßig für ihre Provisionszahlungen qualifizieren.

(In binären Plänen zeigt sich dies, wenn die meisten Provisionen in den so genannten "Running Legs" verdient werden. Daher verdienen neue Leute hier so gut wie nichts. Allerdings gilt dies nicht für alle binären Pläne. Manche Firmen haben hier für ausgleichende Faktoren gesorgt.)

Bei kopflastigen Plänen rutschen die meisten Provisionen zu ein paar bekannten und erfolgreichen Aushängeschildern der Firma nach oben. Oder es entsteht „Breakage“ (nicht zuordnungsfähige Provisionen) und das Geld fließt hinauf in die Firma.

Dies kann zu hohen sechsstelligen Monatseinkommen für die Spitzenleute führen, die auf dem Vergütungsplan ganz oben stehen. Aber auf jeden dieser Großverdiener kommen Zehntausende von Partnern, die mit ihren monatlichen Schecks noch nicht einmal ihre Handy-Rechnung begleichen können. Die Großverdiener können zwar anfänglich mit ihren Mega-Schecks wedeln und damit eine Zeitlang für Wirbel sorgen. Aber letztendlich werden die meisten Vertriebspartner aussteigen, sobald sie feststellt haben, dass sie wahrscheinlich niemals ernsthaftes Geld verdienen werden. Sie werden die Firma mit einem schalen Geschmack im Mund verlassen und glauben, dass das Geschäft nicht funktioniert.

Auf der anderen Seite wird auch ein bodenlastiger Vergütungsplan langfristig nicht erfolgreich sein ...

Dies sind Pläne, bei denen praktisch jeder, der neu einsteigt, mit geringem Aufwand schnell Geld verdienen kann. Diese Pläne sind so konzipiert, dass neue Leute über die Maßen hinaus belohnt werden. Die Firmeninhaber versprechen sich davon, dass sich hierdurch die Partner anderer Unternehmen angezogen fühlen und sich für einen Firmenwechsel entscheiden.

Diese Idee motiviert die Neueinsteiger zwar zunächst, aber langfristig können die Top-Leute nicht die Einkommen erzielen, die sie verdient hätten. Dann sehen sie sich andere Vergütungspläne an und stellen fest, dass sie in einem anderen Unternehmen mit genau demselben Umsatz und derselben Zahl an Vertriebspartnern viel mehr Geld verdienen würden. Dies führt zu einer Abwanderung der Führungskräfte, welche dann letztendlich den großen Erfolg eines Unternehmens verhindert.

Es gibt einfach nur einen begrenzten Prozentsatz, den das Unternehmen auszahlen kann. Wenn die Leute auf den unteren Stufen überbezahlt werden, wird es aus den Taschen der Leute in den oberen Stufen genommen. Und umgekehrt.

Einen Vergütungsplan wirklich in ein gesundes Gleichgewicht zu bringen, ist eine Wissenschaft für sich. Du möchtest einerseits, dass der erste Vertriebspartner in der Lage ist, so schnell wie möglich erste Gewinne zu erwirtschaften. Aber gleichzeitig willst du auch, dass Führungskräfte die Möglichkeit haben, große Einkommen aufzubauen und auch zu halten. Die Tiefe sollte im Verhältnis zur Breite vergütet werden. (Das heißt, je mehr Personen du persönlich einschreibst, auf desto mehr Ebenen in der Tiefe solltest du auch Provisionen erhalten.)

Wurde der Vergütungsplan nach ordnungsgemäßen Regeln erstellt, dann enthält er alle nötigen Elemente, um für ein starkes Wachstum zu sorgen und alle Teilnehmer im Verhältnis zu ihrer tatsächlich geleisteten Arbeit zu bezahlen.

Ein letzter Gedanke, bevor wir den Bereich der Einkommen verlassen ...

Kleine Beträge sorgen für große Unterschiede

Wir sind abgestumpft geworden. Auf dumme, verrückte Weise abgestumpft. Wenn jemand nicht mindestens 30.000 oder 40.000 Euro pro Monat an Provisionen einnimmt, dann wird dies von einer alarmierenden Zahl von Leuten in unserem Unternehmen als Fehlschlag gewertet.

Und dabei wissen wir, dass 80 oder 90 Prozent der heutigen Privatinsolvenzen mit einem monatlichen Zusatzeinkommen von nur 300 oder 400 Euro abgewendet werden könnten.

Ganz zu schweigen von der Tatsache, dass es viele Orte auf der Welt gibt, an denen 300 oder 400 Euro pro Monat ein *bedeutendes* Einkommen darstellen. In einigen dieser Orte macht ein solches Einkommen den Empfänger sogar zu einem reichen Menschen. Und es ist keine Lüge, dass diese vermeintlich bescheidenen Nebeneinnahmen auch in den USA, in Großbritannien und anderen Industrienationen für Millionen von Menschen noch immer für einen großen Unterschied sorgen würden.

In der heutigen schwierigen Wirtschaftslage bietet der Verkauf mit Hebelwirkung für Millionen Menschen finanzielle Sicherheit. Im Vorjahr zu dem Zeitpunkt, in welchem ich das hier schreibe, wurden in dieser Branchen 76 Milliarden US-Dollar in Form von Provisionen an Vertriebspartner ausgezahlt.

Die meisten Leute werden in diesem Geschäft keine 50.000 Euro im Monat verdienen. Sie sind einfach nicht bereit, die nötige Weiterentwicklung zu betreiben und an sich selbst zu arbeiten. *Aber solange der Vergütungsplan sie im Verhältnis zu ihrer tatsächlichen Arbeit belohnt, ist es trotzdem eine faire Sache.*

Denke immer daran, dass selbst diese 300- und 400-Euro-Provisionsschecks für Lebensmittel sorgen, Schul- oder Studienkosten finanzieren, Medikamente bezahlen, Wohltätigkeitsorganisationen unterstützen, Autoleasingraten begleichen und Hypothekenzahlungen bedienen. Lass uns dies nie aus den Augen verlieren.

Der Karriereweg...

Das entscheidende Element bei der Gestaltung eines Vergütungsplans besteht darin, zuvor einen klaren Karriereweg zu definieren. In allen Plänen gilt es, bestimmte Stufen zu erreichen – ähnlich einer Leiter, auf der die Partner aufsteigen. Aber manchmal müssen diese Pläne besser durchdacht werden.

Der Karriereweg ist das Rückgrat deines Vergütungsplans, da er das genaue Verhalten der Vertriebspartner bestimmt. Wenn der Karriereweg effektiv gestaltet ist, wird er die Partner zum Erfolg führen, indem er sie zu den nötigen Verhaltensweisen anleitet. Wird er jedoch ungünstig aufgebaut, dann bremst er die Erfolge der Mitarbeiter – oder verhindert sie sogar.

Die grundlegende Entwicklung eines Karrierewegs sollte für zwei Dinge sorgen:

- Den Vertriebspartnern eine einfache und verständliche Anleitung liefern, der sie nach der Methode „Tue dies – und erhalte das“ folgen können
- Einen kontinuierlichen Anreiz zur Weiterentwicklung und zum Aufstieg in die jeweils nächste Stufe schaffen

Viele Vergütungspläne belohnen leider anhand der Art, wie der Karriereweg gestaltet ist, selbstzerstörerische Verhaltensweisen. Um gezielt für das richtige Verhalten zu sorgen, müssen die Elemente des Plans auf sinnvolle Weise miteinander koordiniert werden. Dies ist zwar eine recht komplexe Wissenschaft, aber lass mich einige Beispiele nennen, damit du weißt, wovon wir sprechen.

In vielen Plänen entsteht ein großer Teil des Einkommens durch Teamprovisionen. Diese sind jedoch oftmals nicht direkt mit den Stufen im Vergütungsplan oder mit dem Karriereweg verknüpft. So etwas führt zu negativem Verhalten. Warum sollte ein Vertriebspartner den Karriereweg voranschreiten wollen, wenn er damit keine deutliche Gewinnsteigerung verzeichnen kann? Hierdurch werden falsche Denk- und Verhaltensweisen hervorgebracht, was zu einem Gegenwind für das zukünftige Wachstum führt.

Ein weiteres Beispiel sind die binären Auszahlungsmechanismen. (Noch ein Grund, warum ich diese Pläne nicht mag.) Sie belohnen die Vertriebspartner nicht für den Aufbau von Führungskräften im jeweils starken Bein. Und oftmals stellt der Binärplan zwar einen großen Teil des Verdienstpotenzials, liefert aber nur minimale oder gar keine Anreize für den Aufstieg innerhalb der Stufen oder des Karrierewegs. Nach meiner Erfahrung ist es so: Je mehr ein Plan von binären Auszahlungen abhängt, desto weniger Führungskräfte werden entwickelt. Diesem Umstand müssen wir unbedingt mit anderen Mechanismen begegnen, um die Lücke zu schließen. Andernfalls werden eine schlechte Kultur und mittelmäßige Ergebnisse die Folge sein.

Jedes Mal, wenn wir die Effektivität eines aktuellen Plans untersuchen oder Simulationen eines vorgeschlagenen Plans durchführen, gilt die folgende Faustregel: dass bei jedem nachfolgenden Rang die Anzahl der qualifizierten Personen etwa die Hälfte derjenigen aus dem vorhergehenden Rang betragen sollte.

Nehmen wir als Beispiel an, dein Karriereweg besteht aus dieser Rangfolge:

Bronze, Silber, Gold, Smaragd, Rubin, Diamant, Doppeldiamant, Dreifachdiamant

Wenn du dir die tatsächlichen Auszahlungen ansiehst, dann möchtest du gern ein Zahlenverhältnis sehen, das dem folgenden ähnelt:

Bronze: 4.000 Partner

Silber: 2.000 Partner

Gold: 1.000 Partner

Smaragd: 500 Partner

Rubin: 250 Partner

Diamant: 125 Partner

Doppeldiamant: 60-65 Partner

Dreifachdiamant: 30-35 Partner

Ein solches Auszahlungsverhältnis zeigt einen ausgewogenen und erreichbaren Karriereweg. Natürlich wird das Ergebnis niemals exakt dieser Formel entsprechen. Aber wenn wir keine Ergebnisse erreichen, die zumindest in diese Richtung gehen, dann ist der Karriereweg aus dem Gleichgewicht geraten. (Übrigens zeige ich hier nur acht Stufen. Ein effektiver Plan hätte normalerweise noch einige weitere. Dieses Beispiel soll dir nur anhand des Konzepts zeigen, wie der Fortschritt funktionieren sollte. Egal, wie viele Ebenen es gibt.)

Wenn wir nun sehen würden, dass es 250 Rubine und 224 Diamanten gibt, zeigt dies, dass die für die Diamantstufe erforderlichen Qualifikationen zu niedrig sind. Wenn wir dagegen sehen, dass es 125 Diamanten gibt, aber nur 18 Doppeldiamanten, dann zeigt dies, dass die Anforderungen für die Stufe des Doppeldiamanten zu hoch sind.

Du willst große Lücken zwischen den Stufen vermeiden, denn dies bedeutet, dass der nächste Schritt auf dem Karriereweg unerreichbar scheint. Dann geben viele Menschen einfach den Versuch auf, diese Stufe zu erreichen und bleiben auf dem Plateau einer niedrigeren Stufe stehen.

Lifestyle-Belohnungen...

Wenn ich Unternehmen bei der Ausarbeitung von Vergütungsplänen berate, beziehe ich immer Lifestyle-Belohnungen wie z.B. Firmenwagen und Fernreisen ein. Denn diese wirken unglaublich stark auf die Einstellung, Bindung und Zufriedenheit der Vertriebspartner.

Der Grund für diese Extras ist, dass sie dem durchschnittlichen Vertriebspartner die Gewinnung neuer Interessenten erheblich erleichtern. Allerdings ist das den Partnern nicht immer bewusst ...

Wenn Sie jemanden fragen, ob er oder sie lieber 3.000 Euro in bar oder eine kostenlose Reise nach Hawaii erhalten möchte, entscheiden sich 95 Prozent der Leute für das Bargeld. Dann bezahlen sie damit ihre Rechnungen und in 48 Stunden wird es verschwunden sein. Aber lade sie zu einer Reise an einen exotischen Ort ein, und sie werden Fotos machen, Videos posten und diese Reise jahrelang nacherleben. Dieses Erlebnis erschafft eine lebenslange Erfahrung, die anschließend fest mit deinem Unternehmen verknüpft ist. Und es sorgt für Aufsehen in der Welt deiner Partner ...

Wenn jemand eine Kreuzfahrt oder eine andere kostenlose Reise gewinnt, wird jeder, den diese Person kennt, davon erfahren. Wenn du mit einem neuen Auto nach Hause fährst und deine Nachbarn herausfinden, dass du es kostenlos bekommen hast, wollen sie wissen, wie du es gemacht hast. Somit sind solche zusätzlichen Vorteile im Vergütungsplan einige der besten Investitionen, die ein Unternehmen tätigen kann.

Die Aufgaben erledigen...

Der abschließende Faktor, auf den es bei der Auswahl eines Unternehmens ankommt, lautet: Wie gut werden die grundlegenden Tätigkeiten ausgeführt? Wenn ein Unternehmen seine Produkte nicht rechtzeitig versendet - und die Provisionen nicht jeden Monat pünktlich bezahlt – dann lautet mein Rat, von dannen zu ziehen. Ich habe die Erfahrung gemacht, dass in Unternehmen, die schon zu Beginn nicht über die nötigen Ressourcen verfügen, um Rechnungen und Lagerprodukte pünktlich zu bezahlen, bei steigendem Wachstum alles nur noch schlimmer wird.

Selbst die besten Firmen haben von Zeit zu Zeit Probleme, den Lagerbedarf zu decken. Und auch wenn niemand gern Probleme hat, ist dies eines von der Sorte, die man gerne hat.

Wenn ein Unternehmen im Allgemeinen gut geführt wird und den *größten Teil seiner Aufträge* rechtzeitig ausliefert, sollte man über einen gelegentlichen Fehler hinwegsehen. Wenn ein Unternehmen aber die Produkte nicht zeitgerecht versendet, Rechnungen liegen lässt oder Provisionen nicht rechtzeitig auszahlt, dann sind dies sichere Anzeichen für ernsthafte Probleme.

Ein paar letzte Gedanken zur Auswahl eines Unternehmens...

Du wirst immer wieder bemerken, dass ich nur von einem und nicht von mehreren Unternehmen spreche. Hierfür gibt es einen Grund. Denn ich glaube nicht, dass jemand zwei oder mehr Programme gleichzeitig betreiben kann. Es schweben immer noch zu viele MLM-Zombies herum. Sie sind die ganze Zeit in so vielen verrückten Geschäften zugange. Eines oder mehrere davon sind im Begriff, pleite zu gehen. Diesen Umstand nutzen die MLM-Zombies als Beweis dafür, dass sie sich noch weiteren Geschäften anschließen sollten - um ihr Einkommen zu diversifizieren und abzusichern. Und sie argumentieren mit allerlei Arten verschlungener Logik, um ihre Position zu unterstützen.

"Firma A hat Ernährungsprodukte - Firma B hat Haushaltsreiniger, daher konkurrieren sie nicht miteinander. Und ich brauche das Internet, um beide Programme zu betreiben, daher ist Unternehmen C - ein Internetanbieter - die perfekte Ergänzung. Und Firma D bietet ein kostenloses Autoprogramm – was ebenfalls perfekt ist - weil die Firma E Autopolitur verkauft!"

Selbst wenn die Produkte in zwei verschiedenen Firmen nicht miteinander konkurrieren mögen - die Geschäftsmöglichkeit tut es auf jeden Fall.

Ein Shell-Franchisenehmer würde keine Exxon-Tankstelle auf der anderen Straßenseite eröffnen. Das wäre einfach nur dumm. Warum sollte man auch mit sich selbst konkurrieren? Art Jonak sagt hierzu: „Eine Sache zu tun ist schwer. Zwei Sachen gleichzeitig zu tun ist mehr als doppelt so schwer."

Gelegentlich magst du jemanden finden, der Einnahmen aus mehr als einem Programm erzielt. Aber ich habe die Erfahrung gemacht, dass diese Einkommen - wenn sie Ernst zu nehmen sind – immer nacheinander aufgebaut wurden. Mit anderen Worten, diese Menschen haben bei einer Firma aufgebaut und traten anschließend in den Ruhestand. Später stiegen sie dann bei einer anderen Firma ein und bauten ein neues Netzwerk auf. Wohlgemerkt, ohne ihre Mitarbeiter aus der ersten Vertriebsgruppe anzutasten. Wenn du ein Ferienhaus bauen möchtest, ist es nicht sinnvoll, die Dachziegel deines vorhandenen Hauses zu verwenden.

Mit mehr als einem Programm zu arbeiten mag verlockend wirken. Rabatte auf all diese Produkte. Viele verschiedene Provisionsschecks einlösen. Und dann die vielen Autos, Reisen und Auszeichnungen, die du gewinnen wirst . . .

Aber in Wahrheit werden diese Dinge nie passieren. Das System des einen Unternehmens widerspricht dem des anderen. Und weil es so viele verschiedene Unterlagen zu kaufen, Seminare zu besuchen und Schulungssysteme zu lernen gilt, werden deine Vertriebspartner verwirrt und erstarren in ihrer Inaktivität.

Mein Rat: Nimm dir die Zeit, um das eine richtige Programm für dich auszuwählen. Und dann tu für diese Firma alles, was du kannst.

Was also ist dein nächster Schritt? Ein blitzschneller Start! Genau dieses Thema werden wir im nächsten Kapitel behandeln ...

Kapitel 4

Das Geheimnis für blitzschnelles Wachstum

In einigen der nächsten Kapitel erlernst du Schritt für Schritt einige spezielle Mikro-Arbeitstechniken, mit denen du dein Geschäft vergrößern und ausbauen kannst. In diesem Kapitel hier möchte ich aber auf das große Ganze eingehen – auf die Gesamtstrategie und auf die Prinzipien, mit denen du für schnellstmögliches Wachstum in deinem Geschäft sorgen kannst.

Motivation und positives Denken können einen neuen Vertriebspartner nur bis zu einem gewissen Punkt bringen. Denn wenn unsere Neueinsteiger keinen glaubwürdigen, logisch nachvollziehbaren Plan zur Verwirklichung ihrer Träume haben, werden schon bald Angst und Aufschieberitis das Ruder übernehmen. Und das Gleiche wird auch für dich gelten. Daher besteht der Sinn dieses Kapitels aus zwei Dingen: dich einerseits zu einem schnellen Start zu ermuntern und dir andererseits zu zeigen, wie du mit neuen Partnern arbeitest, damit auch diese schon bald bestmögliche Ergebnisse erzielen. Beginnen wir mit …

Die Denkweise, mit der du dein Ziel wahr werden lässt …

Ich hatte dir ja schon gesagt, dass du in den ersten zwei Wochen das Schicksal deiner neuen Vertriebspartner besiegelst. Und besonders entscheidend sind die ersten 48 Stunden. Das Gleiche gilt wahrscheinlich auch für dich selbst …

Wenn du schnell ins Handeln kommst und hierdurch deine ersten kleinen Erfolge erzielst, bleibst du wahrscheinlich auch bei der Sache. Wenn du hingegen deine ersten Wochen damit verbringst, dich auf deine Vorbereitung vorzubereiten, wirst du dich bald in einem Kreislauf der Aufschieberei wiederfinden, nichts erledigen und schließlich aufgeben.

Wenn du deine Zeit damit verbringst, dich durch die Unternehmenswebsite zu scrollen, das Rekrutierungsvideo erneut anzusehen und darüber zu reden, was du alles tun wirst, jedoch niemals etwas tust – dann verstreichen die zwei Wochen ungenutzt, und nichts ist geschehen. Deine Begeisterung schmilzt dahin und dein Traum wandert in weite Ferne.

Wenn du aber sofort in den ersten zwei Wochen die praktischen Grundlagen des Geschäfts erlernst, die nötigen Aktivitäten angehst und tatsächlich erste Kunden und Partner für dein Team gewinnst – dann beginnt die Sache in Schwung zu kommen und deine Begeisterung wird stetig ansteigen.

Gute Arbeitsgewohnheiten werden erschaffen – welche dann zu ersten positiven Ergebnissen führen – die dich nun dazu motivieren, weitere gute Arbeitsgewohnheiten zu erschaffen.

Eine echte Verpflichtung eingehen...

Bitte gehe nicht mit der Einstellung an die Arbeit, dass du dieses Geschäft "ausprobieren" wirst. Fange mit der Geisteshaltung an, dass du ein echter Schüler dieser Branche sein willst und dich ein Jahr lang dafür engagieren wirst, zu einem echten Profi zu werden.

Der Verkauf mit Hebelwirkung erfordert, wie jeder neue Beruf, dass du dir neue Fähigkeiten aneignest. Die gute Nachricht ist, dass du hier die Möglichkeit hast, bereits während der Lernphase gutes Geld zu verdienen. Aber der beste Rat, den ich dir geben kann, besteht darin, alles Geld, das du in den ersten ein oder zwei Jahren verdienst, sofort wieder in dein Geschäft zu investieren. Und dass du dich ein Jahr lang verpflichtest, einfach nur 10 bis 15 Stunden pro Woche für dein neues Unternehmen zu arbeiten, bevor du irgendein Urteil fällst. Ich bin der festen Überzeugung, dass du, wenn du ein duplizierbares System über diesen Zeitraum verfolgst, mit deinen Ergebnissen so zufrieden sein wirst, dass du das Geschäft für den Rest deines Lebens betreiben wirst.

Doch es gibt auch eine andere Sichtweise. Ich habe mit einem Mann namens Andi Duli über dieses Thema geredet, und er widersprach mir. Er meinte: „Ich persönlich habe fast so lange gebraucht, um überhaupt nur erste, winzige Ergebnisse zu sehen. Ich bin als armer Mensch aufgewachsen, hatte noch nie zuvor ein eigenes Geschäft geführt und war mit so vielen einschränkenden Überzeugungen und einen tiefen Armutsbewusstsein infiziert, dass ich nach dem ersten Jahr so gut wie nichts erreicht hatte. Für mich war es daher hilfreich, mir vorzustellen, wo ich mich in 10 Jahren in diesem Geschäft befinden würde. Ich sah das erste Jahr als den Aufbau eines Fundaments und den Zeitraum von 10 Jahren als die Basis zur Erschaffung wahren Reichtums. Ich stellte mir vor, Weltklasse zu erreichen und mir ein Leben zu gestalten, auf das ich stolz sein würde. Indem ich mein Geschäft mit dieser langfristigen Perspektive anging, erschuf ich auch die Denkweise, dass ein Scheitern gar nicht in Betracht kam. Und ich stellte in Gedanken alle Herausforderungen, die ich in dieser Zeit erlebte, dem Leben gegenüber, das ich in 10 Jahren führen würde."

Sicherlich ist Andi froh, dass er lange genug am Ball geblieben ist, um sein Ziel zu erreichen. Und wenn du meine Geschichte kennst, dann weißt du, dass ich fünf Jahre lang nur Verluste eingefahren habe. Stelle also für dich sicher, dass deine einjährige Bewertungzeit genau das ist - eine Bewertung, ob du Fortschritte machst und deinem Traum näher kommst. Das bedeutet nicht, dass du in dieser Zeit schon reich und berühmt werden wirst. Wahre Meisterschaft braucht ihre Zeit.

Der Aufbau des Fundaments ...

(Die folgenden Aufgaben hast du - hoffentlich - bereits erledigt. Aber gehe die Liste durch und stelle sicher, dass du sie ausgeführt hast.)

Deine Erstbestellung aufgeben

Dies sollte im gleichen Moment erfolgen, in dem du dich als Vertriebspartner registriert hast. Du musst die Produkte oder Dienstleistungen persönlich nutzen, damit du eine Begeisterung dafür entwickeln kannst.

Wie viele Produkte solltest du bestellen? Irgendeine Menge zwischen der Zahl, die du brauchst - und der Zahl, die dich nervös macht. Ich sage das nur halb im Scherz. Denn „genau die Menge, die du brauchst" reicht nicht aus.

Du benötigst ein eigenes Inventar, um neuen Partnern Produkte vorstrecken zu können, während sie noch auf ihre eigene erste Bestellung warten. Du brauchst Reserven für Artikel, die vorübergehend nicht vorrätig sind. Und du brauchst Muster, die du deinen Nachfasspaketen beifügen kannst. Stelle immer sicher, dass du genügend Produkte zur Hand hast, um dein Geschäft aufzubauen.

Vor einigen Jahren arbeitete ich in einem Unternehmen, das biologisch abbaubare Haushaltsreiniger anbot. Eine der Aktionen, die ich mit neuen Vertriebspartnern unternahm, bestand darin, mit ihnen durch ihr Haus zu gehen und sämtliche Produkte anderer Marken aus ihren Bädern und Küchen zu entfernen. Wir packten all diese Dinge in eine Einkaufstüte, ersetzten sie durch die guten Sachen - und verschenkten die alten Produkte für einen guten Zweck. Das gleiche Konzept wird auch in den meisten anderen Programmen funktionieren.

Es ist wichtig, dass du deine Produkte oder Dienstleistungen selbst benutzt und dass du beweisen kannst, wie gut sie wirklich sind. Außerdem wirst du immer in deinem eigenen Unternehmen einkaufen. Du wirst niemals das Produkt eines anderen Herstellers in deinem Zuhause haben wollen, das mit einem Artikel deines Unternehmens konkurriert. (Stell dir die Reaktion eines deiner Teammitglieder oder einer Führungskraft vor, wenn diese bei dir zu Hause ein Konkurrenzprodukt sehen! Und du kannst dir sicher sein, dass sie danach suchen werden.)

Richte dein Abonnement ein

Wenn dein Unternehmen über ein Abonnement-System (auch „Autoship" genannt) verfügt, solltest du dieses für regelmäßige, fortlaufende Bestellungen einrichten. Damit stellst du sicher, dass dir die Produkte niemals ausgehen und dass du ständig für alle Provisionen und Beförderungen qualifiziert bist, die du dir erarbeitet hast. Abonnements sind der Motor für einen reibungslosen Geschäftsbetrieb. Darüber hinaus kann deine Partnerfirma hierdurch die Nachfrage einschätzen, um sicherzustellen, dass die Produkte immer in ausreichender Zahl auf Lager und verfügbar sind.

Betrachte dies nicht als zusätzliche Ausgabe, denn das ist nicht der Fall. Viele der Produkte, die du in deinem eigenen Unternehmen kaufst, ersetzen schließlich die Artikel, die du bisher in Ladengeschäften gekauft hast. Abhängig von der Produktlinie deines Unternehmens kannst du dich langfristig hierdurch über beträchtliche Einsparungsmöglichkeiten freuen.

Erlerne den Umgang mit deinem Back Office

Besuche die Website deines Unternehmens und logge dich in dein persönliches Verwaltungsprogramm (dein "Back Office") ein. Mach dich damit vertraut, wie man Bestellungen aufgibt, das Abonnement anpasst und neue Kunden und Vertriebspartner einschreibt.

Verbünde dich mit deiner Sponsor-Linie

Melde dich bei den Mitteilungskanälen deines Sponsorenteams an. Das kann eine E-Mail-Liste, eine Facebook-Gruppe, ein SMS-Dienst oder eine WhatsApp-Gruppe sein.

Gehe die Unternehmensrichtlinien durch

Nimm dir ein paar Stunden Zeit, um dein gesamtes Starter-Kit durchzuarbeiten. Finde heraus, wo du welche jeweilige Information erhältst und mach dich mit den Richtlinien sowie mit dem Verhaltenskodex deines Unternehmens vertraut.

Beantrage ein eigenes Konto für dein Geschäft

Ein separates Konto zeigt nicht nur, dass du dein neues Geschäft Ernst nimmst. Es macht es dir vor allem einfacher, deine Geschäftsausgaben zu erfassen. Dein Buchhalter oder Steuerberater wird sich später bei dir bedanken.

Melde dich für die nächste Großveranstaltung an

Die meisten Unternehmen und Organisationen veranstalten jedes Jahr zwei bis vier Großveranstaltungen, um das Wachstum deines Geschäfts zu unterstützen. Diese Veranstaltungen liefern dir alle nötigen Informationen und zeigen dir die besten Möglichkeiten, dein Geschäft aufzubauen. Manche Veranstaltungen sind nur für hochrangige Teammitglieder gedacht (z. B. Führungskräftekonferenzen), während andere (etwa die Jahresauftaktveranstaltungen und weitere Treffen) für jedermann bestimmt sind, damit auch du die höheren Stufen erreichen kannst.

Solche Großveranstaltungen bieten dir die Gelegenheit, dich mit Führungskräften aus den Ländern zu verknüpfen, in denen du möglicherweise Kontakte hast und dort gerne eine Gruppe aufbauen möchtest. Egal, ob du dein Geschäft nur in deinem oder auf der ganzen Welt aufbauen möchtest – du musst ganz einfach zu diesen Veranstaltungen kommen.

Ich sage es frei heraus: diejenige Partner, die an diesen Veranstaltungen teilnehmen, haben vor denen, die es nicht tun, einen ernsthaften Vorsprung. Du kannst hierdurch deine Lernkurve um Monate oder sogar um Jahre abkürzen. Es gibt einfach keinen anderen Ersatz dafür, bei diesen Events vor Ort zu sein: du kannst die Top-Partner und Führungskräfte persönlich sprechen, kannst Fragen stellen, dich in den Pausen mit anderen vernetzen, kannst Kooperationspartner finden und dich gemeinsam mit den besten und klügsten Leuten deiner Firma auf Erfolg programmieren. Ganz zu schweigen davon, dass du deine Anwesenheit in den sozialen Medien posten kannst – damit du deinen Teammitgliedern, die nicht anwesend waren, zeigst, was sie alles verpassen.

Dies sind die Arten von Seminaren und Schulungen, für die du sonst Hunderte oder sogar Tausende von Dollar, Pfund oder Euro bezahlen müsstest, wenn du die Inhalte in einem öffentlichen Seminar erlernen könntest. (Was jedoch gar nicht möglich sein wird.) Wenn du dich bei deinem Start nicht bereits für das nächste Großereignis angemeldet hast, dann korrigiere dieses Versäumnis jetzt sofort.

Setze deine Ziele

Du musst entscheiden, was dein großes Ziel in deinem Geschäft sein soll. Bist du lediglich daran interessiert, deine Produkte kostenlos zu erhalten? Möchtest du genug Geld verdienen, damit deine monatlichen Fahrzeugkosten beglichen werden? Oder willst du völlige finanzielle Freiheit erreichen? Um deine Ziele zu verwirklichen, musst du zunächst festlegen, worum es sich dabei handelt. Und anschließend musst du einen Zeitrahmen festlegen, in dem du diese Ziele erreichen willst. Dies ist die Gelegenheit, um Pläne für deine Zukunft zu schmieden.

Wenn du einen kurzen Aufsatz über dein persönliches „Warum“ schreibst, kannst du herausfinden, was du dir wirklich wünschst. Auf diese Weise kannst du dich auf emotionaler Ebene mit deinem eigenen, persönlichen Grund verbinden, aus dem du dein Geschäft überhaupt betreibst. Das liefert dir die dringend benötigte Motivation, wenn du mit den Herausforderungen zu kämpfen hast, die dir bevorstehen werden.

Diese Aufgabe kann dir helfen, deine Ziele ein wenig klarer zu fassen und dein inneres „Brennen" zu entdecken. Dieses lodernde Verlangen wird dich in den frühen Entwicklungsphasen deiner Karriere auf Kurs halten, wenn die Herausforderungen groß erscheinen und dein Einkommen noch nicht deinen Anstrengungen entspricht. Fach dieses Feuer mit Hilfe deines persönlichen Visionboards an. (Dazu verwendest du einfach ein großformatiges Blatt Papier und platzierst darauf die Bilder und Symbole zu allem, was du gerne haben, tun und werden möchtest oder du verwendest eine dafür entwickelte Software wie z.B. Mindmovies.) Hierin besteht das Geheimnis, um deine Eigenmotivation aufrecht zu erhalten.

Ziele sind Träume, die mit einem Datum versehen sind. Schreibe sie auf und stelle sicher, dass deine Ziele genau definiert und messbar sind.

Ich glaube, dass eine durchschnittliche Person, die in diesem Geschäft einem funktionierenden System folgt, innerhalb von zwei bis vier Jahren finanzielle Unabhängigkeit erlangen kann. Überlege dir, was du jetzt gleich tun möchtest. Dann überlege auch, wie dein Zwei- bis Vierjahresplan aussehen soll.

Träume gemeinsam mit deinem Ehepartner und mit deinem Sponsor. Erwecke die Bedürfnisse und Wünsche wieder zum Leben, die du früher hattest, die aber irgendwo auf dem Weg verloren gegangen sind. Manchmal sind wir so sehr mit unserem Alltag beschäftigt, dass wir unsere Träume aus den Augen verlieren.

Plane feste Arbeitszeiten für deinen Geschäftsaufbau ein

Das Geheimnis schnellen Wachstums in unserem Beruf besteht darin, mit welchen Tätigkeiten du die 10 bis 15 Stunden pro Woche verbringst, die du für den Aufbau deines Geschäfts vorgesehen hast. Hierbei willst du so viele echte geschäftliche Aktivitäten (Kontaktieren, Präsentieren) wie nur möglich erledigen, während du dich gleichzeitig von unnötigen Dingen (Surfen im Internet, Tabellen anlegen, etc.) fernhältst. Teile dir die Zeiten ein, an denen du Besprechungen abhalten, Konferenzgespräche führen und mit Interessenten in Kontakt treten willst. Wenn du deine 10 bis 15 Stunden pro Woche im Voraus planst, wirst du viel produktiver sein.

Arbeite eng mit deinem Sponsor zusammen, um festzulegen, wie du deine Zeit in den ersten Wochen deines Geschäftsaufbaus planst. Informiere dich über das Datum einer jeden anstehenden Veranstaltung, die während der nächsten 90 Tage stattfindet, damit du die Teilnahme planen kannst. Informiere dich auch über die Termine der jährlichen Tagungen und Konferenzen. Wie du bereits erfahren hast, sind diese Großveranstaltungen für deinen Erfolg von entscheidender Bedeutung. Du willst sicherstellen, dass du deine Reisen planen und organisieren bzw. die nötigen Tage frei nehmen kannst, damit du bei den Veranstaltungen anwesend bist.

ICH HASSE ES, IN GROSSBUCHSTABEN ZU SCHREIBEN, WEIL ES SO AUSSIEHT, ALS WÜRDE ICH SCHREIEN. ABER ICH MUSS ES LAUT HINAUSSCHREIEN !!!

Ernsthaft. Der Unterschied zwischen den Ergebnissen der Menschen, die sich tatsächlich mehr als 10 Stunden pro Woche freihalten, um ihr Geschäft ernsthaft aufzubauen, und den Kandidaten, die dies nicht tun, ist enorm. Es mag auf den ersten Blick wie eine Kleinigkeit erscheinen, ist aber für deine Ergebnisse von immenser Wichtigkeit. Durch das Planen und Reservieren tatsächlicher Arbeitszeiten für dich und deine Partner werden deine Produktivität und deine Ergebnisse um ein Vielfaches gesteigert. Ja, wirklich.

Die meisten Menschen brauchen keine größeren Ziele, sondern bessere tägliche Gewohnheiten.

Bestelle deine Werkzeuge zum Geschäftsaufbau

Wie für jedes andere Unternehmen auch, benötigst du gewisse Vorräte an Werbematerial, um effizient und effektiv arbeiten zu können. Du wirst viel schneller Erfolg haben und diese Erfolge in deinem Team besser duplizieren, wenn du die bewährten Werkzeuge verwendest, die deine Sponsor-Linie empfiehlt.

Diese Werkzeuge wurden entwickelt, um deinen Interessenten auf professionelle Weise zuverlässige und glaubwürdige Informationen über die Produkte und über die Geschäftsgelegenheit zu liefern. Mit diesen Werkzeugen, die mit der Stimme einer dritten Person zu deinen Interessenten sprechen, brauchst du kein Experte zu sein, um erfolgreich zu werden. Führe deinen Interessenten einfach nur das Werkzeug vor und lass es dann die Arbeit erledigen. Auf diese Weise kann jeder dieses Geschäft erfolgreich aufbauen – auch ohne über besondere Fähigkeiten, Talente, Ausbildung oder Erfahrung. Gleichzeitig hilft dir der Einsatz dieser Werkzeuge auch dabei, deine Fähigkeit zur Duplikation zu beschleunigen. Überlege dir auch, in meine Online-Führungsakademie unter http://www.gagevt.com/ zu investieren. (Steht in Englisch zur Verfügung)

Erweitere deine Kandidatenliste

Das ist eine deiner wichtigsten Aufgaben. Überspringe diesen Schritt nicht und betreibe ihn auch nicht halbherzig. Schreibe dir einfach die Namen aller Personen auf, die du kennst.

Vermeide jedes Vorurteil: *Ach, er verdient schon eine Menge Geld, ist also wahrscheinlich nicht interessiert. Sie würde sich das niemals ansehen,* weil sie so viele Hochschulabschlüsse hat, usw. Ein Fehler wie dieser kann dich später Zehntausende von Euro kosten. Bilde dir also keine Vorurteile, sondern notiere dir die Namen.

Aus jeweils 100 Personen entstehen drei oder vier Hochkaräter, sechs bis acht

Mittelklasse-Führungskräfte und weitere 20 Teilzeitkräfte. Und viele weitere Personen, die zu Kunden werden können. (Der Einfachheit und des Verständnisses halber werde ich in diesem Buch den Begriff „Stufe" verwenden. Das bedeutet, dass Personen in deinem Vergütungsplan bestimmte Stufen erreichen, unabhängig davon, ob sie in deiner Firma Diamant-Direktoren, Vizepräsidenten oder Marketing-Manager genannt werden.) Du wirst übrigens nie im Voraus wissen, wer in deinem Bekanntenkreis welche dieser Stufen erreichen wird. Aber in vielen Fällen wird es nicht diejenige Person, von der du zuvor gedacht hast, dass sie es sein wird.

Wenn sich jemand in deiner Telefon- oder E-Mail-Liste befindet, wenn Menschen auf deiner Weihnachtskartenliste stehen oder wenn du mit jemandem in den sozialen Medien befreundet bist, solltest du dieser Person die Möglichkeit geben, sich deine Geschäftsgelegenheit anzusehen. Das Gleiche gilt für die Menschen, deren Dienste du in Anspruch nimmst - deinen Friseur, Chiropraktiker, Automechaniker und andere.

Du musst vermeiden, was in 90 Prozent der Fälle passiert ...

Du gibst eine Präsentation und sponserst einen neuen Vertriebspartner. Er ist begeistert und träumt von all dem Geld, den Reisen, Autos und anderen Leckereien, die er erhalten wird. Er hat auch bereits seine ersten fünf Partner im Sinn. Also schickst du ihn nach Hause und sagst ihm, er solle eine Namensliste erstellen.

Da er die gewünschten fünf Leute bereits kennt, kümmert er sich nicht um die Namensliste, sondern ruft alle fünf Personen an, um sie zum nächsten Meeting einzuladen. Dann lehnt er sich zurück und wartet darauf, dass das große Geld hereinkommt.

Vermutlich denkst du nun, dass du einen potenziellen Superstar hast. Aber realistisch betrachtet hat diese neue Person eine Menge Probleme.

Zuerst einmal hat er wahrscheinlich Einladungen ausgesprochen, bevor er dazu wirklich in der Lage war. Diese Einladungen waren vermutlich nicht sehr überzeugend und wahrscheinlich werden nur wenige seiner Gäste zum Meeting erscheinen.

Zweitens hat er kein Werkzeug für die Einladung verwendet. Selbst wenn er es gut gemacht haben sollte, wird es schwierig für ihn sein, seine Arbeit zu duplizieren. Stelle also unbedingt sicher, dass weder du noch eine der von dir eingeschriebenen Personen diesen Fehler begehen. Sorge dafür, dass mindestens ein paar hundert Namen notiert werden, damit die Kontakte in die richtigen Kategorien eingeteilt werden können. (Manche werden argumentieren, dass jeder ihrer Kontakte bereits in ihrem Handy abgespeichert ist. Ja, das mag sein. Aber ich denke immer noch, dass eine separate Kontaktliste, die kontinuierlich von dir aktualisiert wird, für die besten Ergebnisse sorgt. Alternativ kannst du, wenn du eine replizierte Website oder eine App für dein Smartphone verwendest, deine Telefonkontakte möglicherweise in eine Interessentenliste importieren.)

Viele deiner neuen Partner werden dir sagen, dass sie nur wenige Leute kennen. Das ist nicht wahr.

Die durchschnittliche Hochzeitsfeier umfasst 500 Personen, 250 für jeden Ehepartner. Was durchaus nachvollziehbar klingt, denn bei einer durchschnittlichen Beerdigung tragen sich 250 Personen ins Gästebuch ein. Und hierbei handelt es sich nicht um die unzähligen Zufallsbekanntschaften, die dir auch noch zur Verfügung stehen.

Hier ist der wichtigste Grund, warum du eine solide, tragfähige Kandidatenliste benötigst ...

Haltung. Damit meine ich nicht, aufrecht zu stehen. Es bedeutet, dass du dich selbstbewusst präsentierst und den Wert deines Angebots kennst. Du bittest die Leute nicht um eine Gefälligkeit und du bettelst auch nicht. Du bietest eine

Gelegenheit, von der du zu 100% überzeugt bist.

Wenn du nur über eine kleine Liste verfügst, sorgt dies für zurückhaltende und ängstliche Gespräche (also für eine schwache Haltung). Wenn du deine Liste beendest, nachdem du die ersten fünf oder sechs Personen, die du für geeignet hältst, notiert hast, wirst du diese Menschen vermutlich aus einer Position der Verlustangst heraus ansprechen. Du wirst Angst haben, auch nur ein paar Leute anzurufen, denn wenn sie nicht mitmachen, hast du bereits deine halbe Liste verbrannt.

Wenn du aber eine große Liste hast, verfügst du über eine starke Haltung und sprichst deine Kontakte auf starke und selbstsichere Weise an. Wenn auf deiner Liste 200 Personen stehen, wirst du nicht nervös und verzweifelt, wenn die ersten vier kein Interesse haben. Du hast immer noch 196 vor dir, also ist es viel leichter, positiv und produktiv zu bleiben.

Ich hoffe, du hast bereits jeden dieser Schritte unternommen. Nun lass uns die Rahmenbedingungen betrachten, mit denen du dein Geschäft tatsächlich an den Start bringst und für ernsthaften Schwung sorgst.

Verpflichte dich zu einem grossen Rundumschlag...

Durch den Einsatz eines Konzepts, das ich als „großen Rundumschlag" bezeichne, konnte ich die Geschwindigkeit und das Wachstum meiner Gruppe um das Zehnfache steigern. Es wird auch bei dir für einen dramatischen Anstieg gegenüber der schrittweisen Vorgehensweise der meisten Neueinsteiger sorgen. Die Idee dahinter lautet, sofort große Ergebnisse zu produzieren, statt in kleinen Tippelschritten in das Geschäft einzusteigen.

Dein vorrangiges Ziel in dieser Phase ist es, genügend Kunden zum Kauf von Produkten und Interessenten zum Einstieg zu bewegen, damit du einen ernsthaften Schwung entstehen lässt. Hierdurch erzeugst du eine Eigendynamik, durch die es einfacher wird, weiterzumachen, als aufzuhören. Dadurch bringst du dich selbst und dein Team schnell ins Handeln – und ins Verdienen.

Das Ziel deines großen Rundumschlags ist es, zu Beginn mindestens 80 bis 100 Kandidaten in deinen Kontakt-Trichter zu bringen.

Verstehe bitte, dass du nicht 80 oder 100 Personen sponsern oder gar so viele Präsentationen halten musst. Es geht nur darum, dass du ihnen das Angebot machst, eine Präsentation anzusehen, um festzustellen, ob sie interessiert sind.

Es ist wichtig, dass du eine große Anzahl von Interessenten in den oberen Teil deines Kontakt-Trichters sendest, damit unten genügend Kunden und Geschäftspartner herauskommen können. Das Ziel ist, sofort eine ernsthafte, solide Bewegung zu erzeugen.

Es mag komisch erscheinen, *aber tatsächlich ist es einfacher, das Geschäft schnell aufzubauen, als es langsam wachsen zu lassen.* Wenn du sofort mit Tempo anfängst, erzeugst du eine Begeisterung und Dynamik, die sich in deiner Gruppe ausbreitet. Und dadurch, dass du schnell erste schöne Einnahmen erzielst, gibst du den Ton für dein Team an und erschaffst ein begeisterndes, erfolgreiches Vorbild für all deine Kandidaten.

Wie bei allem, worüber wir in diesem Buch sprechen: der Schlüssel für duplizierbares Arbeiten besteht im Einsatz von Werkzeugen, die aus einer Position der dritten Person zu deinen Interessenten sprechen.

Du brauchst keine Hardselling-Methoden, keinen Verkaufsdruck und keine Motivationspurzelbäume. Lade einfach nur die Menschen auf überzeugende Weise dazu ein, sich eine Präsentation anzusehen.

Lass die Werkzeuge die Präsentation übernehmen. Wenn du selbst redest, sollte es nur dazu dienen, dass jemand zum Ansehen eines Werkzeugs bewegt wird. Dabei kann es sich um ein Video, eine replizierte Website, einen Katalog oder um eine andere Form von Marketingwerkzeug handeln. Dein Ziel ist es, das Loblied des Werkzeugs zu singen, damit das Werkzeug dann dem Interessenten das Loblied der Geschäftsgelegenheit vortragen kann. Hierdurch entsteht für dich die beste Duplikation.

Dein großer Rundumschlag besteht aus den folgenden Aktivitäten:

- Ein geselliges Beisammensein, um deinen ersten Kundenstamm aufzubauen.
- Zwei oder drei Geschäftspräsentationen, die du in deinem nahen Umfeld durchführst.
- Eine elektronische Kampagne per E-Mail, SMS- und Messaging-Apps.
- Das Verteilen von Werbematerial für den Massenmarkt an geeigneten Orten.
- Das Bearbeiten oder Erstellen deiner Social Media-Konten, um dein Geschäft zu bewerben. (Weiteres dazu folgt noch im Social Media-Kapitel.)
- Personen aus all diesen Trichtern zu den größeren Präsentationen aufrücken lassen (sowohl online als auch offline).

Jetzt verfügst du über die Makro-, also über die Gesamtstrategie. In den weiteren Kapiteln werden wir noch die Mikro-Strategien, also die kleinen Einzelschritte des Rundumschlags, untersuchen. Zusammen mit dem Rest der Dinge, die wir uns angesehen haben, kannst du dein Geschäft durch den großen Rundumschlag weitaus schneller aufbauen, als es die meisten Menschen je geschafft haben.

Vielleicht sehen manche dieser Grundlagen nicht besonders spannend aus. Aber das gleichzeitige Umsetzen dieser Dinge schafft eine Synergie für blitzschnelles Wachstum. Und alles beginnt an dem Punkt, dem wir uns jetzt widmen - wie du dir ein "kugelsicheres", duplizierbares System erschaffst ...

Kapitel 5

So erschaffst du ein "kugelsicheres" duplizierbares System

Es war ungefähr drei Uhr nachmittags, als ich den Anruf erhielt. Es war einer meiner „Neffen", ein Vertriebspartner aus einer Seitenlinie, der den gleichen Sponsor hatte wie ich. Er machte eine Glaubenskrise durch und brauchte jemanden, mit dem er über eine grundlegende Sache unseres Geschäfts reden konnte. Nachdem er zunächst etwas über irgendwelche Nebensächlichkeiten daher gestammelt hatte, stellte er mir schließlich die Frage, die ihn beunruhigte.

"Gibt es tatsächlich eine Duplikation in diesem Geschäft?"

Er war am Zweifeln, weil er - obwohl er schon einige Jahre für das Unternehmen tätig war - keine Duplikation in seiner Gruppe erlebte. Und dann vertraute er mir an, was ihm unser gemeinsamer Sponsor vor kurzem gesagt hatte: "Duplikation ist ein Trugschluss."

Hierzu ein paar Hintergrundinformationen: Unser gemeinsamer Sponsor war völlig unduplizierbar. Er hatte seine Erfolge durch – wie er es bezeichnete - „Waljagd" erzielt. Seine gesamte Strategie bestand praktisch darin, erfolgreiche Vertriebspartner von anderen Unternehmen zu kontaktieren und sie davon zu überzeugen, bei seinem Team einzusteigen. Tatsächlich hatte er den Burschen, der mich anrief, auf genau diese Weise gewonnen. In seinen Augen gab es keine Duplikation, weil es ihm selbst nie gelungen war, diese zu erzeugen. Wie so viele andere Menschen, hat auch er seine eigenen Erfahrungen gemacht und diese auf den Rest der Welt übertragen.

Leider ist seine Erfahrung in unserer Branche allzu verbreitet. Weil zu viele Menschen auf eine Weise in dieses Geschäft gebracht werden, die nur sehr wenig Duplikation erzeugt. Ich möchte dir daher zeigen, wie du und deine Teampartner das Geschäft aufbauen und gleichzeitig für starke Duplikation sorgen können. (Tatsächlich habe ich mir vor einiger Zeit zwei Jahre frei genommen und habe mein Einkommen während dieser Zeit aufrechterhalten. Also kann ich dir versichern, dass Duplikation wirklich funktioniert. Wirklich, wirklich.)

Zunächst müssen wir die Dynamiken verstehen, die zur Duplikation führen und diese steuern. Bei einigen dieser Dynamiken handelt es sich um Prinzipien, andere sind Strategien und andere sind ... ich weiß es nicht einmal. Ich werde sie daher als "Wahrheiten" bezeichnen. Wenn du diese sieben Wahrheiten vollständig verstanden hast und weißt, wie sie sich auf deine Partnergewinnung auswirken, wirst du eine dramatische Steigerung in deiner Duplikation erleben. Lass sie uns also erforschen.

WAHRHEIT NR. 1: ES KOMMT NICHT DARAUF AN, WAS FUNKTIONIERT. VIELE SACHEN FUNKTIONIEREN. WORAUF ES WIRKLICH ANKOMMT, IST, WAS DUPLIZIERBAR IST.

Irgendwann in deiner Laufbahn werden diese Worte mit jeder Faser deines Wesens mitschwingen. Und je früher dieser Moment eintritt, desto glücklicher, gesünder und reicher wirst du werden.

Wenn du die Macht der Duplikation verstanden hast, gelingt dir der Durchbruch vom fleißigen Arbeiter zum Superstar in unserem Geschäft. Und damit meine ich „Superstar“ im richtigen Sinn – auf duplizierbare Weise.

In unserer Branche gibt es Abertausende von schwer schuftenden Menschen. Sie können zwar etwas über die Vorteile eines Passiveinkommens erzählen, können diese aber nicht selbst erleben. Weil sie die wahre Bedeutung der oben genannten Worte nicht verstehen.

Nehmen wir an, du würdest zur Halbzeit der Weltmeisterschaft einen Werbespot im Fernsehen schalten. Dann könntest du Tausende von Menschen einschreiben. Das würde funktionieren. Aber wie viele Leute könnten diese Vorgehensweise duplizieren?

Viele Menschen denken, dass es bei der Duplikation um sie selbst und um ihre Techniken und Taktiken geht. Sie denken, sie könnten sich den Weg zur Duplikation erkämpfen, aber das ist nicht möglich. Duplikation kann nicht durch Druck erfolgen, sie muss durch Anziehungskraft entstehen.

> *Du steigst nicht auf das Niveau deiner Ziele hinauf. Du fällst auf die Ebene hinunter, wie duplizierbar (oder wie unduplizierbar) dein System ist.*

Wahrheit Nr. 2: Wenn du deine Linien "vorantreibst", werden sie sich nicht duplizieren. Du musst sie durch Menschen und durch Arbeitsprozesse aufbauen.

Wir können für Motivationsgeschrei und für viel lautes Trara sorgen. Wir können neue Leute untereinander einschreiben, so dass sie schneller und ohne persönlichen Aufwand in die nächste Stufe aufsteigen. Diese Art künstlicher Wachstumstreiberei ist jedoch nicht duplizierbar.

Du musst dazu bereit sein, die einzelnen Bausteine aufeinander zu türmen. Indem du deine Mitarbeiter aktivierst und sie darin schulst, durch effektive Arbeitsweisen neue Kunden und Vertriebspartner zu gewinnen. Diese „gesicherten" Arbeitsweisen schützen sie (und dich) vor unnötigen Ausfällen und Sackgassen.

Sei dazu bereit, dich von schnelllebigen Abkürzungen fernzuhalten und dein Geschäft für langfristige Erfolge aufzubauen. Denke daher bei jeder wichtigen Entscheidung an die Philosophie des Irokesen-Stammes: Überlege nicht, wie sich etwas auf deine Kinder oder die Kinder deiner Kinder auswirkt. Frage dich, welchen Einfluss diese Vorgehensweise auf die siebte Generation haben wird.

WAHRHEIT NR. 3: JE GENAUER DU DICH AN DIE FORMEL HÄLTST, DESTO BESSER WIRD DEINE DUPLIKATION.

Wie diese Formel lautet? Es gibt einen dreiteiligen Prozess, der tatsächlich zur Duplikation führt.

> *Ermögliche einer Vielzahl von Menschen fortlaufend einige einfache Handlungsweisen auszuführen.*

Lass uns diese drei Teile analysieren. Der erste Teil besteht darin, eine ausreichend große Gruppe zu haben. Wenn es sich nur um dich und ein oder zwei andere Leute handelt, verfügst du nicht über die ausreichende Masse, um die Duplikation in Gang zu bringen. Du musst solange neue Partner gewinnen, bis du über eine ausreichende kritische Masse verfügst, damit der Duplikationsprozess gestartet werden kann.

Der zweite Teil lautet, einige einfache Handlungen auszuführen. Du musst dies auf die einfachsten und grundlegendsten Elemente herab reduzieren. Jeder zusätzliche Teil, der das System komplexer werden lässt, hat eine Verringerung deiner Duplikation zur Folge. Du wünschst dir daher möglichst einfache Aktionen. Und es dürfen auch nur ein paar wenige Aktionen sein.

Dann müssen diese Maßnahmen natürlich fortlaufend wiederholt werden. Du kannst nicht drei Wochen lang mit einem großen Energieschub an die Arbeit gehen und dann einen Monat lang untertauchen. Arbeite kontinuierlich und erschaffe in deinem Team eine Kultur der Kontinuität. Um ein erfolgreiches Geschäft aufzubauen, müssen sich die Partner 10 bis 15 Stunden pro Woche für ihren Aufbau einsetzen. Und zwar jede Woche.

WAHRHEIT NR. 4: DU KANNST NUR DANN DIE BESTE ENTSCHEIDUNG TREFFEN, WENN DU ÜBER STICHHALTIGE ZAHLEN VERFÜGST.

Umfrageinstitute können für eine große Gruppe von Menschen fundierte Vorhersagen treffen, indem sie eine sehr viel kleinere Zahl von Personen befragen. Der Schlüssel hierzu lautet, eine „repräsentative Umfrage" zu erheben. Dies bedeutet, dass genügend Antworten gesammelt werden, um sicherzustellen, dass die Gruppe der Menschen, unter denen die Umfrage durchgeführt wurde, ein genaues Spiegelbild der größeren Gruppe darstellt. In unserem Geschäft verhält es sich genauso.

Wenn du in Iowa lebst, denkst du vielleicht, dass die beste Zeit für ein Meeting um 17 Uhr nachmittags ist, weil alle Leute, die du kennst, in der Landwirtschaft arbeiten und um 4 Uhr morgens aufstehen. In Buenos Aires ist der beste Zeitpunkt für ein Meeting aber möglicherweise um 22:00 Uhr, da die meisten deiner Freunde erst um 20:00 Uhr oder um 21:00 Uhr zu Abend essen. Ziehe keine Schlussfolgerungen, die nur auf deiner persönlichen Situation oder Weltanschauung beruhen.

Nur weil die ersten beiden Personen, denen du von deinen Produkten erzählt hast, eine Allergie gegen Sojaeiweiß haben, bedeutet dies nicht, dass Soja-Produkte nicht marktfähig sind. Und ja, deine vier besten Freunde von der High School mögen vielleicht denken, dass deine Produkte zu teuer sind. Aber wenn sie aus dem ärmsten Segment ihrer sozioökonomischen Gruppe stammen, spiegelt dies nicht das Gesamtbild wieder.

Triff keine Annahmen, bis du nicht mindestens 1.000 Partner in deinem Team hast. Aber bleibe selbst dann noch achtsam. Und verwende die folgende Frage, um deine Leitlinie festzulegen:

Was ist für die meisten Menschen am leichtesten duplizierbar?

Wahrheit Nr. 5: Dein System sollte auf der Vorgabe basieren, dass alle Teammitglieder drei Handlungen gleichzeitig ausführen. Diese sind: Lernen, Tun und Lehren.

Dies ist ein wichtiges Prinzip, das ich bereits in der Originalausgabe von *Wie baue ich eine Multilevel Geldmaschine?* baut erwähnt habe. Und es ist heute genauso wichtig. (Vielleicht sogar noch wichtiger.) Wenn du davon abfällst, tust du es auf eigene Gefahr.

Natürlich wollen die Leute erst einmal zwei Monate lang nur alles lernen. Dann denken sie, dass sie anschließend die ersten Aktivitäten unternehmen werden. Und dann stellen sie sich vor, dass sie, nachdem sie reich und berühmt sind, zurückkehren und jedem Menschen zeigen werden, wie sie es getan haben. Aber so funktioniert es natürlich nur in der Fantasie. Denn selbst, wenn es bis zu einem gewissen Grad funktionieren würde (zuerst einmal alles zu lernen) - dann duplizieren die Leute, die du ins Geschäft bringst, den gleichen Prozess. Und dann zögert sich das Wachstum endlos hinaus. Die Zeitspanne, bis die Leute ernsthaft Geld verdienen, zieht sich so sehr in die Länge, dass die Ausstiegsquote dramatisch ansteigt.

Du machst deine Leute entweder in den ersten zwei Wochen erfolgreich oder du verlierst sie. Und die ersten 48 Stunden sind besonders entscheidend. Stelle daher unbedingt sicher, dass dein Ausbildungssystem deine neuen Mitglieder zum gleichzeitigen Lernen, Arbeiten und Lehren führt. Und zwar von Anfang an.

Wahrheit Nr. 6: Begründe alle Aktivitäten zur Partnergewinnung auf dem Informationswerkzeug einer dritten Person.

Dies ist einer der wichtigsten Punkte, den du deinem Team jemals beibringen wirst:

> *Wenn du einem Interessenten gegenüber sitzt und mit dieser Person redest, müssen deine Aussagen immer zu einem Werkzeug einer dritten Person hinleiten.*

Lass uns dies auf ein ganz einfaches Beispiel reduzieren. Dein Kunde sagt: "Ich bin allergisch gegen Soja. Enthält der Protein-Shake Soja?“ Natürlich weißt du die Antwort. Aber du antwortest nicht. Stattdessen greifst du nach einem Werkzeug, in diesem Fall nach deinem Katalog. Du zeigst auf die Zutatenliste und sagst: „Schau hier, der Shake enthält kein Soja.“

Wenn sich dein Interessent überlegt, das Geschäft selbst zu betreiben, hast du soeben das perfekte, duplizierbare Verhalten modelliert.

Denn unbewusst hat dein Interessent gerade gelernt, dass es in diesem Geschäft nicht erforderlich ist, zum Produktexperten zu werden, der alle Zutaten auswendig kennt. Man muss nur wissen, wo man die Antworten findet.

WAHRHEIT NR. 7: TÄTIGE KEINE ABSCHLÜSSE, LASS DIE MENSCHEN SICH ÖFFNEN.

Eine der schlimmsten Sachen, die du in unserem Geschäft tun kannst, ist, Abschlusstechniken und manipulative Techniken wie z.B. neurolinguistisches Programmieren (NLP) anzuwenden. Ich glaube, der Verkauf mit Hebelwirkung unterliegt diesem universellen Gesetz:

> *Je mehr du auf einen Abschluss abzielst, umso weniger wird sich diese Person duplizieren.*

Menschen, die man manipulieren oder überzeugen muss, damit sie einsteigen, kaufen zwar ein Starterset, sind aber die auch ersten, die wieder aussteigen. Also hör auf, Abschlüsse erzielen zu wollen und öffne die Menschen für dich.

Das heißt, präsentiere dein Angebot einfach auf die ehrlichste, aber überzeugendste Weise. Informiere deinen Interessenten über alle Vorteile, die er in deiner Produktlinie und deiner Geschäftgelegenheit finden kann, und dann lass diese Person entscheiden, was sie für die beste Wahl hält.

Wenn das bedeutet, dass sie Kunde sein möchte, ist das großartig.

Wenn das bedeutet, dass sie sich dem Geschäft anschließt, ist das großartig.

Wenn das bedeutet, dass sie nicht mitmacht, ist das großartig.

Bedanke dich für ihre Zeit und ihre Mühe, dann mach einfach weiter. Wenn sich in der Zukunft etwas in ihrem Leben ändert, kannst du eventuell zurückkehren und das Angebot erneut mit ihr durchgehen. Und wenn du diese Person beim ersten Mal mit Stil und Respekt behandelt hast, wird sie dich gerne auch ein zweites Mal willkommen heißen.

BESCHREIBE DAS SYSTEM ...

In den 1970er Jahren revolutionierte Franchising die Geschäftswelt. Das damals umstrittene Konzept sah vor, dass die Muttergesellschaft (der Franchisegeber) ein vollständiges Geschäftssystem mit Standortauswahl, Betriebsabläufen, Einkaufsanforderungen und Mitarbeiterschulungen bereitstellte. Der Franchisegeber stellte dieses Know-how und ein komplettes Geschäftsmodell gegen eine Vorabinvestition und laufende Umsatzbeteiligungen zur Verfügung.

Die Person, die das Unternehmen lizenziert hatte (Franchisenehmer), gab einen Prozentsatz ihres Gewinns ab, erhöhte ihre Erfolgschancen jedoch um ein Vielfaches. Dieses Konzept wurde als "schlüsselfertiges" Geschäftsmodell bezeichnet, da du einfach nur den Schlüssel umdrehen musstest, um die Tür zu deinem neuen Geschäft zu öffnen. Es wurden Schritt-für-Schritt-Anleitungen geliefert - von den einfachsten Details (welche Marke von Strohhalmen verwendet werden soll) bis zu den komplexesten Informationen (wie man die Küchen für die maximale Produktivität ausstattet). Für jede Facette des Geschäfts gab es gezielte Anleitungen und Vorgehensweisen.

McDonalds war und ist natürlich das beste Beispiel dafür. Wenn du abends um 19:00 Uhr in eine ihrer Filialen gehst, wirst du wahrscheinlich feststellen, dass diese von einem 19- oder 20-Jährigen betrieben wird, der erst vor kurzem aus seiner Teenager-Akne herausgewachsen ist. Es ist gut möglich, dass die Mutter dieses Burschen ihm nicht einmal ihren Volvo leihen will, weil sie ihm nicht vertraut. Trotzdem leite dieser junge Kerl mit Erfolg ein Unternehmen, das pro Jahr vermutlich mehr als 10 Millionen Dollar Umsatz erzielt. Worin besteht das Geheimnis?

Das Geheimnis steckt im System ...

Es ist eines der vollständigsten, detailliertesten und erprobtesten Systeme, die je entwickelt wurden. Ein System, das jeden 15-Jährigen in einen effektiven, effizienten und produktiven Mitarbeiter verwandeln kann. Ein bis drei Artikel gehören in diese Verpackung. Vier bis sechs Artikel gehören in die nächstgrößere Tüte. Hier sind die Servietten, die du verwenden musst; hier findest du diese Servietten. Das hier ist der Wochentag, an dem du Verbrauchsmaterialien bestellst. Dies ist der Zeitpunkt, an dem sie geliefert werden.

Dasselbe siehst du beim Militär. Zwanzigjährige Jungs fliegen einen Kampfjet, der mehr kostet als das Bruttosozialprodukt mancher Entwicklungsländer. Aber es gibt eine Checkliste vor dem Flug, eine Checkliste während des Fluges, eine Checkliste nach dem Flug und wahrscheinlich noch eine Checkliste für die Checklisten.

Die Einführung solcher Systeme verhalf den Erfolgsquoten neugegründeter Unternehmen zu einem Quantensprung. Heute wie damals verzeichnen Franchise-

Unternehmen einen weitaus höheren Erfolg als unabhängige Einzelunternehmen. Das Gleiche gilt für den Verkauf mit Hebelwirkung. Die Vertriebsgruppen, die über die besten Systeme verfügen, erzielen mit ihren Vertriebspartnern die besten Ergebnisse.

Ein duplizierbares System ist die Straßenkarte für den Erfolg in deinem Geschäft. Es sollte den gesamten Prozess, den ein Vertriebspartner durchlaufen wird, vollständig beschreiben und darlegen: Wo und wie man Interessenten findet, wie man sie anspricht, wie man sie sponsert und wie man sie trainiert, damit sie die höheren Stufen des Vergütungsplans erreichen. Jede Phase in diesem Prozess sollte klar definiert sein und dem Vertriebspartner zum jeweils richtigen Zeitpunkt beigebracht werden.

Wenn du Glück hast, wird dir bereits ein solches System zur Verfügung gestellt. Einige, die dies hier lesen, sind selbst an der Erstellung des Systems für ihr Team beteiligt. Und wenn du eine Führungskraft bist, die für die Gestaltung eines duplizierbaren Systems verantwortlich ist, solltest du diese vier wichtigen Aspekte analysieren und berücksichtigen:

1. **Wie funktioniert der Ablauf?**

   Wie viele Schritte gibt es und woraus bestehen sie?

   Wie unterscheidet sich der Ablauf in Bezug auf Produkt- oder auf Geschäftsinteressenten?

2. **Welche Werkzeuge gibt es?**

   Für jede Phase des Prozesses sollte ein entsprechendes Werkzeug (Video, Audio, Broschüre, Katalog, Produktmuster usw.) vorhanden sein.

3. **Existiert eine Aufstiegsleiter?**

   Stell dir das Ganze als deine Pipeline zur Interessentengewinnung vor. Damit meine ich den gesamten Ablauf (Präsentationen und entsprechende

Marketing-Werkzeuge), den du mit dem Interessenten durchgehst, der deine Geschäftsgelegenheit begutachtet.

Ich verwende den Begriff der "Aufstiegsleiter", weil ich glaube, dass der Prozess bei jedem Schritt eine Stufe nach oben gehen sollte. Das heißt, jeder weitere Schritt ist für den Interessenten ein wenig aufwändiger als der vorherige. Daher muss jeder Schritt genau festgelegt werden - welche Maßnahme ergriffen werden soll und welche Marketingmaterialien zu jeder Maßnahme gehören.

Zum Beispiel könnten diese Fortschritte wie folgt aussehen:

Einzelpräsentation oder Ansehen eines Videos

Wohnzimmerpräsentation oder ZOOM-Webinar

Hotelmeeting

Weltweite Live-Streaming-Präsentation

4. **Wie mache ich das Ganze messbar?**

   Das ist das ultimative Ziel eines Systems: Wachstum auf mess- und skalierbare Weise zu ermöglichen. Für alle unter euch, die kitschige Akronyme lieben, steht SYSTEM für *Save Yourself Stress, Time, Effort and Money!*

Suche also immer nach Möglichkeiten, wie du deine Tätigkeiten automatisieren kannst. Musst du dich wirklich zwei Stunden lang mit jedem neuen Teammitglied treffen, oder können sich neue Partner stattdessen auch ein Informationsvideo ansehen? Oder die Inhalte in einem Arbeitsbuch nachlesen? Musst du dich mit fünf verschiedenen Kandidaten in fünf verschiedenen Cafés treffen, oder könnten sie sich auch alle gleichzeitig eine Online-Präsentation ansehen?

Komponenten eines duplizierbaren Systems...

Folgendes halte ich für die wichtigsten Komponenten eines duplizierbaren Systems:

- **Ein standardisierter Präsentationsablauf.** Jede Präsentation, ob online oder offline, kurz oder umfangreich, sollte immer dem gleichen grundlegenden Muster folgen.
- **Ein physisches Präsentations-Werkzeug.** Dies könnte ein USB-Stick, ein A4-Flip-Chart oder ein anderes Werkzeug sein. Also etwas, das jemand in den Händen halten und verwenden kann, um einem Interessenten das Geschäft in einem Café, zu Hause oder im Konferenzraum vorzustellen.
- **Ein Online-Präsentationstool.** Auch für die digitale Welt muss es ein Werkzeug geben. Dabei kann es sich um ein Video handeln, das ständig auf auf einer Website zur Verfügung steht, oder um zeitlich festgelegte Live-Streaming-Präsentationen.
- **Ein Werkzeug zur Kontaktgewinnung am Massenmarkt.** Jeder von uns möchte heutzutage gerne Geld sparen, indem er alles digital erledigen will. Aber im Idealfall solltest du auch über ein Werkzeug zur Interessentengewinnung verfügen, das deine Teammitglieder an wirkungsvollen Orten platzieren können – z.B. auf dem Schreibtisch im Büro des Zahnarztes oder in der Tasche der Sitzlehne eines Flugzeugs.
- **Eine genau definierte Aufstiegsleiter.** Darüber haben wir oben schon gesprochen, dieser Ablauf ist von bedeutender Wichtigkeit. Auf diese Weise erhält dein Kanditat mit jedem Schritt vorwärts eine immer größere Bestätigung und noch stärkere psychologische Beweise dafür, dass es sich um eine wichtige Entscheidung handelt.
- **Eine standardisierte Einführung der neuen Mitglieder.** Es ist wichtig, dass jedes neue Teammitglied eine verbindliche Einführung erhält, um die grundlegenden Dinge zu erlernen: Bestellwesen, Back-Office, neue Partner einschreiben, den Kundendienst kontaktieren und weitere wichtige Maßnahmen. Und natürlich willst du, dass neue Partner sofort aktiv werden und die Kultur von gleichzeitigem Lernen, Tun, Lehren verinnerlichen.

Einige abschliessende Gedanken...

Du magst vielleicht mit anderen Menschen konkurrieren, die über bessere Kontakte, mehr Einfluss und bessere Fähigkeiten verfügen, als du es tust. Wenn sich diese Menschen aber nur auf ihre Vorteile verlassen, jedoch keinem duplizierbaren System folgen – während du genau dies tust – kannst du diese Menschen auf der Verdienstleiter leicht überholen.

Ich habe dir hier sieben Wahrheiten über die Duplikation geliefert und darüber, wie man ein System erstellt, um Duplikation zu fördern. Nun lass mich dir die ultimative Wahrheit zu diesem Thema geben:

> *Du hast nicht dann das perfekte duplizierbare System geschaffen, wenn es nichts mehr hinzuzufügen gibt. Du wirst das perfekte duplizierbare System geschaffen haben, wenn es nichts mehr gibt, was du darin weglassen kannst.*

Wenn du zur Geschäftsführung deines Unternehmens gehörst und dafür verantwortlich bist, ein System für dein Team zu erstellen, dann ist das, was du gerade gelesen hast, eine wirklich große Sache. Auf vielen verschiedenen Ebenen. Bitte lies dieses Kapitel deshalb noch mehrmals durch. Mach dir Gedanken über die von mir gestellten Fragen, damit du die einzelnen Schritte wirklich aufteilst und sie so einfach und so duplizierbar wie nur möglich machst. Die Ergebnisse, die du dadurch erhältst, werden sich dadurch in den folgenden Jahren in unvorstellbarem Maße für dich steigern.

Und als nächstes wirst du entdecken, wie du für geradezu gigantische Kundenumsätze sorgen kannst ...

Kapitel 6

Wie du gigantische Einzelhandelsumsätze entstehen lässt

Wenn du von Beruf Immobilienmakler bist, wachst du jeden Morgen auf und hast noch kein Geld verdient. Ziemlich blöd, oder? Es wäre doch sicherlich schön, aufzuwachen und ein Einkommen zu erhalten, das du dir schon zuvor verdient hast, nicht wahr?

Doch eine überraschend große Zahl von Vertriebspartnern in unserem Geschäft startet immer wieder auf ähnliche Weise in den Tag. Sie stehen jeden Morgen auf und müssen ein neues Kaninchen jagen, um etwas zu essen zu haben. Diese Situation wird normalerweise durch eines von drei ungünstigen Szenarien verursacht:

1. Möglicherweise haben sie ihr Geschäft nur per „Waljagd" aufgebaut, aber ihr Wal ist in einen anderen Ozean geschwommen.
2. Sie haben vergessen, dass Hebelwirkung nur dann funktionieren kann, wenn es einen stabilen Punkt gibt, an dem der Hebel ansetzen kann. Aber diese Leute haben sich so sehr darauf konzentriert, ausschließlich neue Mitarbeiter zu gewinnen, die ausschließlich neue Mitarbeiter gewinnen, dass eine Unternehmenskultur entstand, in der niemand einen Kundenstamm aufgebaut hat.
3. Sie fingen zwar an, Kunden zu gewinnen, haben diese aber anschließend ignoriert. Sie haben so viel Energie aufgewendet, um neue Rekrutierungsprofis zu suchen, dass ihre Kunden sich vernachlässigt fühlten und von dannen gezogen sind.

Lass uns noch einmal auf die grundlegende Wahrheit eingehen, die ich zu Beginn des Buches erwähnt habe. Alles in deinem Vergütungsplan und in der Rentabilität deines Unternehmens hängt von den Umsätzen ab, die durch Verkäufe von Produkten oder Dienstleistungen an Endverbraucher entstehen. Alles.

Und es geht nicht nur darum, dass diese Produkte den Endverbraucher erreichen. Sondern darum, dass diese Endverbraucher die Produkte bezahlen, mit ihnen zufrieden sind und immer und immer wieder nachbestellen.

Wie du weißt, wird ein Großteil deiner Verkäufe an Vertriebspartner gehen, die in ihrem eigenen Geschäft einkaufen und die Produkte selbst verwenden. Das ist großartig. Aber es ist nicht genug. Sowohl aus rechtlichen als auch aus finanziellen Gründen musst du eine schwunghafte Basis von Kunden erschaffen, die kein eigenes Geschäft aufbauen.

Viele Menschen werden den Nutzen deiner Produkten oder Dienstleistungen schätzen, haben aber – zumindest momentan - kein Interesse an einem eigenen Geschäft. Diese Personen sind die Grundlage für deinen Kundenstamm.

Setze dir zunächst das Ziel, eine Basis von mindestens 10 Einzelhandelskunden aufzubauen. (Und diese Zahl sollte mit zunehmender Dauer in deinem Geschäft noch wachsen. Wachsen sollte diese Zahl auch bei jedem deiner Teampartner – was letztendlich für noch mehr Hebelwirkung sorgen wird.) *Du willst deinen Kundenstamm kontinuierlich erweitern und aufbauen, um dir ein gigantisches Umsatzvolumen zu erschaffen.*

Hier ist ein weiterer spannender Aspekt, den du berücksichtigen musst: Ebbe und Flut in der Vertriebspartnergewinnung. Bestimmte Zeiten des Jahres (z. B. kurz nach Neujahr) sind in der Regel gute Zeiten, um neue Vertriebspartner zu gewinnen. Es wird aber auch Zeiten geben, in denen du Abschwünge erleben wirst. Wenn du in der westlichen Welt lebst, sind die letzten zwei oder drei Dezemberwochen ein viel härterer Zeitraum, um neue Geschäftsinteressenten zu finden. Und es gibt noch weitere Faktoren, z.B. die lokale Wirtschaftslage, Unruhen oder eine Vielzahl von unvorhersehbaren Ereignissen, die dazu führen können, dass deine Rekrutierungszahlen stagnieren oder sogar sinken.

Die Einstiegszahlen neuer Geschäftspartner durchlaufen also Zyklen des Auf- und Abschwungs. Sie tun es einfach. Aber weißt du was? Das Umsatzvolumen, das durch Stammkunden mit eigenem Abonnement oder Autoship-Programm entsteht, schwankt so gut wie nie. Wenn du also eine starke Kundenbasis aufbaust, bieten dir diese Umsätze in schwachen Rekrutierungsphasen eine schöne finanzielle Sicherheit, bis sich die Situation wieder gebessert hat.

In Kapitel 4 habe ich dir das Konzept des großen Rundumschlags vorgestellt. Wenn du dich erinnerst, lautete eines der Elemente darin:

Ein geselliges Beisammensein, um deinen ersten Kundenstamm aufzubauen.

Schauen wir uns an, wie das funktioniert. Diese Vorgehensweise hat eine meiner Führungskräfte in Italien ausprobiert und es hat so gut geklappt, dass wir den Vorgang letztendlich für das ganze Team übernommen haben. Das Konzept ist einfach: du lädst die 10 Menschen, die du am liebsten magst, zu dir nach Hause ein. Und du lässt sie wissen, dass du die "Eröffnung" deines neuen Geschäfts ankündigst. Du stellst die Produktlinie (natürlich mithilfe von Werkzeugen) vor und teilst deinen Freunden mit, dass du sie gerne als Kunden gewinnen möchtest.

Das ist viel einfacher als es aussieht - und auch deutlich wirkungsvoller ...

Was macht jemand, der eine Versicherungsagentur gründet, als Erstes? Er erzählt all seinen Freunde und Familienmitgliedern, dass er jetzt Versicherungen verkauft, und bittet sie, bei ihm anzurufen, wenn sie vorhaben, eine Police abzuschließen. (Wie oft hast du in den letzten Jahren ein solches Posting in deinem Facebook-Feed gesehen?)

Was ist das Erste, was jemand tut, der eine Massagepraxis eröffnet? Oder wenn deine Schwägerin, Nachbarin oder Teamkollegin ein neues Restaurant aufmacht, was macht sie dann als Erstes?

Genau.

Diese Menschen bitten andere Leute, die sie kennen, darum, dass sie zu ihren ersten Kunden werden. Du wiederholst also einfach diese bewährte, hocherfolgreiche Strategie, um dein eigenes neues Geschäft zu eröffnen. Und wenn du diese Ankündigungen auf die richtige Weise durchführst, wirst du ein paar unterhaltsame und profitable Zusammenkünfte erleben. In freundschaftlicher, statt in offizieller Form.

Wenn du Produkte zur Gewichtsreduktion anbietest, dann serviere auf jeden Fall einige Variationen deiner Produkte in Form verschiedener Smoothies und Snacks und lasse die Leute probieren. Wenn du Make-up oder Kosmetik anbietest, führe ein paar Schönheits-Make-ups vor oder biete eine unterhaltsame Produktschulung an. Setze Videos und andere Werkzeuge wie Kataloge oder Broschüren ein. Sorge dafür, dass dein Sponsor vor Ort oder per Internet-Stream anwesend ist. Diese Veranstaltung sollte definitiv eher eine Hausparty als eine Geschäftspräsentation sein. Kein Druckverkauf, keine manipulativen Abschlusstechniken.

Denke daran, du duplizierst einfach den gleichen Vorgang, den jemand anwendet, wenn er seine Versicherungsagentur oder ein Restaurant eröffnet: diese Person erzählt den Menschen, die sie kennt, von ihrem neuen Geschäft und sagt ihnen, dass sie deren Familienmitglieder und Freunde gerne als Kunden gewinnen möchte.

Wenn deine erste Reaktion lautet, dass du an deinen Freunden kein Geld verdienen möchtest, solltest du dies noch einmal gründlich überdenken. Denn meine umfangreichen Nachforschungen haben eines ergeben: dass deine Feinde wahrscheinlich keine Geschäfte mit dir machen werden. Weiterhin solltest du dich auch fragen, ob du wirklich an deine Produkte glaubst. Denn wenn du nicht möchtest, dass die Menschen, die du am meisten magst, deine Produkte kaufen, befindest du dich wahrscheinlich in der falschen Firma.

Vielleicht verfügst du einfach auch noch über ein zu geringes Selbstwertgefühl und fühlst dich unwohl, wenn du jemandem etwas in Rechnung stellst. Wenn dies der Fall ist, musst du dich den Problemen mit deinem Selbstbild stellen, oder du wirst niemals erfolgreich sein.

In seltenen Fällen wird es vorkommen, dass du jemanden sponserst, der dir mitteilt, dass er sich nicht an seine Freunde und Familie wenden möchte. In diesem Fall schlage ich vor, dass du jemanden anderen findest, mit dem du zusammenarbeiten kannst. Denn hier verschwendest du nur seine, aber auch deine eigene Zeit.

TIPPS ZUR UMSATZSTEIGERUNG

Hier sind einige wertvolle Tipps, mit denen du deine und die Umsätze deines Teams steigern kannst.

Habe eine „Kursänderungs-Frage" in petto

Du wirst unweigerlich viele Menschen ansprechen, denen du deine Geschäftsgelegenheit vorstellen möchtest. Eine ganze Reihe dieser Leute wird mit ihrer derzeitigen Arbeit oder Geschäftstätigkeit zufrieden sein. Manche werden denken, dass ein zusätzliches Geschäft für sie zu anstrengend wird. Und manche werden einfach nicht ehrgeizig genug sein, um mehr aus ihrem Leben zu machen. Wenn diese Menschen frühzeitig signalisieren, dass sie nicht an einem Geschäftsaufbau interessiert sind, solltest du eine Frage im Köcher haben, mit denen du das Gespräch umlenkst, um sie als Kunden zu gewinnen.

Beispiel: „Ich habe gefragt, weil ich ein Unternehmen besitze, das Menschen hilft, durch bahnbrechende Ernährungsprodukte ein besseres Leben zu führen. Ist das etwas, das Sie interessieren könnte?"

Ein anderes Beispiel: „Ich habe das angesprochen, weil ich ein Unternehmen besitze, das Menschen dabei hilft, etwa 20 Prozent ihrer Strom- und Telefonrechnung einzusparen. Würden Sie gerne Strom-, Telefon- und Internetkosten sparen? "

Liefere die erste Bestellung deiner neuen Kunden persönlich aus

Dies ist natürlich – je nach Produkt oder Dienstleitung - nicht bei jedem Unternehmen möglich. Aber wenn es bei dir machbar ist, kann es eine wirksame Methode sein, um eine enge Beziehung zu deinen Kunden aufzubauen. Manchmal erhalten die Leute ihre Erstbestellung, und wenn darin mehrere Artikel enthalten sind, lassen sie das Paket liegen, bis sie "Zeit haben, alles durchzuarbeiten".

Die Schachtel bleibt also zwei Wochen lang ungeöffnet und die Inhalte unerforscht. Bis deine Kunden dich dann fragen, ob sie eine Rückerstattung erhalten können. Wenn du aber vorbeikommst, die Schachtel öffnest, alles aus der Verpackung nimmst und genau vorführst, wie das Produkt verwendet / zubereitet / konsumiert wird, hast du eine viel höhere Erfolgsquote.

Halte Preis- und Nutzenvergleiche bereit

Verkauft dein Unternehmen Produktkonzentrate? Dann solltest du hierzu einige Daten haben. Zeige deinen Kunden, dass die Flasche deines Fensterreinigers, die für 15 Euro verkauft wird, etwa 10 Flaschen eines normalen Fensterreinigers entspricht, der im Supermarkt verkauft wird. Sei andernfalls nicht überrascht, wenn deine Kunden dein 15-Euro-Produkt mit einem 4-Euro-Produkt vergleichen und deshalb nichts bei dir kaufen.

Kostet dein Proteinpulver mehr als das Zeug im Reformhaus? Dann solltest du nachweisen können, dass es eine bessere Bioverfügbarkeit oder eine höhere Wirksamkeit liefert.

Lege dir eine Adressdatei zum Nachfassen an

Wende dich in den ersten Tagen an deine Kunden, um festzustellen, ob sie Fragen haben und mit dem Kauf zufrieden sind. Achte darauf, wann ihr Produkt zur Neige geht, und melde dich vorher bei ihnen, um eine Nachbestellung zu veranlassen.

Sorge für ausreichendes Inventar

Mir ist klar, dass die meisten Unternehmen die Produkte heutzutage selbst lagern und direkt zum Kunden versenden. Das sollte dich jedoch nicht davon abhalten, deine eigene Vorratshaltung zu betreiben. Möchtest du wirklich, dass dein neues Teammitglied vier oder fünf Tage warten muss, bevor es seine erste Bestellung erhält? Wie viel schneller wird es sein Geschäft aufbauen, wenn du deine Produkte sofort ausleihen kannst, damit es das Erlebnis sofort hat und umgehend seine eigene Produktstory entwickeln kann?

Du benötigst auch genügend Inventar, um den Gästen nach der Präsentation passende Muster anbieten zu können. Wenn du im Fitnessstudio trainierst und dich jemand fragt, was sich in deiner Shaker-Flasche befindet, sollten Produktproben in deinem Kofferraum, in deiner Sporttasche oder in deinem Schließfach vorrätig sein, damit du diese anbieten kannst. Wenn dich deine Freundin fragt, wie du deine Haut so strahlend schön hältst, dann willst du eine Dose Feuchtigkeitscreme zur Verfügung haben, die sie mit nach Hause nehmen kann.

Bringe in Erfahrung, ob es für deine Präsentationen eine "Hammer"-Produktdemonstration gibt.

Hier sind einige der besten Beispiele von Vorführungen, die ich im Laufe der Jahre gesehen oder selbst eingesetzt habe ...

- Wenn deine Firma Reinigungsprodukte verkauft, trage schwarze Schuhcreme auf einen weißen Teppich auf. Sprühe den Reiniger auf den Teppich und wische dann die schwarze Schuhcreme ab.
- Wenn du Vitamine vertreibst, gib ein bekanntes Markenvitamin in ein klares Glas Wasser. Dann gibst du dein wasserlösliches Vitamin in ein anderes klares Glas. Dieses lässt du während der gesamten Präsentation auf dem Rednerpult stehen. Am Ende des Abends lenkst du die Aufmerksamkeit der Menschen wieder auf die Gläser. Dann demonstrierst du, dass sich dein Vitaminprodukt vollständig aufgelöst hat, während das Produkt des Wettbewerbers immer noch fest ist und höchstwahrscheinlich nur den Verdauungsweg der Menschen durchläuft, ohne einen echten Nährwert zu liefern.
- Für Produkte zur Gewichtsreduktion: Wenn du 10 Kilo mit deinen Produkten verloren hast, frage den Metzger in deinem Supermarkt nach 10 Kilo Schweinefett. Bringe es in einer Plastiktüte zu deinen Präsentationen und halte es an deinen Bauch (oder an deinen Hintern), um zu zeigen, welche Ergebnisse mit deinen Produkten erzielt werden können.
- Wenn du Strom- oder Internet-Dienste anbietest: Angenommen, dein Angebot bietet dem durchschnittlichen Verbraucher eine monatliche Ersparnis von 25 Euro. Was wäre, wenn du ein Diagramm erstellen würdest, das die Ergebnisse zeigt, wenn diese 25 Euro über 10, 20 und 30 Jahre auf ein Sparkonto mit Zinseszins eingezahlt werden?
- Wie wäre es mit der Einrichtung einer Facebook-, WhatsApp- oder einer anderen Social Media-Gruppe? In welcher regelmäßige Updates, Tipps, Testimonials und hilfreiche Informationen zu deinen Produkten und deren Wirkungsweise für die Anwender gepostet werden? (Mehr dazu in Kapitel 9.)

Überwältige deine Kunden mit der Art von persönlicher Aufmerksamkeit, die sie sonst nirgendwo bekommen

Wenn du bei Young Living bist, heißt deine Konkurrenz nicht DōTERRA. Wenn du bei Nu Skin bist, besteht deine Konkurrenz nicht aus Partnern von Mary Kay oder Avon. Wenn du bei Herbalife bist, ist deine Konkurrenz nicht FLP oder Amway. Dein größter Konkurrent ist wahrscheinlich das Smartphone in deiner Tasche.

In einem Online-Interview fragte mich John Milton Fogg, was meiner Meinung nach die größte Herausforderung für das Direktvertriebsgeschäft sei.

Statt ihm zu antworten, wandte ich mich an mein Amazon Echo-Gerät und sagte: "Alexa, ich möchte Vitamine kaufen."

Sie antwortete: "Hier ist, was ich gefunden habe. Basierend auf Ihrer Bestellhistorie... "Ich unterbrach sie und sagte: "Alexa, kauf das Vitamin."

Die gesamte Transaktion benötigte ungefähr elf Sekunden. John starrte mich total verblüfft an.

"Das ist deine größte Herausforderung", sagte ich zu ihm.

Und jetzt sage ich es zu dir. Amazon, Shopify, eBay und all diese anderen Online-Marktplätze sind die größte Bedrohung für unser Geschäft. Du musst deinen Kunden zeigen, dass du ihr Nr.1-Coach, -Trainer und -Mentor bist - und dass sich niemand auf der Welt besser um sie kümmert als du es tust.

Der Hebelfaktor

Wie du siehst, hast du viele Möglichkeiten, deinen Kundenstamm aufzubauen und deine Umsätze zu steigern. Dies ist ein gutes Geschäft, da du Gewinne im Einzelhandel erzielst, ein Passiveinkommen erschaffst und ein Gruppenvolumen aufbaust, das dich für einen schnelleren Aufstieg und für höhere Provisionen qualifiziert. Richtig gut wird das Ganze aber, wenn deine Gruppe in die Tiefe wächst. Das ist der Zeitpunkt, an dem die Magie der Hebelwirkung ihre überproportionale Wirkung zeigt.

Nehmen wir an, du hast eine Gruppe von 27 loyalen Vertriebspartnern, die deine Produkte lieben und selbst verwenden. Der durchschnittliche monatliche Verbrauch in dieser Gruppe beträgt 75 Euro pro Partner. Dann hast du einen Gruppenumsatz von etwas mehr als 2.000 Euro, auf die deine Provisionen berechnet werden.

Jetzt lass uns einbeziehen, dass jeder mindestens 10 Einzelhandelskunden hat ...

Angenommen, der durchschnittliche Kunde gibt 45 Euro im Monat aus, dann lautet die Rechnung (27 x 75) + (27 x 10 x 45). Jetzt hast du einen Gruppenumsatz von über 14.000 Euro, worauf du Provisionen erhältst. *Das ist ein enormer Anstieg deiner Verdienste - für die genau gleiche Gruppe von 27 Vertriebspartnern.*

Willst du, dass es sich richtig gut anhört? Dann rechne das Beispiel mit einem Team von 500 Leuten aus ...

Wenn du 500 Teammitglieder hast, die jeweils Produkte für 75 Euro verbrauchen, hast du eine Umsatzbasis von 37.500 Euro, auf die du Provisionen erhältst. Jetzt lass uns wieder einen Kundenstamm von jeweils 10 Personen berücksichtigen. Schau dir jetzt die Hochrechnung an: (500 x 75) + (500 x 10 x 45). Dann siehst du Umsätze von über 250.000 Euro, auf die du Provisionen erhältst. *Mit der gleichen Anzahl an Vertriebspartnern.*

Wenn du diese Rechnung auf große Teams von 10.000, 20.000 oder mehr Partnern überträgst, sind die Zahlen schwindelerregend. Aus diesem Grund gibt es in unserer Branche Führungskräfte, die monatliche Einkommen in Größenordungen verdienen, vor denen die meisten Menschen Angst haben, überhaupt davon zu träumen.

Wenn du eine starke Kultur der Kundengewinnung erschaffst, dann übst du Hebelwirkung auf deine Hebelwirkung aus.

Noch eine Überlegung: Was ich dir hier gezeigt habe, sind einige wirkungsvolle Strategien, mit denen dein Team viele Kunden gewinnt. Doch es gibt auch eine Kehrseite. Du musst gleichzeitig sicherstellen, dass diejenigen, die ein Team aufbauen möchten, es mit der Kundenakquise nicht übertreiben. Damit sie den Aspekt des Teamaufbaus nicht aus den Augen verlieren.

Viele Menschen steigen bei uns ein, weil sie die Produkte lieben und versuchen, ihr Geschäft als Produktexperten aufzubauen. Aber Experten duplizieren sich nicht. Wenn du nicht aufmerksam bist, werden sich die Leute als Gesundheitscoaches, Schönheitsgurus, usw. sehen - und nicht als jemanden, der ein Geschäft mit einem Passiveinkommen aufbaut. Sorge dafür, dass deine Partner die Werkzeuge der dritten Person zu den Experten machen. Dann wird ihre (und deine) Tätigkeit duplizierbar.

Im nächsten Kapitel gehen wir darauf ein, wie du die neue Hebelwirkung deiner Produkte mit einer Strategie kombinierst, durch die du die besten Talente zur Erweiterung deines Teams finden kannst ...

Kapitel 7

Wie du die besten Talente findest

Als ich aus meinem Haus eilte, zog ich noch kurz mein Handy heraus und tippte die Nummer meiner Mutter ein. Leider erreichte ich nur ihren Anrufbeantworter. Also hinterließ ich folgende Nachricht:

> „Hallo Frau Gage. Ich möchte Ihnen nur kurz mitteilen, dass Ihr Sohn auf dem Weg ist, mit dem Präsidenten der Vereinigten Staaten zu Mittag zu essen. Liebe dich, tschüss."

Meine Mutter hat alleine drei Kinder groß gezogen und putzte Klinken, um Avon-Produkte zu verkaufen. Und das waren damals noch andere Zeiten. Anders als heute, wenn jemand einen Katalog in sein Büro nimmt und seine Kollegen fragt, ob sie etwas bestellen möchten. Oder einfach nur ein paar Bilder auf Instagram veröffentlicht. Meine Mutter ging von Tür zu Tür, Wohnung für Wohnung und polierte buchstäblich Klinken, um ihre drei Kinder zu ernähren.

Ich wünschte, ich könnte dir erzählen, dass ich die Anstrengungen meiner Mutter zu diesem Zeitpunkt zu schätzen gewusst und die Opfer verstanden hätte, die sie erbrachte, um für uns zu sorgen. Aber das wäre gelogen. Meinen Lebenszweck zu erkennen und herauszufinden, wie ich mein Leben führen wollte, war für sie und für mich ein mühsamer Prozess. Ich war ein alkohol- und drogenabhängiger Teenager, was zu vielen schlechten Entscheidungen führte. Die Dinge spitzten sich zu, als ich meinen 16. Geburtstag im Gefängnis feierte und auf meine Verhandlung wegen bewaffneten Raubes wartete.

Ich hatte das Glück, Menschen zu haben, die sich um mich kümmerten und sich bemühten, mich bei einer Änderung meines Lebensweges zu unterstützen.

Als ich ihr im Jahr 2012 diese Nachricht hinterließ, gab es dafür einen einfachen Grund. *Ich wollte, dass sie stolz darauf sein konnte, wer sie war und was sie für mich getan hatte.*

Jedes Mal, wenn ich in diesen Tagen vor einer schwierigen Entscheidung stehe, halte ich den Atem an und frage mich: Wird das, was ich tue, meine Mutter stolz machen?

Warum erzähle ich dir das alles?

Weil es der beste Rat ist, den ich dir zum Aufbau deines Geschäfts geben kann. Baue etwas auf, worauf du stolz sein wirst. Baue dir ein Geschäft auf, auf das die Menschen, die dich erzogen haben, stolz sein werden.

Ethisches Verhalten praktizieren

Ich habe schon darüber gesprochen, dass wir Abstand von all dem Werberummel, der Manipulation und den fragwürdigen Praktiken nehmen sollten. Du musst erkennen, dass einige dieser Geschäftstaktiken zwar kurzfristig wirksam sind, dass sie dich aber langfristig nicht dahin bringen, wohin du letztendlich kommen willst. Ich wette, viele Menschen wären überrascht, wenn sie erfahren, dass eine moralische und ethische Herangehensweise vom Marketing-Standpunkt aus die effektivste Weise ist, ein stabiles Geschäft aufzubauen. Bevor wir uns also mit dem Thema der Interessentengewinnung befassen, müssen wir uns den Faktor Ethik aus der Vogelperspektive ansehen.

Ja, wir konkurrieren alle miteinander. Du stehst mit vielen anderen Unternehmen im Wettbewerb, die denselben Kandidaten für ihr Geschäft gewinnen wollen, den auch du gern für dein Geschäft haben möchtest. Und du konkurrierst sogar mit anderen Vertriebspartnern in deinem eigenen Unternehmen. Du könntest dich auch in einer Situation wiederfinden, in der du, dein Sponsor und einer deiner eigenen Downline-Partner um denselben Interessenten kämpfen.

Aber bevor du nun in eine Belagerungsmentalität verfällst, hilft ein kleiner Wandel der Perspektive. Derzeit leben 7,7 Milliarden Menschen auf diesem Planeten. Die überwiegende Mehrheit davon ist nicht in unserem Geschäft tätig. Du brauchst also nicht all diese Leute in deinem Team, um ein profitables Geschäft zu besitzen. Du brauchst nicht die Hälfte von ihnen, kein Drittel, kein Viertel, noch nicht einmal ein halbes Prozent. (Ich persönlich wäre froh, wenn ich nur zwei Millionen – das sind weniger als 1 Promille - in meinem Team hätte.)

Es ist also ziemlich dumm, sich um den Kuchen zu streiten – also den Leuten nachzujagen, die bereits in unserem Geschäft tätig sind. Wäre es nicht viel schlauer, wenn wir uns stattdessen alle darauf konzentrieren würden, einen größeren Kuchen zu backen?

Lasst uns also darin einig sein, auf integre Weise mit anderen Firmen in die Art von Wettstreit zu treten, die unserer gesamten Branche dienlich ist. Dies können wir anhand von fairer Marktabgrenzung tun. Aber nicht, indem wir andere Unternehmen schlecht reden. Statt darüber zu sprechen, was du bei anderen für falsch hältst, solltest du darüber sprechen, was du in deiner Firma großartig findest.

Wenn du dich mit einem Interessenten unterhältst, beantworte seine Fragen direkt und ohne irgendwelche Täuschungsmanöver. (Und wenn du schlau bist, verwendest du hierzu ein Werkzeug, das aus der Perspektive einer dritten Person spricht.) Wenn du keine Antwort hast, erfinde nicht einfach eine. Versprich stattdessen, die Antwort herauszufinden und dich dann wieder zu melden.

Halte dich an die Gesetze, die in deinem Land für Produkt- und Einkommensaussagen gelten. Du hast es nicht nötig, mit den Einkommensbeispielen zu übertreiben. Wie meine Freundin Dana Collins immer sagt: "Die Wahrheit ist gut genug."

Mache nicht die Berufe oder Ausbildungen anderer Menschen mies. Greife auch nicht auf Manipulationsmethoden zurück. Verzerre nicht die Wahrheit und greife niemanden an. Es ist wirklich nicht notwendig, mit trickreichen Abschlusstechniken zu arbeiten, zu übertreiben oder Hardselling-Methoden anzuwenden. Bei echtem langfristigen Erfolg geht es darum, Probleme zu lösen und Nutzen zu schaffen. Wenn du deinen Fokus nicht darauf richtest, was du verkaufen möchtest, sondern dich darauf konzentrierst, wie du Probleme lösen oder einen Nutzen für deine Interessenten schaffen kannst, erzielst du einen viel größeren Erfolg.

Und noch eine Sache…

Lasst uns ein für alle Mal all die Albernheiten über die Angst vor Ablehnung aus dem Weg räumen. Die meisten Menschen denken nicht an dich und an dein Unternehmen. Sie verschwenden nicht einen einzigen flüchtigen Gedanken daran. Nicht einmal die Leute, die dich kennen und lieben. Sie denken über die Probleme nach, mit denen sie in ihrem eigenen Leben zu tun haben. An die Rechnungen, die sie bezahlen müssen ... Daran, was diese Woche bei Netflix läuft ... An ihren nächsten Termin beim Zahnarzt ...

Wenn du sie also anrufst und dazu einlädst, sich ein Video anzusehen, zu einem Treffen zu kommen, ein Webinar anzusehen, usw., werden sie sich dein Angebot überlegen. Werden ja oder nein sagen. Werden den Hörer auflegen und drei Sekunden später nach der Fernbedienung ihres Fernsehers greifen. Oder sich ein Video einer Katze ansehen, die auf einem selbstfahrenden Staubsauger sitzt.

Warum machst du also nicht einfach weiter und fährst fort, deine Einladungen auszusprechen?

Möchtest du wissen, wer die *besten und qualifiziertesten Interessenten* für dein Geschäft sind? Die Antwort ist einfach. Es *sind diejenigen, die sich einschreiben und dann an die Arbeit gehen.* Wie findest du die Leute, die sich einschreiben und an die Arbeit gehen? Das ist noch einfacher. *Es sind die Leute, die übrig bleiben, nachdem die anderen „Nein" gesagt haben.*

LASS UNS NUN DARÜBER SPRECHEN, WIE DU DIE EINSTELLUNG EINES TOP-REKRUTIERERS ENTWICKELST

Möglicherweise musst du deine Denkweise aufs Neue programmieren. Hör auf, über Fragen der folgenden Art nachzudenken:

- An wen kann ich dieses Zeug verkaufen?
- Wie kann ich Menschen manipulieren, damit sie mitmachen?
- Wen kann ich dazu bringen, dieses Zeug zu verkaufen?

Stell dir stattdessen Fragen wie diese hier:

- Wer braucht diese Produkte wirklich?
- Wem kann ich mit meinem Geschäft helfen?
- Wie kann mein Produkt oder meine Geschäftsmöglichkeit den Menschen in meinem Umfeld einen Nutzen bieten?

Wenn du in dieser Branche erfolgreich sein willst, solltest du dich mit deinem Geschäft identifizieren und es mit erhobenem Kinn betreiben. Du selbst kennst den wahren Wert deines Angebots am besten. Und dann möchte ich, dass du dir die eigentliche Frage stellst. Diese Frage, die du dir wirklich jeden Tag in deinem Geschäft stellen solltest, lautet:

Wie gewinne ich am besten die erstklassigen Talente, die ich für mein Team suche?

Sobald du diese Einstellung an den Tag legst, kannst Du Außergewöhnliches erreichen. Aber damit du ein Experte für Interessentengewinnung werden kannst, musst du zuvor einige grundlegende Fähigkeiten beherrschen. Die erste davon ist, neue Menschen kennenzulernen.

Warum ist das wichtig?

Weil du noch nicht all die Personen kennst, die dir dabei helfen werden, in deinem Geschäft erfolgreich zu sein. Tatsächlich kennt niemand, der in unserer Branche einsteigt, schon alle Menschen, die er braucht.

Jeder beginnt in diesem Geschäft mit seiner aktuellen Liste. Also mit den Leuten, die er momentan kennt. Und wie du mit dieser Liste umgehst, hängt davon ab, wie deine Beziehungen zu diesen Menschen bisher verlaufen sind.

Manche Leute könnten mit einer Liste von 25 Personen beginnen und 18 davon einschreiben. Andere beginnen mit einer Liste von 200 und gewinnen nicht einmal acht. Warum?

Oft liegt es nicht an ihren Einladungsfähigkeiten. *Es liegt daran, wie sie die Menschen auf dieser Liste behandelt haben, bevor sie dieses Geschäft begannen. Das sind die guten und die schlechten Nachrichten.*

Als ich im Direktvertrieb startete und anfing, meine Liste abzuarbeiten, waren meine Ergebnisse geradezu erbärmlich. Weshalb? Weil ich nicht besonders beliebt war. Meine Unterhaltungen mit Menschen, die ich kannte, bereiteten vielen dieser Personen keine Freude. Also war das Letzte, was sie wollten, noch mehr Zeit mit mir verbringen zu müssen. Auf meinem „Konto" befand sich bei diesen Menschen keinerlei Guthaben in Form von Glaubwürdigkeit, Sympathie oder Vertrauen.

Aber als ich nach einer längeren Pause erneut in dieses Geschäft einstieg, funktionierte meine Liste für mich hervorragend. Warum? Weil ich in meiner Persönlichkeit gewachsen war. Zu diesem Zeitpunkt beruhten meine Beziehungen zu den Menschen, die ich kannte, auf gegenseitiger Wertschätzung und Respekt. Doch auch wenn ich bei meinem zweiten Start über gute Kontakte verfügte, musste ich trotzdem neue Leute kennenlernen.

Und du musst es auch.

Ich habe Millionen Dollar an Provisionen verdient. Und weit mehr als die Hälfte davon entstanden durch Menschen, die ich zu Beginn nicht kannte. Und wenn du 10 Top-Führungskräfte befragst, sagen dir neun oder sogar alle zehn dasselbe.

Die Qualität der Beziehungen, die du früher zu anderen Menschen hattest, wird sich stark darauf auswirken, welche Ergebnisse du mit den Einladungen bei deinem Geschäftseinstieg erzielst. Einige von euch werden, wie auch ich, das persönliche Wachstum benötigen, das dieses Geschäft bietet, um mit ihrer ersten Liste gute Ergebnisse zu erzielen. Vielleicht funktioniert es für dich mit neuen Menschen, die du kennen lernst, sogar besser, weil du mit diesen Leuten ganz neu starten kannst.

An dieser Stelle erleben wir auch die Trennlinie zwischen Amateuren und Profis. Also zwischen den erfolgreichen Leuten und denen, die aufhören, ohne es jemals zu schaffen. Der Amateur findet Ausreden über die Art oder Anzahl der Menschen, mit denen er bekannt ist.

Neue Menschen kennen lernen

> *Der Profi, der seine Erfolge selbst erschafft, versteht hingegen, dass das Kennenlernen von Menschen eine Fähigkeit ist, die sich erlernen lässt.*

Einigen von euch, die das hier lesen, fällt es leicht, Menschen kennen zu lernen, weil sie von Natur aus extrovertiert sind. Ihr könnt die nächsten Absätze überspringen. Andere sind introvertiert und scheuen sich, neue Leute kennenzulernen. Als ein Introvertierter, der dieses Geschäft mit einer ausgeprägten Sozialphobie begonnen hat (und manchmal immer noch darunter leidet), möchte ich dich wissen lassen, dass es einige großartige Möglichkeiten gibt, um auf unbedrohliche Weise neue Leute kennen zu lernen.

Eine der wichtigsten Voraussetzungen hierfür ist meiner Meinung nach eine gemeinsame Erfahrung oder eine vorhandene Gemeinsamkeit. Wenn du in einem Trikot der New York-Yankees die Straße entlang gehst und jemand auf dich zukommt, der ebenfalls ein Yankees-Trikot trägt, wirst du wahrscheinlich fröhlich gegrüßt.

Wenn du um 6 Uhr morgens mit deinem Hund spazieren gehst und jemand anderer ebenfalls mit seinem Hündchen Gassi geht, werdet ihr wahrscheinlich mühelos eine Unterhaltung beginnen.

Und du kannst deinen Kopf darauf verwetten: wenn du schwanger bist oder ein Baby in einem Kinderwagen vor dir herschiebst und auf jemanden in der gleichen Situation stößt, werdet ihr innerhalb von drei Sekunden miteinander plaudern, als ob ihr euch seit 30 Jahren kennen würdet.

Dies liegt daran, dass ihr eine gemeinsame Erfahrung habt, die eine sofortige Bindung entstehen lässt. Das gleiche passiert, wenn du im Kino in der Schlange stehst, um den neuesten Marvel-Superhelden-Film zu sehen. Oder wenn du aus deinem blauen Camry aussteigst und jemand anderer neben dir seinen blauen Camry einparkt.

Eines Tages hatte ich die tolle Idee, einer Softball-Liga beizutreten. Also antwortete ich auf eine Anzeige und wurde von einem Team abgeholt. Auf dem Weg zum Feld bekam ich zum ersten Mal eine Panikattacke, weil mir dämmerte, dass ich dort keinen Menschen kennen würde. Aber mein Wunsch, Softball zu spielen, war größer als meine Angst auf fremde Menschen zu treffen. Also machte ich weiter. Und seitdem habe ich buchstäblich Millionen von Dollar durch Menschen verdient, die ich in dieser Softball-Liga getroffen habe.

*Denke an Orte und Aktivitäten,
die dir Spaß machen werden – dann wird deine
Vorfreude größer sein als deine Angst.*

Einige großartige Orte, um exzellente Interessenten zu treffen, sind Kurse in spirituellen Zentren, Weiterbildungsveranstaltungen, Sprachlernclubs, Sportvereine, öffentliche Seminare, sowie Online-Gruppen und -Foren.

Meine „Geheimwaffe", um großartige Kandidaten zu treffen, sind Autowaschanlagen mit Handwäsche-Service. Die Leute, die diese Dienstleistung nutzen, haben teure Autos, was bedeutet, dass sie wahrscheinlich ehrgeizige und erfolgreiche Menschen sind. Sie sind bereit, mehr für eine Handwäsche zu bezahlen, damit ihr Auto keine Kratzer bekommt. Das bedeutet, dass sie intelligent und bereit sind, in das zu investieren, was ihnen wichtig ist. In der Regel haben sie auch „Benzin im Blut". Während sie herumstehen und darauf warten, dass ihr Auto fertig wird, unterhalten sie sich mit den anderen über ihre Autos.

Einige wichtige Punkte, die du in Erinnerung behalten solltest:

- Am Anfang wirst du für die Persönlichkeit bezahlt, die du warst, bevor du in dein Unternehmen eingestiegen bist.
- Die großartigen Kandidaten befinden sich nicht bei dir zu Hause. Die Menschen, die dort leben, sind entweder bereits eingestiegen oder es sind keine guten Interessenten.
- Wir nennen es zwar "Beziehungsmarketing". Aber wie Wes Linden gerne sagt: "Die Beziehung kommt vor dem Marketing."
- Warte nicht, bis du deine erste Liste abgearbeitet hast. Neue Leute kennen zu lernen, sollte für dich eine kontinuierliche Vorgehensweise sein.
- Du kannst deine Erfolgschancen täglich verbessern, indem du heute neue Leute kennenlernst.

Die drei für dich wichtigsten Erkenntnisse lauten:

1. Neue Menschen zu treffen ist eine erlernbare Fähigkeit.
2. Es ist eine Fähigkeit, die du entwickeln kannst.
3. Erfolg ist eine logische Folge, wenn du neue Menschen kennen lernst und der Beziehung die Möglichkeit gibst, sich auf natürliche Weise zu entwickeln.

Versuche nicht, dein Geschäft vorzustellen, während du in der Schlange auf den Einlass zum neuesten Teil von „*Mission Impossible*" wartest. Und verteile auch keine Starterkits in deiner Yoga-Gruppe. Lerne Leute kennen und knüpfe Beziehungen. Füge diese Menschen dann deiner Interessentenliste hinzu. Dies führt uns zur zweiten Fähigkeit, die du entwickeln musst - das Erstellen einer Interessentenliste.

Die Kontaktliste be- und abarbeiten

Wir reden hier nicht über das *Erstellen* einer Liste. Ich nehme an, das hast du schon getan. Ich spreche davon, eine Liste zu *erarbeiten*. Interessentenlisten sollten lebendig sein - eine wachsende, atmende Einheit. Es ist nichts, was du einmal aufschreibst und dann in eine Schublade legst. (Das machen die Amateure.) Ein Profi aktualisiert seine Liste Woche für Woche.

Weshalb? Weil wir jede Woche wahrscheinlich zwischen sieben und 15 Personen treffen. Der neue Angestellte in deiner chemischen Reinigung. Jemand, der bei deiner Arbeitsstelle neu angefangen hat. Der Nachbar auf der Straße. Leute bei gesellschaftlichen Veranstaltungen wie einer Dinnerparty oder Babytaufe. Und während du im Internet surfst, wirst du wahrscheinlich noch mehr Leute kennen lernen. Die meisten Menschen erleben einfach nur deren normale tägliche Routine und sind sich ihrer Möglichkeiten gar nicht bewusst. Weil diese Dinge nicht genau passend zu dem Moment geschehen, in dem sie gerade an ihr Geschäft denken.

Wenn du deine Arbeit jedoch professionell angehst, dann denkst du stets an alle Personen, die du triffst und nimmst sie in deine Kontaktliste auf. Wenn dann jemand bei deinem Geschäft einsteigt, nimmst du diese Person von deiner Liste. Und wenn jemand eine Präsentation besucht, dein Angebot jedoch ablehnt, dann entfernst du diesen Namen entweder vollständig oder verschiebst ihn auf eine andere Liste. Dann kannst du in Zukunft nochmals nachfassen, wenn sich etwas im Leben dieses Menschen ändern sollte. Um ein Meister in der Partnergewinnung zu werden, musst du in der Lage sein, deine Kandidatenliste so zu handhaben, wie ein Virtuose seine Geige spielt.

Wirkungsvolle Einladungen aussprechen

Die dritte grundlegende Fähigkeit, die deine Ergebnisse der Partnergewinnung stark beeinflusst, sind deine Einladungsfähigkeiten. *Wenn wir unseren Fähigkeiten einen Wert zuweisen wollen, dann ist deine Fähigkeit zum Einladen neuer Gäste mit Sicherheit die lukrativste.* Je besser du darin bist, desto erfolgreicher wirst du auch in deinem Geschäft. Denn das Einladen ist die Schlüsselfähigkeit zu allem, was wir tun. Du lädst Leute zu Einzelgesprächen, Zusammenkünften, Hotelbesprechungen und Online-Präsentationen ein. Lass uns daher jetzt genauer herausfinden, wie du überzeugende Einladungen aussprechen kannst. (Anschließend erläutern wir dann im folgenden Kapitel, wie du die tatsächlichen Präsentationen hältst, zu denen du Menschen einlädst.)

Du weißt, dass du im Rahmen deines großen Rundumschlags Gäste zu zwei oder drei Wohnzimmertreffen einladen wirst. Anschließend willst du eine elektronische Kampagne via E-Mail-, SMS- und Messaging-Apps durchführen. Beginnen wir also damit, wie du die meisten Leute dazu bringst, an deiner Startpräsentation teilzunehmen.

Beim Einladen dreht sich alles um deine Haltung und um deine Verbindung zu deinem Gegenüber. Eine schwache Haltung führt zu einer geringen Akzeptanz bei deinen Ansprechpartnern. Eine unangenehme Haltung erzeugt eine noch schlechtere Reaktion als eine schwache Haltung. Du musst eine starke, aber freundliche Haltung an den Tag legen. Dein Interessent muss einen direkten Zusammenhang zwischen dem erkennen, was für ihn wichtig ist, und dem, wozu du ihn einlädst.

Die drei Merkmale für eine erfolgreiche Einladung sind Leidenschaft, Intensität und Dringlichkeit. Diese Eigenschaften sind auf Grund einer einfachen, aber grundlegenden Wahrheit erforderlich: weil deine Interessenten nicht wissen, was sie nicht wissen. (Und häufig wissen sie auch nicht, was in ihrem eigenen besten Interesse wäre.) Daher muss man der Sache also manchmal etwas wohlgemeinten Nachdruck verleihen. Damit eine Einladung überzeugend wirkt, muss es auch ein Spannungselement geben. Du darfst also nicht alles verraten, egal wie hartnäckig dein Interessent sein mag.

Wenn du einen Interessenten vor dir hast, der absolut nicht nachgeben will und der verlangt, dass du die gesamte Präsentation in deinem Einladungstelefonat hältst, dann beende das Gespräch und kontaktiere deinen nächsten Interessenten.

Die 10 Schlüssel erfolgreicher Einladungen

1. Sprich deine Einladungen immer per Telefon aus. Der Grund hierfür ist simpel: wenn du deine Interessenten im persönlichen Gespräch einlädst, haben sie die Möglichkeit, dich auszufragen. Sie versuchen oft, dich dazu zu bringen, ihnen alles genau zu erklären. In einem Telefonat ist es viel einfacher, das Gespräch zu beenden.

Und hier ist ein weiterer wichtiger Grund für telefonische Einladungen. Die meisten Leute telefonieren nicht mehr. Sie sind zu SMS oder Messenger-Apps übergegangen. Infolgedessen erhalten deine Interessenten nicht mehr viele Anrufe. Wenn jemand also tatsächlich im Stil des 20. Jahrhunderts angerufen wird, geht er davon aus, dass es sich um etwas Wichtiges handelt.

2. **Beende das Gespräch innerhalb von maximal zwei Minuten.** (Siehe auch Schlüssel Nummer Eins.) Mit diesem einfachen Vorgehen erhöhst du die Zahl deiner Zusagen. Und auch die Quote der Personen, die tatsächlich zu deiner Präsentation erscheinen. Und je mehr Leute du zu deinen Präsentationen bringst, desto mehr Leute bringst du ins Geschäft. So einfach ist das. Wenn du nach zwei Minuten noch in der Leitung bist, dann bettelst oder streitest du. Oder du beantwortest zu viele Fragen.

3. **Halte deine Traumkarte immer im Blickfeld.** Du musst deine Leidenschaft und deine Ernsthaftigkeit immer auf hohem Niveau halten. Eine der besten Möglichkeiten hierzu besteht darin, dass du dich darauf konzentrierst, warum du dieses Geschäft betreibst. Deine Traumkarte ist hierfür eine gute Erinnerung.

4. **Schließe den Ehe- oder Lebenspartner deines Interessenten in die Einladung ein.** Häufig wird jemand nach einer Präsentation hochmotiviert sein und auch sofort einsteigen. Dann kommt diese Person zu einem skeptischen Ehepartner nach Hause und steigt schneller aus, als sie sich angemeldet hat. Ein Paar hingegen, das sich gemeinsam zum Einstieg entscheidet, bleibt deinem Geschäft in der Regel erhalten. Weil der eine Partner den anderen in schwachen Momenten wieder ermutigen kann.

5. **Wiederhole die Details des Termins am Ende des Gesprächs.** Damit bestätigst du, dass ihr beide dasselbe gehört und den Termin in euren Gedanken verankert habt.

6. **Rufe niemals erneut an, um nochmals zu bestätigen.** Das führt nur zu Terminverschiebungen und Absagen. (Das Zusenden einer Google-Kalendereinladung oder die Verwendung eines ähnlichen Dienstes kann jedoch wirkungsvoll sein.)

7. Plane dir einen festen Zeitblock für das Tätigen von Einladungsanrufen ein. Blockiere dir zwischen 30 und 90 Minuten, um deine Anrufe ohne Ablenkung tätigen zu können. Das steigert die Dynamik und deine Produktivität. Und du erhältst genügend positive Rückmeldungen, um großen Andrang bei deinen Veranstaltungen zu erzeugen.

8. Beantworte Fragen mit einer Gegenfrage. Bei der eigentlichen Präsentation möchte ich, dass du jede Frage immer direkt beantwortest. Bedenke in der Einladungsphase jedoch, dass dein Interessent nicht weiß, was er nicht weiß. Du musst genügend Spannung aufrecht erhalten, indem du klar machst, dass er – wenn er ernsthaft interessiert ist – eine Chance haben muss, die Präsentation zu sehen. (Damit er genügend Informationen erhält, um die beste Entscheidung für sich zu treffen.) Das gelingt dir am besten, wenn du jede Frage mit einer Gegenfrage beantwortest. Ich gebe dir weiter unten noch einige Beispiele.

9. Passe deine Einladung dem Bedarf deiner Zuhörer an. Jedes Mal, wenn du weißt, was sich jemand für sein Leben wünscht, hast du die Möglichkeit, deine Formulierungen für diesen Menschen anzupassen und die Einladung hierdurch wirksamer zu machen. Wenn du jemandem nahestehst, hat diese Person möglicherweise erwähnt, dass sie ihren Überziehungskredit begleichen, die Auslandsreise ihres Kindes finanzieren oder ein neues Schlafzimmer einrichten möchte. Dann kannst du sie mit der Möglichkeit faszinieren, dass ihr Wunsch durch das, was du ihr zeigen wirst, wahr werden kann.

10. Höre nie nach einem unangenehmen Anruf auf. Wenn du einen Idioten am Apparat hast oder jemanden, der einfach nur zynisch und negativ ist, darfst du nach diesem Gespräch nicht aufhören. (Andernfalls ist die Gefahr groß, dass du dich in eine Negativspirale bringst.) Wenn du erkennst, dass du dich in einem unangenehmen Gespräch befindest, beende es schnell und ruf sofort die nächste Nummer auf deiner Liste an. Wenn dieser Anruf dann gut verläuft, bist du automatisch motivierter, ein weiteres und noch ein weiteres Gespräch zu führen. Lass die positive Energie sich selbst befeuern.

Aktuelle Einladungsvorlagen

Hier zeige ich dir einige der erfolgreichsten Einladungsvorlagen, die ich verwendet habe. Wenn du noch neu bist oder Probleme hast, andere Personen einzuladen, dann sind diese Informationen hilfreich. Der Schlüssel besteht darin, diese Vorlagen als Leitfaden zu verwenden. So, dass du herausfindest, welcher Ansatz für dich am besten geeignet ist. Aber denke daran: Eine entspannte, natürliche Einladung - auch wenn sie nicht perfekt ist - übertrifft immer eine perfekt getextete Einladung, die offensichtlich abgelesen wird. Sieh dir diese Vorschläge an, wähle einen aus, der für dich geeignet ist und passe ihn dann an deinen Stil und deine Persönlichkeit an. Ich habe die Vorschläge in Kategorien für verschiedene Szenarien unterteilt.

Zu einem Live-Event einladen

Mit diesem ersten Vorschlag kannst du Personen zu einer persönlichen Besprechung einladen - unabhängig davon, ob es sich um ein Einzelgespräch, ein Wohnzimmertreffen oder um eine Hotelveranstaltung handelt.

Frage zuerst: "*Hast du ein paar Minuten Zeit?*" Du musst sicherstellen, dass dein Gesprächspartner nicht mit einer dringenden Angelegenheit beschäftigt ist. Sollte dies der Fall sein, teile ihm mit, dass du nochmals anrufst und leg auf.

Wenn er oder sie ein paar Minuten Zeit hat, frage: "*Was machst du am Dienstagabend?*" Sagt dein Gesprächspartner, dass er abwesend oder beschäftigt ist, beende das Gespräch, ohne zu sagen, warum du angerufen hast. Er wird dich nach dem Grund fragen, aber sag einfach, dass du etwas mit ihm unternehmen wolltest und dass du es ein anderes Mal versuchst. (Alternativ, wenn du Einzelgespräche führst oder ein weiteres Meeting geplant hast, frage: "*Wie sieht es dann am Donnerstag aus?*")

In den meisten Fällen lautet die Antwort natürlich „Nichts" oder „Fernsehen". Dann sprichst Du die tatsächliche Einladung aus. Denke an einen der Schlüssel, den ich dir zuvor gegeben habe: Beende das Gespräch innerhalb von zwei Minuten. Lass dich nicht in ein Verhör hineinziehen. Beantworte seine Fragen mit einer Gegenfrage.

Sage zum Beispiel: *„Ich veranstalte eine Präsentation, wie man ein Passiveinkommen aufbaut und möchte dich als meinen Gast einladen."* *Oder: „Ich gehe zu einer Präsentation, wie man ein Passiveinkommen aufbaut und möchte dich als meinen Gast mitbringen."*

Es entspricht ganz einfach der menschlichen Natur, dass du gefragt wirst, worum es bei der Präsentation geht. Du gibst die Antwort, frei heraus. Sag etwa: "*Es ist eine Präsentation, wie man zusätzlichen Cashflow aufbaut. Willst du kommen?*"

Das führt dich zum Antwortteil des Ablaufs. Du suchst nach Menschen, die suchen. Bei der Einladung geht es also nicht darum, zu betteln, zu überzeugen oder etwas zu verkaufen. Jetzt schaltest du in den "Drei-Schläge-und-du-bist-raus"-Modus".

Jemand, der ernsthaft auf der Suche ist, wird „Ja" sagen. Dann bestätigst du nur noch den Ort und die Uhrzeit und beendest das Gespräch. Und wo du dich nun gut fühlst, führst du anschließend gleich deinen nächsten Anruf. Allerdings werden die meisten deiner Gesprächspartner an dieser Stelle versuchen, mit der Ausfragerei zu beginnen, z.B.:

Aber worum geht es?

Ist das die Firma ABC?

Ist das so eine MLM-Geschichte?

Was ist das für ein Geschäft?

Wie lautet der Name des Unternehmens?

Das ist der erste Schlag. Und egal, was dein Gesprächspartner sagt, du antwortest mit einer Frage, z.B.: "*Hast du das Buch von Robert Kiyosaki,* "Rich Dad, Poor Dad" *gelesen? Du wirst es genau verstehen, wenn du die Präsentation siehst. Kannst du kommen?*"

Oder: „*Ja, es ist die Firma ABC. Was weißt du darüber?*" Lass ihn oder sie antworten - die Antwort spielt fast keine Rolle - und sage dann: „*Großartig, es hat sich viel an der Firma geändert, und du solltest alles sehen. Kannst du es schaffen?*"

Oder: "*Nein, es ist nicht, was du als MLM bezeichnest. Es ist eine Weiterentwicklung des Geschäfts, die sich Verkauf mit Hebelwirkung nennt. Was weißt du darüber?*" Lass ihn oder sie antworten – auch hier spielt die Antwort fast keine Rolle - und sage dann: „*Großartig, es hat sich eine Menge geändert und du solltest alles sehen. Kannst du es schaffen?*"

Wenn er oder sie ja sagt, bestätige Ort und Zeit, dann beende das Gespräch. Führe deinen nächsten Anruf, solange du noch in Fahrt bist.

Einige Menschen werden trotzdem noch Fragen stellen:

Das ist der zweite Schlag. Und egal, wie die Frage lautet, antworte mit einer Frage: "*Hast du Randy Gages Buch* Mad Genius *gelesen? Du wirst es genau verstehen, wenn du die Präsentation siehst. Kannst du kommen?*"

Wenn er oder sie ja sagt, bestätige Ort und Zeit, dann beende das Gespräch. Führe deinen nächsten Anruf, solange du dich noch in Hochstimmung befindest.

Wenn die Antwort „Nein" lautet oder erneut aus einer Frage besteht, ist dies der dritte Schlag. Dann sagst du: "*Klingt nicht so, als ob du derzeit auf der Suche bist. Vergessen wir es lieber. Lass mich wissen, wenn du es dir anders überlegst.*"

Beende dann das Gespräch und fahre mit dem nächsten fort. Bitte die Menschen nicht, verhandle nicht und verschlechtere deine Chancen nicht durch unnötiges Diskutieren. Wenn diese Menschen nicht auf der Suche sind, suchst du auch nicht nach ihnen. Und bei manchen Menschen ist es gerade dieses „Wegnehmen", das sie dazu bringt, doch noch „Ja" zu sagen.

Du willst genügend Zeit für Einladungen einplanen, um mindestens 20 oder 30 Anrufe zu tätigen. Auf diese Weise bist du nicht emotional in alle Gespräche involviert, damit von jedem ein „Ja" benötigst. Du sprichst einfach nur genügend Einladungen aus, um einen wirkungsvollen Schub für deine Veranstaltung zu erhalten. Behalte deine Leidenschaft, deine Intensität und deine Ernsthaftigkeit bei. Suche nach den Personen, die sich von deiner Begeisterung anstecken lassen und lege schnell den Hörer bei den Menschen auf, die es nicht tun.

Telefonische Einladungen, um eine Online-Präsentation anzusehen

Lass uns nun darüber sprechen, wie du mit Interessenten umgehst, die du nicht zu einer Präsentation einlädst. Sondern die du bittest, sich ein Werkzeug anzusehen oder eine Online-Präsentation anzuschauen ...

Um einen erfolgreichen Rundumschlag zu erzielen, willst du mindestens 50 bis 60 Personen auf deine Liste setzen, die sich in den ersten 10 Tagen eine Präsentation ansehen (durchschnittlich fünf Leute pro Tag). Natürlich wird nicht jeder sofort alles ansehen, aber du willst mindestens 25 bis 30 Menschen dazu bringen, sich einen ernsthaften Überblick zu verschaffen. (Damit sind die Personen gemeint, die sich tatsächlich die Zeit nehmen, die gesamte Präsentation anzusehen.) Das kann ein Video sein, das irgendwo im Internet steht oder ein Link zu deiner replizierten Website. (Du kannst diesen Vorgang auch etwas anpassen, um Menschen zu einem Live-Webinar einzuladen.)

Dies ist mein empfohlener standardisierter Ansatz für die Menschen, die du nicht zum Besuch einer Live-Präsentation bewegen kannst, weil sie a) zu weit entfernt wohnen oder du b) keinen starken Einfluss auf sie hast. Diese Vorgehensweise funktioniert auch dann hervorragend, wenn du einen kurzen Überblick oder ein Teaser-Video hast, um das Interesse deiner Kandidaten zu überprüfen.

"Hey [Name]! Was machst du jetzt gerade? Ich schicke dir gleich den Link zu einem Video. Nimmst du dir 20 Minuten, um es dir anzusehen und rufst mich dann gleich an, wenn du fertig bist?"

"Hey [Name]! Wenn wir auflegen, schicke ich dir den Link zu einem Video. Nimmst du dir drei Minuten, um es anzusehen und rufst mich dann gleich an, wenn du es gesehen hast?"

"Hey [Name]! Kannst du dir bitte einen Stift nehmen? Schreibe dir diese Internetadresse auf: [URL] Es geht um ein neues Geschäft, das ich starte und ich hätte gerne deine Meinung dazu gehört. Wirf bitte mal einen Blick darauf und ich rufe dich in 20 Minuten an, damit wir darüber sprechen können."

"Hallo [Name], ich starte etwas Brandneues und du bist einer der Ersten, an die ich gedacht habe. Ich glaube, das könnte etwas für dich sein. Hast du einen Stift? Gehe doch mal bitte auf [Website] und sieh es dir an. Ich möchte mir gerne einen neuen BMW verdienen, und ich denke, du kannst das auch. Schau es dir an und ich rufe dich um [Uhrzeit] zurück, dann können wir uns darüber unterhalten."

"Hallo [Name], ich stelle gerade eine Gruppe der klügsten Leute zusammen, die ich kenne, um ein neues Projekt zu starten. Deine Fähigkeiten scheinen dafür perfekt zu sein. Wenn ich dir einen Link schicke, würdest du dir dann 20 Minuten Zeit nehmen und dir die Online-Präsentation ansehen?"

Sorge wie immer für eine starke Erwartungshaltung bei deinen Interessenten und beende das Gespräch dann wieder. Lass dich nicht auf weitere Fragen ein.

SMS / E-Mail-Einladung zu einer Online-Präsentation

Dieser Ansatz ist perfekt, wenn du Menschen ansprechen willst, auf die du keinen starken Einfluss hast oder zu denen du schon länger keinen Kontakt mehr hattest. Das können alte Schulkameraden, ehemalige Nachbarn und andere Menschen sein, zu denen der Kontakt eingeschlafen ist. Es kann sich hierbei aber auch um Leute handeln, von denen du nur eine E-Mail-Adresse hast. Du kannst diese Vorgehensweise auch für Kontakte aus Online-Gruppen verwenden.

Es ist ein einfacher, zweistufiger Qualifizierungsprozess. Die erste Nachricht prüft, ob die Person Interesse hat. Die zweite leitet sie dann auf eine Website oder zu einer Online-Präsentation.

Ich habe mit diesem Ablauf erstaunliche Ergebnisse erreicht, als ich mein Geschäft wieder erneut gestartet habe. Hierdurch konnte ich meine Zeit hauptsächlich in die Leute investieren, die ein echtes Interesse zeigten, und musste keine Zeit mit uninteressierten Menschen verschwenden. In den folgenden Beispielen wirst du erkennen, dass ich von vornherein angesprochen habe, dass es um einen Direktvertrieb geht. Wenn diese Leute ein Problem damit hatten, wollte ich weder meine noch deren Zeit vertrödeln.

Du kannst diese Beispiele gerne unverändert einsetzen. Oder du kannst dich zuvor mit deiner Upline zusammensetzen, um eine E-Mail-Vorlage zu erstellen, die genau zu deinem Unternehmen passt.

Erste Nachricht

Betreffzeile: Geschäft mit Passiveinkommen

Hallo [Name],

interessierst du dich für ein Nebengeschäft, das dir ein ernstzunehmendes Passiveinkommen bieten kann? Ich starte gerade etwas Großes und würde dich gerne in meinem Team haben.

Ich arbeite mit einem aufstrebenden Direktvertriebsunternehmen zusammen, das alle Kriterien erfüllt, um richtig durch die Decke zu gehen. Die Sache entwickelt sich momentan extrem gut und ich suche noch ein paar Führungskräfte in deiner Nähe. Wir suchen Mitarbeiter mit guten Lehr- und Trainingsfähigkeiten, die die Chance für einen frühen Einstieg nutzen möchten.

Hier sind die Faktoren, warum die Gelegenheit genau jetzt besonders interessant ist:

1. **Du kannst von Anfang an dabei sein**

   Das Unternehmen wurde vor kurzem in [Land] ins Leben gerufen. Wir haben also einen echten Zeitvorteil, um uns an die Spitze zu setzen, bevor die meisten Leute überhaupt wissen, dass die Firma existiert. Wir suchen nach Führungskräften, die wir mit unserem erprobten System ausbilden können, damit sie sich in ihrem Umfeld (und später auch darüber hinaus) ein profitables Geschäft aufbauen können.

2. **Hohes Passiveinkommen verfügbar**

   Ich bin mir sicher, dass du weißt, wie wichtig ein Passiveinkommen ist, wenn man sich echten Wohlstand erschaffen will. In diesem Geschäft bietet der Vergütungsplan sieben Einkommensmöglichkeiten, die meisten davon als Passiveinnahmen.

3. **Produkte, die nachgefragt werden**

   Derzeit existieren viele Lifestyle-Faktoren und Trends, die für diese

Produkte eine starke Nachfrage erschaffen. Das sichert dir über viele Jahre hinweg ein stabiles Geschäft und ein hohes Einkommen.

Möchtest du also gerne mehr darüber erfahren? Oder bist Du mit anderen Dingen zu beschäftigt, um einen Blick darauf zu werfen?

Melde dich bitte möglichst bald bei mir.

Vielen Dank,

[Dein Name]

Zweite Nachricht

Hallo [Name],

es hat mich gefreut, dass wir die Gelegenheit hatten, uns auszutauschen und dass du interessiert bist. Ich glaube, dass du auf Grund der Person, die du bist, eine Menge aus diesem Geschäft machen kannst.

Wir haben ein sehr einfaches System geschaffen, das für jeden Menschen duplizierbar ist. Bitte gehe auf [Link] und sieh dir die dortigen Informationen an. Dann lass uns alles weitere besprechen, sobald du fertig bist. Wir sind gerade in einer schnellen Wachstumsphase und ich würde mich freuen, dich in meinem Team zu haben.

Vielen Dank,

[Dein Name]

Hinweis: Genau wie bei den Telefoneinladungen auch, wird deine Erfolgsquote höher sein, wenn du jede Nachricht durch deine eigenen Kommentare personalisierst. *Auch sollten diese Nachrichten nur an Menschen gesendet werden, die du kennst!* Bei fremden Leuten funktionieren sie nur schlecht, und du wirst gegen die Spam-Bestimmungen verstoßen, wenn du diese Texte an gemietete Listen versendest. Du wirst wahrscheinlich auch aus Online-Gruppen ausgeschlossen, wenn sie per Massenversand an alle verschickst.

Fasse innerhalb von 24 Stunden nach, um die besten Ergebnisse zu erhalten. Wenn dein Kandidat interessiert, aber noch nicht zum Einstieg bereit ist, dann erhöhe die Intensität deiner Information. Dazu kannst du ein Follow-up-Video erstellen, eine telefonische Dreier-Konferenz mit deinem Sponsor vereinbaren, deinen Kandidaten zu einer Geschäftspräsentation in dessen Nähe senden oder ihn zu einem ZOOM- oder Skype-Anruf einladen.

Einladungen für Situationen, in denen du nur eine Chance hast

Hier ist ein Ansatz für den Fall, dass du jemanden triffst, der dich beeindruckt, den du jedoch möglicherweise nie wieder sehen wirst. (Es kann sich um einen hilfsbereiten Verkäufer, einen höflichen Taxifahrer oder um einen besonders freundlichen Flugbegleiter handeln. Sieh dir diese Ideen an und finde heraus, welche für dich passend sind.)

"[Name], Sie beeindrucken mich wirklich in ihrer Tätigkeit. Und ich bin mir sicher, dass sie auch in meinem Geschäft großartig wären. Wenn ich Ihnen einen Link sende, wären Sie dann bereit, sich ein 11-minütiges Video anzusehen?"

„Wissen Sie, sie sind viel zu gut in Ihrer Arbeit – um das zu tun, was Sie tun. Ich wette, dass sie in meinem Geschäft großartig wären. Wenn ich Ihnen einen Link sende, sind Sie dann bereit, sich ein kurzes Video anzusehen und mir Ihre Meinung mitzuteilen?"

"[Name], ich bin von Ihrer Arbeit hier sehr beeindruckt. Ich glaube, dass

Sie in dem Geschäft, in dem ich tätig bin, sehr erfolgreich sein könnten. Wenn ich Ihnen einen Link sende, sind Sie dann bereit, sich ein kurzes Video anzusehen und mir Ihre Meinung mitzuteilen?"

„Wissen Sie, ich bin sehr beeindruckt von Ihrer Arbeit hier. Kennen Sie sich auch im Direktvertrieb aus? Ich bin für ein [aufstrebendes / neues / expandierendes / etabliertes] Unternehmen tätig, das nach Führungskräften sucht. Wenn ich Ihnen einen Link sende, sind Sie dann bereit, sich ein kurzes Video anzusehen und mir Ihre Meinung mitzuteilen?"

"[Name], ich bin ein großer Anhänger der Idee des doppelten Einkommens und habe ein neues Unternehmen gegründet, um genau dies zu erreichen. Ich glaube, Sie werden von den Informationen auf diesem USB-Stick hier mehr als fasziniert sein. Wenn ich Ihnen den Stick gebe, wären Sie dann bereit, die enthaltene Videopräsentation zu überprüfen und mir Ihre Meinung mitzuteilen?"

Und das hier war meine beste Strategie, wenn ich nur eine einzige Kontaktgelegenheit hatte:

Ich verwende seit fast 15 Jahren keine Visitenkarten mehr. Aber ich habe mir eine hübsche Karte gestalten lassen, um sie in Situationen zu verteilen, in denen ich nur eine Chance habe, jemanden anzusprechen. Ich erhalte meine von MOO-Cards (https://www.moo.com), aber du kannst sie bestimmt auch bei anderen Anbietern herstellen lassen. Bei MOO bestelle ich die „Luxe" -Version, ein extra dickes, superfeines Mohawk-Papier mit einer farbigen Naht und einer strukturierten Oberfläche. Darauf habe ich ein paar Zeilen mit einem interessanten Text, sowie meinen Namen und meine Kontaktdaten drucken lassen. Aber der eigentliche Fokus liegt auf dem Link zu meiner replizierten Website und dem Informationsvideo.

Wenn ich also einen Taxifahrer treffe, der mich wirklich beeindruckt, verwende ich einen der oben genannten Sätze, gebe ihm einfach die Karte (und hinterlasse ein großzügiges Trinkgeld). Wenn er ein ernsthafter Interessent ist, sieht er sich die Präsentation an. Wenn er nicht wirklich auf der Suche ist, wird er sie nicht ansehen. Anschließend denke ich nie wieder darüber nach, es sei denn, die Person meldet sich bei mir. (Möglicherweise erzielst du noch bessere Ergebnisse, wenn du die Telefonnummer erfragst und nachfasst, aber das ist nicht meine Art.)

***

In allen oben genannten Fällen bringst du mehr Menschen dazu, deine Informationen zu prüfen und dir zu antworten, wenn du alles mit einem Gefühl der Dringlichkeit unterstreichst. Tritt energiegeladen und geschäftsmäßig auf, aber übertreibe es nicht, indem du deine Interessenten unter Druck setzt. Mache ihnen klar, dass die Sache eilig ist und bitte sie, die Informationen schnell anzusehen. Wenn deine Ansprechpartner nicht wirklich interessiert scheinen, sich die Informationen anzusehen, danke ihnen für ihre Zeit und schreite von dannen.

Speziell bei den Menschen in deinem warmen Markt wirst du die besten Ergebnisse erzielen, wenn du deine Interessenten qualifizierst und einen festen Zeitpunkt für ein Nachfassgespräch vereinbarst. Das geht wie folgt:

> Nachdem dein Interessent zugestimmt hat, die Informationen anzusehen, sagst du: „*Großartig! Bis wann kannst du es auf jeden Fall angesehen haben?*“ Warte auf die Antwort. Welchen Zeitpunkt er dir nennt, ist dabei unwichtig. Sage dann: "*Wenn ich dich also um X Uhr anrufe [kurz nach dem Zeitpunkt, den dir dein Interessent genannt hat, zu dem er die Sachen ansehen wird], dann hast du alles angesehen, oder?*" Nachdem er dies bestätigt hat, fragst du nach der Nummer, unter der du ihn am besten erreichen kannst.

Auf diese Weise hatte der Interessent mehrmals die Möglichkeit, zu sagen, dass er die Unterlagen ansehen wird. Wenn du diesen verpflichtenden Ansatz verwendest (und wenn du die richtige Haltung einnimmst), wirst du eine Erfolgsquote von 70 oder 80 Prozent erreichen. (Und eine bessere Duplikation in deiner gesamten Gruppe.) Verzichtest du auf diesen Vorgang, wirst du eine deutlich schlechtere Erfolgsquote und eine schwächere Duplikation in deinem Team erleben.

Wenn du dann wie vereinbart nachfasst, fragst du einfach: "*Hattest du die Möglichkeit, die Informationen zu überprüfen?*"

Wenn er antwortet, dass er die Präsentation noch nicht angesehen hat, sagst du Folgendes: "*Es ist wirklich wichtig. Wann glaubst du, könntest du es auf jeden Fall ansehen?*" Warte auf die Antwort und sage dann: „*Großartig. Wenn ich dich also um [neue vereinbarte Uhrzeit] anrufe, dann hast du es auf jeden Fall angesehen?*"

Wiederhole diesen Vorgang einfach so oft, bis er die Präsentation tatsächlich ansieht. Oder bis er zu dir sagt, dass er kein Interesse hat.

Ein paar Schlüsselgedanken zur Nachbetrachtung

Einige deiner besten Führungskräfte werden aus den Menschen entstehen, die du bisher noch nicht kennst. Wenn du also durch deinen Tag schreitest, halte Ausschau nach interessanten Menschen. Wer in anderen Bereichen des Lebens erfolgreich ist, wird es gewöhnlich auch im Direktvertrieb. Arbeite weiterhin an deinen Fähigkeiten, um neue Menschen kennen zu lernen.

Manchmal hast du nur diese eine Chance. Halte also ständig einige deiner Informationswerkzeuge bereit - in deinem Auto, deiner Geldbörse oder deiner Aktentasche - für die Situation, in der du einen wertvollen Interessenten triffst.

Mit der Fähigkeit des Einladens wird das meiste Geld verdient. Wie ich schon zuvor sagte: dies ist die lukrativste Fähigkeit, die du je entwickeln kannst.

Setze diese Vorlagen ein, probiere sie aus und passe die Ansprachen so an, dass sie deiner Persönlichkeit entsprechen. Auch Rollenspiele mit anderen Menschen in deiner Sponsorlinie können eine gute Idee sein. Diese Menschen haben ein Verständnis dafür, wie du die Sätze für deine Geschäftsgelegenheit so anpassen kannst, dass sie noch effektiver werden.

Je besser du im Einladen wirst, umso besser qualifizierte Interessenten werden deine Präsentationen besuchen. Und je mehr qualifizierte Interessenten deine Präsentation zu sehen bekommen, umso mehr neue Einstiege wirst du verzeichnen. Und genau hierüber werden wir als Nächstes sprechen ...

KAPITEL 8

Die Wissenschaft der erfolgreichen Partnergewinnung

Die Grundlage, um im Verkauf mit Hebelwirkung echten Wohlstand zu erschaffen, besteht darin, die Duplikation innerhalb des eigenen Teams zu vereinfachen. Damit dir dies gelingt, musst du dich an die zuvor beschriebene Formel halten:

Ermögliche einer Vielzahl von Menschen fortlaufend einige einfache Handlungsweisen auszuführen.

Wenn du dein Geschäft mit einem großen Rundumschlag eröffnest, dann setzt du diese Formel auf die richtige Weise um. Weil du für genug Schwung sorgst und die Anforderung der „großen Gruppe von Menschen“ erfüllst. Jeder Mensch, egal mit welcher Erfahrung oder Ausbildung, kann diese einfachen Schritte ausführen. Und du wirst feststellen, dass all diese Schritte Werkzeuge enthalten, die dem Prinzip der dritten Person entsprechen. Hierdurch ist sichergestellt, dass es in deinem Geschäft nicht um dich geht und dass jeder deine Ergebnisse duplizieren kann.

Beispiele für Werkzeuge nach dem Prinzip der dritten Person sind: Produktkataloge und -broschüren, eine Broschüre mit Erläuterungen zum Vergütungsplan, Videos, Audios, replizierte Internetseiten, ein Präsentations-Flipchart oder Online-Präsentationen. Selbst Produktmuster oder ein Erlebnisbericht, den jemand in einer Telefonkonferenz präsentiert, entsprechen dem Prinzip der dritten Person. Ob du es glaubst oder nicht, wenn du zusätzliche Exemplare dieses Buches besitzt, ist auch dies ein äußerst wirksames

Nachfasswerkzeug mit dem Effekt der dritten Person. Du wirst sicherlich nicht jedem ein Buch geben. Aber wenn du einen ernsthaften Kandidaten vor dir hast und dieser den echten Wunsch zum Ausdruck bringt, das Geschäft vor seinem Einstieg verstehen zu wollen, dann kann ihn dieses Buch über das enorme Potenzial des Geschäfts aufklären.

Es ist kein Zufall, dass das Wort "Wissenschaft" im Namen des obigen Kapitels vorkommt. Weil es wirklich eine Wissenschaft ist, dieses Geschäft auf eine Weise zu präsentieren, die die richtigen Leute dazu bringt, sich deinem Team anzuschließen.

Wissenschaftler veröffentlichen Hypothesen, um Theorien zu erklären. Dann erstellen sie Studien, um diese Hypothesen zu testen. Die Schritte müssen wiederholbar (duplizierbar) sein, um zukünftige Ergebnisse zuverlässig vorhersagen zu können. Sie nehmen diese Theorien und fügen sie zu einer geschlossenen Struktur zusammen. Genau das findest du auch in diesem Buch: mein Schritt-für-Schritt-System zum Aufbau eines großen, progressiv wachsenden Netzwerks von Vertriebspartnern.

Und wie in jeder Wissenschaft muss auch dieses System auf beobachtbaren, empirischen und messbaren Beweisen beruhen. Und auf *wiederholbaren Ergebnissen.* Die Beweise, die ich dir hier liefern werde, wurden anhand vernünftiger Prinzipien ermittelt und durch ständiges Beobachten und Experimentieren nachgewiesen.

Du kannst diese "wiederholbaren Ergebnisse" erzielen, indem du regelmäßig einem standardisierten System folgst und Werkzeuge nach dem Prinzip der dritten Person verwendest. Auf diese Weise geht es in deinen Präsentationen nicht um dich. Sondern um das Team, um das System und um die Geschäftsgelegenheit. Verlass dich dabei auf den Prozess. Stelle sicher, dass du feste Termine zum Nachfassen einplanst, wenn du jemandem ein Informationswerkzeug überreichst. Wenn dieses auf Interesse stößt (und auch, wenn deine Kandidaten irgendwelche

Fragen haben), dann bringe diese Person sofort auf die nächsthöhere Ebene. Das gelingt dir, indem du den nächsten Termin vereinbarst oder ihr ein weiteres Nachfasswerkzeug überreichst.

Der Schlüssel zu allem besteht darin, dass du genügend Menschen dazu bringst, sich dein Geschäft anzusehen. Bewahre dabei eine starke Haltung. Sei in Eile. *Du* hast das Geschenk. Bettle niemals. Mach deine Emotionen nicht von dem Ergebnis deiner Interessenten abhängig. Wenn diese nicht interessiert sind, lehnen sie das Informationswerkzeug ab, nicht dich.

Bevor wir fortfahren, wollen wir uns näher mit dem Konzept der Werkzeuge nach dem Prinzip der dritten Person befassen. Dieses Konzept ist bedeutungsvoll, weil du dich mit einem Werkzeug, wie zuvor erläutert, selbst aus der Schussbahn nimmst. (Dies ist wichtig, damit du eine echte Duplikation erreichen kannst.) Auf diese Weise wird dir kein Interessent Vorhaltungen machen, wenn du erst vor zwei Tagen begonnen und noch keinen Cent verdient hast. Und wenn du ein erfahrener Profi bist, der jeden Monat 100.000 Euro einstreicht, wird niemand glauben, dass dies für ihn unerreichbar ist. Durch den Einsatz von Informationswerkzeugen stellst du sicher, dass weder deine Stärken noch deine Schwächen; weder deine Erfahrung noch deren Abwesenheit gegen dich arbeiten. Auf diese Weise umgehst du alle Hürden in deiner Duplikation.

Stell dir dieses Vorgehen als ein Dreiecksprinzip vor. Es sollte niemals nur eine zweiseitige Interaktion zwischen dir und deinem Interessenten sein. Du möchtest, dass es ein Dreieck wird: Bestehend aus dir, dem Interessenten und deinem Werkzeug.

Hinweis: Bitte habe Verständnis dafür, dass es sich bei dem, was ich dir hier (und im gesamten Buch) mitteile, nur um Richtlinien handelt. Ich erzähle dir, was für mich, für mein Team und meine Beratungskunden funktioniert hat. *Aber du solltest all dies jeweils mit deiner Sponsorlinie überprüfen. Weil diese Partner mit den Besonderheiten und Nuancen eurer Firma vertraut sind, die auch du kennen solltest.*

In Kapitel 4 habe ich dich mit den Schlüsselelementen des großen Rundumschlags vertraut gemacht. Lass uns diese Liste nochmals betrachten:

- Ein geselliges Beisammensein, um deinen ersten Kundenstamm aufzubauen.
- Zwei oder drei Geschäftspräsentationen, die du in deinem nahen Umfeld durchführst.
- Eine elektronische Kampagne per E-Mail, SMS- und Messaging-Apps.
- Das Verteilen von Werbematerial für den Massenmarkt an geeigneten Orten.
- Das Bearbeiten oder Erstellen deiner Social Media-Konten, um dein Geschäft zu bewerben.
- Personen aus all diesen Trichtern zu den größeren Präsentationen aufrücken lassen (sowohl online als auch offline).

In Kapitel 6 hast du bereits erfahren, wie du das gesellige Beisammensein für deine ersten potenziellen Kunden organisierst. Schauen wir uns nun deine ersten zwei oder drei Startpräsentationen an. Dabei halte ich mich an Althergebrachtes und schlage vor, dass du diese Geschäftsvorstellungen bei dir zu Hause durchführst. (Gerade und vor allem dann, wenn es sich bei deinem Zuhause um eine Einzimmer-Wohnung, um ein Wohnmobil oder um den Platz unter einer Treppe im 4 Privet Drive handelt.)

Wohnzimmer-Meetings abhalten

Einige Leute werden dir erzählen, dass Wohnzimmer-Meetings nicht mehr besonders effektiv sind. Diese Leute haben sicherlich ein Recht auf ihre Meinung, aber die Faktenlage sieht anders aus. Menschen, die behaupten, dass Wohnzimmer-Meetings nicht funktionieren, halten keine Wohnzimmer-Meetings ab. Aber alle Menschen, die Wohnzimmer-Meetings durchführen, können dir bezeugen, dass sie immer noch erstklassige Ergebnisse liefern.

Es gibt Gurus und Vermarkter, die dir vorschlagen, dass du dein Geschäft aufbauen kannst, indem du ausschließlich mit Fremden sprichst, Gruppen auf Facebook erstellst oder E-Mail-Kontakte kaufst. Diese Strategien nach dem Motto "bleibe zuhause sitzen und verdiene dein Geld im Pyjama" können sich aber langfristig nicht duplizieren. Sie sind auch insofern lächerlich, da viele dieser Leute tatsächlich vorschlagen, dass du nicht mit deinen Freunden, Nachbarn und Bekannten sprechen solltest. Wenn diejenigen, die diese Strategien verkaufen, wirklich an unseren Beruf glauben würden, dann würden sie gerade mit den Menschen sprechen, die ihnen wichtig sind. Aber die meisten dieser Leute sind eigentlich gar nicht in unserer Branche tätig. Sondern sie verdienen ihr Geld mit dem Verkauf von Theorien an Menschen, die es sind.

Wenn du also sagen möchtest, dass du Wohnzimmer-Meetings nicht ausstehen kannst und dass du auch keine durchführen willst, wird dich niemand dazu zwingen. Behaupte jedoch nicht, dass diese Treffen ineffektiv sind. Denn sie sind heutzutage erfolgreicher als je zuvor.

In meinem Team haben wir diese Home-Events als „Private Geschäftstreffen" (PGTs) bezeichnet, aber du kannst sie so nennen, wie du möchtest. Es handelt sich um lockere Treffen, zu denen du die Schlüsselpersonen, die du in deinem Team haben möchtest, einladen kannst, damit sie einen ersten Blick auf die Geschäftsgelegenheit werfen können. Idealerweise spielst du ihnen ein Video vor oder jemand aus deiner Sponsorlinie hält für deine Kontakte eine Präsentation. (Damit alles duplizierbar bleibt.) Dies ist für deine Interessenten eine angenehme und unaufdringliche Möglichkeit, um sich ansehen zu können, worum es in deinem Geschäft geht.

Dein Ziel ist es, während deiner ersten sieben bis zehn Tage zwei oder drei PGTs zu veranstalten. Wenn du eine Reihe von Treffen dieser Art abhältst, haben mehr von deinen Interessenten die Möglichkeit, einen passenden Termin zu finden. Außerdem stellst du damit sicher, dass du genügend Vertriebspartner einschreiben kannst, aus denen sich dann ein paar ernsthafte Personen heraus kristallisieren, die das Geschäft im großen Rahmen betreiben werden.

Du kannst bei einigen neuen Teammitgliedern mit Gegenwind rechnen, weil diese keine Wohnzimmertreffen durchführen möchten und der Meinung sind, dass auch alles online erledigt werden kann. Aber mit dieser Einstellung werden deine Partner eine großartige Gelegenheit verpassen. Präsentationen zu Hause sind für unsere Interessenten sehr angenehm, da sie nur das Haus eines Freundes besuchen müssen. Und diese Treffen sind leicht duplizierbar. Vor allem, wenn du dafür sorgst, dass sie kurz, unterhaltsam und gesellig sind - anstatt lang, langweilig und spröde zu sein.

Hier sind einige Richtlinien, um die effektivsten PGTs durchzuführen und für einen schnellen Start zu sorgen:

Vor dem PGT

- Gehe deine Interessentenliste durch, um deine besten Kontakte zu bestimmen und zu dir nach Hause einzuladen. Teile ihnen mit, dass du die Eröffnung deines neuen Geschäfts feierst. Und dass sie dich unterstützen und erfahren sollen, worum es geht.
- Lass dich nicht in zu viele Fragen verwickeln. Wenn dir Fragen gestellt werden, nenne den Namen der Firma und sage, dass du eine spezielle Videoaufnahme oder eine Online-Präsentation hast, die sie sich ansehen sollen. Oder dass es eine Person gibt, die du ihnen gerne vorstellen möchtest. Erkläre, dass du selbst noch ganz neu bist, dass die Präsentation aber all ihre Fragen beantworten wird. Halte dich an den gleichen Rat, den ich dir hierzu in Kapitel 7 gegeben habe.
- Sorge vor der Präsentation dafür, dass es keine Ablenkungen (Telefon, Haustiere, Kinder, usw.) gibt.
- Stelle deine Möbel nicht für das Meeting um. Lass alles so wie immer und hole Stühle dazu, wenn es beim Eintreffen weiterer Gäste nötig wird.

- Biete nur Getränke (keinen Alkohol) oder einfache Snacks an. (Stelle deine legendären Kochkünste nicht unter Beweis, weil dies kaum jemand duplizieren kann.)
- Bereite für jeden Gast ein Informationspaket vor, halte diese aber noch außer Sichtweite.
- Baue kein Produkt-Display auf. (Dies lenkt die Leute ab und stört nur den Ablauf der Präsentation.)

Das tatsächliche PGT...

- Begrüße die Gäste, wenn sie eintreffen und biete ihnen bequeme Plätze an. Stelle sie gegenseitig vor und lass eine freundliche Gesprächsatmosphäre entstehen.
- Beginne innerhalb der vereinbarten Zeit. Sprich nicht über Menschen, die zu spät kommen oder nicht erscheinen. Konzentriere dich auf diejenigen, die anwesend sind.
- Zum Start begrüßt du alle Anwesenden offiziell und bedankst dich für ihr Erscheinen. Liefere einen 30-sekündigen Erlebnisbericht, warum du in diesem Geschäft bist, dann spiele das Video ab oder begrüße den Redner. (Lobe das Video oder den Redner. Sorge für echte Promotion, erzähle es nicht einfach nur. Die Leute sollten erkennen, dass du von dieser Sache begeistert bist.)
- Es ist von Vorteil, wenn du den Anwesenden mitteilst, wie das Meeting abläuft, damit sie wissen, was passieren und wie lange es dauern wird. Löse alles Rätselhafte auf, damit sie sich entspannen können.
- Laufe während der Präsentation nicht im Haus herum. Bleib sitzen und sieh dir die Präsentation mit deinen Gästen an.
- Wenn jemand zu spät kommt, beginne nicht von Neuem. Lass diese Person wissen, dass du sie später auf den neuesten Stand bringst.
- Wenn die Präsentation zu Ende ist, überreiche jedem Gast sein Infopaket.

Jetzt ist der passende Zeitpunkt, um Fragen zu beantworten. Wenn dein Sponsor vor Ort, per Telefonkonferenz oder über das Internet anwesend ist, lass ihn diese Aufgabe übernehmen. Wenn dein Sponsor nicht da ist, verwende die Werkzeuge für die Antworten. Beispiel: Wenn jemand Fragen zum Vergütungsplan hat, schlage die entsprechenden Stellen in der Broschüre auf. Bei Produktfragen verwendest du den Produktkatalog.

Wenn du kein Werkzeug für die Antwort hast und es selbst nicht weißt, lerne zu sagen: "Ich weiß es nicht. Aber ich werde die Antwort herausfinden und mich bei dir melden." Daran gibt es nichts auszusetzen. Sprich diesen Satz ebenfalls mit einer festen Haltung aus. Die Anwesenden werden dann erkennen, dass sie ebenfalls mit dem Geschäft beginnen können, ohne zuerst perfekt sein und alles wissen zu müssen.

Wenn du erkennst, dass jemand sehr interessiert ist, frage die Person, ob sie es verstanden hat. (Ich sage wortwörtlich: "Verstehst du das?") Wenn sie positiv reagiert, frage, ob sie bereit ist, loszulegen. Schreibe diejenigen ein, die „Ja" sagen. Plane mit ihnen sofort die nächsten Schritte für neue Partner.

Biete denjenigen, die sich nicht einschreiben, an, sich das Informationspaket anzusehen. Lass sie wissen, dass du alles sehr schnell aufbauen wirst. Und dass sie die Materialien umgehend durchsehen sollten, damit sie nichts verpassen und die Gelegenheit nutzen können. (Kein Hardselling - aber zeige unbedingt deine Leidenschaft, Intensität und Dringlichkeit.) Plane ein Nachfassgespräch oder lade sie ein, wenn innerhalb der nächsten Tage ein weiteres PGT oder ein größeres Meeting ansteht. Denke immer daran: *Der wichtigste Teil eines Meetings ist die Planung des nächsten Meetings.*

Im Anschluss an das PGT ...

- Fasse innerhalb von 12 bis 24 Stunden nach. Lade die Leute erneut zu einer weiteren Besprechung ein oder führe eine telefonische Dreier-Konferenz bzw. ein Webinar durch.
- Hilf deinen neuen Teammitgliedern, ihre eigene PGT-Serie zu planen und den Prozess zu duplizieren!

Hier ein paar Dinge, um das PGT zu einer erfolgreichen Erfahrung zu machen: Beginne pünktlich und fasse dich kurz. Zerrede das Geschäft nicht. Lass die Werkzeuge die Arbeit übernehmen. Tritt professionell, aber nicht gestelzt auf. Verändere deine Persönlichkeit nicht. Sei du selbst – in deiner professionellen Version.

DAS DURCHFÜHREN VON EINZELGESPRÄCHEN

Eine Variante des PGTs ist das Abhalten kleiner, ungezwungener Einzelgespräche, die du mit deinen Interessenten durchführst. Es wird einige Personen und Situationen geben, für die das die passende Lösung ist. Hier sind einige Tipps dazu:

Wie auch bei jeder anderen Präsentation sind Werkzeuge nach dem Prinzip der dritten Person von entscheidender Bedeutung. Wenn du jemanden zum Einzelgespräch triffst und eine leidenschaftliche, begeisternde Präsentation gibst, in der du dein Herz und deine Seele ausschüttest, wird dein Interessent wahrscheinlich einsteigen. Allerdings wirst du dann nur wenig Duplikation erleben.

Wenn du neue Teampartner ausbildest, kannst du sie unterstützen, indem du einige Einzelgespräche mit ihnen durchführst. Aber tu das nur so lange wie unbedingt nötig. Wirf sie sobald wie möglich aus dem Nest, damit sie ihre eigenen Einzelgespräche führen.

Veranstalte keine „Bündnisse", wenn du zu zweit präsentierst. Wenn dein Sponsor derjenige ist, der die Präsentation hält, dann tritt in die zweite Reihe zurück. Wenn sich eine zweite Person in die Präsentation einbringt, könnte der Gast eine „Zwei-gegen-Einen"-Dynamik verspüren und eine Verteidigungshaltung einnehmen. (Zweiergespräche können natürlich auch per Telefonkonferenz oder anhand von ZOOM- und Skype-Anrufen geführt werden.)

Während du deine ersten PGTs und Einzelgespräche vereinbarst, willst du auch parallel deine elektronische Kampagne über E-Mail-, Text- und Messaging-Apps durchführen. (Befolge dazu die in Kapitel 7 beschriebenen Schritte.)

Und du solltest auch deine Social-Media-Profile bearbeiten. Einerseits, um für dein neues Unternehmen zu werben, andererseits, um wichtige Personen auf diesen Plattformen anzusprechen. Übertreibe es auch hier nicht mit mit irgendwelchen Hardselling-Methoden. Du willst nicht, dass deine Leute schon im Internet nach deinen Produkten oder nach deiner Firma suchen, bevor du die Gelegenheit hattest, Kontakt mit ihnen aufzunehmen. Sorge einfach nur dafür, dass du Neugier erzeugst. In Kapitel 9 sehen wir uns die Einzelheiten dazu noch genauer an.

Betrachten wir nun den nächsten Teil des Prozesses: wie du die Menschen aus all diesen Trichtern zu den weiteren Präsentationen „die Leiter hinauf" bewegst. Diese großen Meetings verwendest du für die abschließenden Phasen im Aufstiegsprozess. Diejenigen Interessenten, die du zu diesem Zeitpunkt mitbringst, sollten vorqualifiziert sein, indem sie bereits eine kleinere Präsentation gesehen haben.

Präsentationen in grossen Veranstaltungsräumen

Meine Gedanken über große Meetings in Hotels und Veranstaltungshallen haben sich in den vergangenen 10 Jahren stark weiterentwickelt. Darüber sprechen wir gleich noch genauer. Lass uns aber zuerst über die Logistik dieser Vorgehensweise sprechen.

Wenn das Meeting an einem öffentlichen Ort abgehalten werden soll, ist die Auswahl des Standortes wichtig. Tagungsräume in Hotels sind in der Regel die beste Wahl, da sie verkehrsgünstig liegen, eine unbedrohliche Atmosphäre ausstrahlen und über ausreichende Parkplätze und andere Einrichtungen verfügen, die du benötigst.

Dein Interessent wird dein Geschäft anhand des Rahmens beurteilen, in dem es vorgestellt wird. Alles, was du dem Kandidaten präsentierst, sollte professionell wirken. Wähle ein mittelgroßes Gebäude. Das Ritz Carlton, das Mandarin Oriental und das Four Seasons sind zu teuer und alleine die Parkgebühren betragen hier schon möglicherweise 60 Euro. Vermeide auch zu kleine Hotels wie Holiday Inns und ähnliche. Marriott, Hilton und Sheraton funktionieren normalerweise gut. Und die Zweitmarken dieser Ketten bieten häufig das beste Preis-Leistungs-Verhältnis für Meetingräume. Das Courtyard by Marriott, die Springhill Suites und das Hilton Garden Inn verfügen normalerweise über Tagungsräume, erwarten oder verpflichten dich jedoch nicht, dass du auch Mahlzeiten und Getränke beziehen musst.

Besuche das Hotel persönlich und sieh dir deinen potenziellen Tagungsraum an. Stelle sicher, dass der Teppich, die Tapete und das Dekor hell und attraktiv sind. Vermeide unbedingt Räume mit einem barocken, dunklen Mahagoni-Dekor. Buche keinen Saal mit Säulen, die den Blick zum Podium einschränken. Stelle auch sicher, dass die Decke mindestens 3 Meter hoch ist. In einem Raum mit niedriger Decke ist es schwer, großartig zu wirken.

Überprüfe auch die Parkmöglichkeiten, da hohe Parkgebühren die Gäste abschrecken. Kläre die Preise für Mikrofone, Bildschirme und andere audiovisuelle Materialien, die du verwenden möchtest. Die meisten Hotels lagern diese Dienste an externe Anbieter aus, sodass die Preise nicht verhandelbar sind. Manchmal sind diese Kosten höher als die eigentliche Raummiete. In vielen Fällen kann es billiger sein, dein eigenes Equipment zu kaufen. Einige Hotels, die wissen, dass du einen Bildschirm oder ein Whiteboard benötigst, verlangen eine Gebühr von 150 Euro, obwohl der Bildschirm oder die Tafel bereits in die Wand des Zimmers eingebaut ist.

Was ist verhandelbar? Die Raummiete. Zahle niemals den Preis, der dir zu zuerst genannt wurde. Diese Preise gelten nur für Neulinge, die es nicht besser wissen. Teile dem Hotel mit, dass du regelmäßig Räume mietest. Wenn der angegebene Preis 400 Euro beträgt, teile dem Hotel mit, dass dein Budget nur

150 Euro umfasst. Dann frage, was sie in diesem Preisbereich haben. Oft findet das Hotel dann einen Besprechungsraum für etwa 200 Euro. (In vielen Fällen ist es derselbe Raum, für den sie 400 Euro verlangt haben.) Wenn du regelmäßige Besprechungen abhältst, ist es manchmal möglich, nur 100 oder 150 Euro für einen Raum zu zahlen, dessen Listenpreis 500 Euro beträgt.

Hinweis: Alle zuvor genannten Empfehlungen zu Veranstaltungsorten beziehen sich auf entwickelte Länder in der westlichen Welt. Wenn du in Dritte-Welt- und Entwicklungsländern aufbaust, musst du dich anpassen. An diesen Orten gibt es kein Ritz Carlton und kein Four Seasons. Was bei uns als Mittelklasse durchgeht, wird in diesen Ländern als Luxusklasse bezeichnet. Anstelle der Parkgebühren solltest du dir hier eher Gedanken darüber machen, ob sich der Veranstaltungsort in der Nähe einer U-Bahn- oder Bushaltestelle befindet, da die meisten deiner Teilnehmer kein Auto haben werden. *Passe dich also den Orten an, in denen du tätig bist.*

Einrichten des Raums

Lass uns nun das Einrichten des Raums betrachten. Stelle das Rednerpult und den Bildschirm nach Möglichkeit auf eine erhöhte Plattform. Das verleiht dem Sprecher mehr Glaubwürdigkeit und bietet den Gästen einen besseren Blick. Vergewissere dich, genau wie auch bei privaten Besprechungen, dass sich Pult und Bildschirm gegenüber von der Eingangstür befinden. Auf diese Weise stören später eintreffende Gäste nicht den Ablauf der Präsentation.

Wenn du mit Videos oder PowerPoint arbeitest, platziere die Leinwand nicht hinter dem Redner. Denn dann kann er das Publikum nicht sehen, weil ihm der Projektor in die Augen strahlt. Und das Publikum kann die Leinwand nicht sehen, weil jemand davor steht. Platziere die Leinwand seitlich vom Pult.

Als ich mein erstes Buch schrieb, empfahl ich dir, ein großes Banner oder ein

Schild mit dem Namen deiner Firma an der Vorderseite des Raums anzubringen. Ich schlug auch vor, einen Tisch mit einem attraktiven Produktaufsteller und eventuell auch ein „Wohlstandsdisplay" aufzubauen. (Letzteres ähnelt dem Produktaufsteller, enthält jedoch Fahrzeugbroschüren, Bilder von erfolgreichen Partnern, Broschüren über die Firmenreisen, usw. Wenn es in deiner Firma Wettbewerbe, Auszeichnungsprogramme und ähnliches gibt, dann gehören die Broschüren hierzu auf diesen Tisch.)

Dann erlebte ich aber, wie die Veranstaltungen immer größer wurden. Es kam soweit, dass die Leute in jeder Stadt, in die ich eintraf, um Meetings zu halten, immer größere und noch größere Aufbauten konstruierten. Die Leute gestalteten Fototafeln, Collagen und Transparente, hängten Flaggen auf und dekorierten die Konferenzräume geradezu wunderschön. Sie rannten um 17:00 Uhr von der Arbeit los, um dann bis 20:00 Uhr damit beschäftigt zu sein, die Räume einzurichten. Sie dachten nicht mehr daran, neue Interessenten zum Meeting zu bringen, weil sie sich so sehr mit der Gestaltung der Räume aufhielten. Achte in so einem Fall auf ein gesundes Gleichgewicht. Wir wollen zwar in einem tollen Raum auftreten, aber schlußendlich geht es nur darum, diesen Raum mit Gästen zu füllen.

Weitere Hinweise zum Einrichten des Raumes

Stelle für nur drei Viertel der Personen, die du erwartest, Stühle auf. Sorge dafür, dass im Nebenraum Nachschub bereit steht, auf den ihr bei Bedarf zugreifen könnt. Bringt die Stühle aber noch nicht in den Raum. *Sobald das Meeting beginnt, sollte es keinen freien Sitzplatz mehr geben.* Je überfüllter dein Raum wirkt, desto wahrscheinlicher ist es, dass die Teilnehmer anschließend einsteigen. Es ist besser, in einem kleineren Raum zu präsentieren, in dem Menschen an den Wänden stehen müssen, als in einem großen Raum mit leeren Sitzen zu sein.

Lass ein oder zwei Freiwillige früh genug eintreffen, um die gesamte audiovisuelle Ausrüstung gründlich zu überprüfen. Halte auch zusätzliche Projektorlampen, Batterien, usw. bereit und überprüfe alle Lautstärkefunktionen, einschließlich des Mikrofons. Halte die erforderlichen Adapter für deinen Laptop-Computer oder für dein Smartphone sowie ein Repertoire mit stimmungsgeladener Musik bereit. Das Hotel wird dir zwar versichern, dass alle notwendigen Stecker, zusätzliche Glühbirnen, frische Batterien usw. griffbereit sind. Das ist in den meisten Fällen eine Lüge.

Stelle eine Stunde vor Meetingbeginn die Raumtemperatur auf 18 ° C ein. Es muss so kühl sein, dass die Temperatur erträglich bleibt, wenn die Gäste den Raum bevölkern. Wird der Raum nicht auf einer angenehmen Temperatur gehalten, leidet das Meeting. Das Gleiche gilt für die Beleuchtung. Sorge dafür, dass der Raum hell beleuchtet ist.

Stelle den Registrierungstisch auf dem Flur auf, damit die Gäste nicht durch Zuspätkommende gestört werden. Mach allen Vertriebspartnern klar, dass sie die Nadeln für ihre jeweils erreichte Stufe tragen sollen. Wähle die freundlichsten und positivsten Menschen für die Positionen zur Begrüßung, Registration und für die Türdienste aus.

Starte die Musik 30 Minuten vor Meetingbeginn. Erhöhe die Lautstärke schrittweise, während sich der Saal füllt, um die Energie im Raum zu erhöhen. Halte ebenfalls einen stimmungsgeladenen Titel bereit, der sofort beim Abschluss des Meetings gespielt wird. Studien haben gezeigt, dass die richtige Musik die Umsätze vor Ort um bis zu 15 Prozent steigert.

Meetings sollten schnell, interessant, informativ, professionell und *unterhaltsam* ablaufen!

Die kleineren Wohnzimmertreffen sorgen dafür, dass anschließend die größeren Hotelveranstaltungen gefüllt werden. Wenn diese Struktur einmal etabliert ist, können die Vertriebspartner ihre Interessenten Schritt für Schritt die Aufstiegsleiter hinauf führen, die wir zuvor schon erwähnt hatten.

Beachte, dass wir bis jetzt noch nicht einmal über das eigentliche Meeting gesprochen haben. Denn ... all die Dinge, die du vor dem Meeting tust, sind genauso wichtig wie das Meeting selbst. Es sind die vermeintlichen Kleinigkeiten, auf die es in Wirklichkeit ankommt.

Das eigentliche Meeting

Fange pünktlich an. Wenn dein Meeting für 19:30 Uhr geplant ist, sollte es auch um diese Uhrzeit beginnen, spätestens aber um 19:35 Uhr. Wenn du auf Leute wartest, die zu spät kommen, schaffst du einen Präzedenzfall und musst jedes Mal später und später beginnen. Aber die Menschen, die pünktlich zur Veranstaltung erscheinen, sind auch diejenigen, die am wahrscheinlichsten einsteigen und das Geschäft am erfolgreichsten betreiben werden.

Es mag seltsam klingen, aber du musst deinen Mitarbeitern tatsächlich beibringen, wie man ein Meeting besucht. Mach ihnen klar, dass die eigentlichen Meetings diejenigen sind, die vor und nach der regulären Veranstaltung stattfinden.

Wenn du sicher sein willst, dass ein Interessent zu deinem Meeting kommt, dann hole ihn ab. Du kannst sagen: "Wenn es für dich in Ordnung ist, hole ich dich ab, dann können wir uns unterwegs unterhalten."

Bringe deinen Gast 15 bis 20 Minuten früher zum Meeting, damit ihr in den ersten Reihen Platz nehmen könnt. Je näher ein Gast dem Sprecher ist, desto stärker wird der Gast beeinflusst. Frühes Erscheinen gibt dir auch die Möglichkeit, deinen Gast vorzustellen. Lass ihn oder sie deinen Sponsor, die hochrangigen Führungskräfte im Raum und alle anderen Vertriebspartner mit Gemeinsamkeiten (gleiche Organisation, gleicher Beruf, usw.) kennenlernen. Und stelle deinen Gast auf jeden Fall dem Sprecher des Abends vor. Anstatt den

Sprecher als einen Fremden zu sehen, der versucht, ihm etwas zu verkaufen, hört dein Interessent nun zu, was sein neuer Freund, den er gerade kennen gelernt hat, erzählen wird.

Weitere Dinge, die du deinen Vertriebspartnern über die Teilnahme an Meetings beibringen musst, sind:

- Es ist wichtig, dass sie an jedem Meeting teilnehmen, unabhängig davon, ob sie Gäste haben oder nicht.
- Seid mit Applaus und Lachen großzügig.
- Während des Meetings gibt es keine Speisen, Kaugummis oder Getränke.
- Keine SMS und auch keine Spiele auf dem Smartphone. Beobachte den Sprecher.
- Beteilige dich, wenn der Sprecher darum bittet, insbesondere wenn es um eine Übung zu Wünschen und Träumen geht. Denn neue Interessenten zögern oftmals zu Beginn, sich hierauf einzulassen.

Nach dem Meeting sollten sich die Gespräche auf das Geschäft konzentrieren. Beantworte alle Fragen, die dein Kandidat hat, und finde heraus, ob er zum Einstieg bereit ist. Wenn nicht, gehe mit ihm das Informationspaket durch, das du ihm zum Durchlesen für zu Hause mitgibst und plane das nächste Meeting.

Meetings erfordern auf jeden Fall Arbeit. Und kontinuierliches Bemühen. Aber der entstehende Lohn ist es wert. Ich weiß, dass du manchmal auf Leute treffen wirst, die ihre Geschäftsgelegenheit mit dem Satz „Keine Meetingbesuche notwendig" bewerben. Ich weiß aber auch etwas Anderes: In der mehr als 60-jährigen Geschichte des Direktvertriebs hat es niemals ein Unternehmen geschafft, ohne Meetings die exponentielle Wachstumskurve zu erreichen und auch danach noch weiter zu wachsen.

Das Durchführen von Online-Präsentationen

Dies bringt uns zu der Debatte, ob Meetings online oder offline stattfinden sollten. Die richtige Antwort lautet: Ja.

Tatsache ist, dass ein Großteil der Meetings, die früher in Hotels stattfanden, heutzutage live im Internet übertragen werden. Und ich liebe diese Entwicklung. Online-Präsentationen können eine noch größere Bühne sein, können noch mehr Erlebnisberichte liefern und noch mehr Leute zum Einstieg bewegen.

Der grundsätzliche Ablauf eines Online-Meetings entspricht einer Live-Veranstaltung – vom Inhalt wie auch in den anschließenden Vorgehensweisen. Mein Rat an dich lautet, dich nicht ausschließlich für das eine oder das andere zu entscheiden. Integriere beide Medien, damit du die besten Ergebnisse erzielen kannst.

Wenn du die ersten Phasen deines großen Rundumschlags korrekt durchführst, werden immer wieder neue Leute zu deinen größeren Meetings kommen. Und wenn du die Meetings richtig organisierst, werden die Leute Spaß daran haben und sich darauf freuen, teilzunehmen.

Es gibt zwei verschiedene Denkweisen, was ein Meeting beinhalten und wie es ablaufen sollte. Es gibt für beide Modelle schlüssige Argumente und ich möchte über beide mit dir sprechen. (Und danach werde ich dir meine persönliche Vorgehensweise offenbaren.)

Option 1: traditionelles Meeting

Die erste Option ist das traditionelle Meeting, wie es seit ungefähr sechs Jahrzehnten erfolgreich praktiziert wird. Hierin werden alle Segmente abgedeckt, die für einen Kandidaten, der das Geschäft für sich beurteilen möchte, wichtig sind:

- Lifestyle-Vorteile (Verdienst, Freiheit, etc.)
- Nutzen für die Anwender der Produkte
- Nachfrage und Marktfähigkeit der Produktlinie (für Geschäftsinteressenten)
- Das Prinzip der Hebelwirkung

- Wie der Kandidat diese Hebelwirkung nutzen und durch den Vergütungsplan Geld verdienen kann
- Wie die Unternehmenskultur beschaffen ist - und warum diese so attraktiv sein kann
- Das System zur Unterstützung, damit neue Partner erfolgreich werden können
- Die Wichtigkeit von Timing und Positionierung
- Eine Aufforderung zum Handeln

Option 2: wöchentliche Führungskräfteschulungen

Die zweite Möglichkeit ist ein System, das mit großem Erfolg von Luca Melloni und seiner Frau Lily Rosales eingesetzt wird. Anstelle einer traditionellen Geschäftspräsentation führt ihr Team wöchentliche Führungskräfteschulungen durch. (Es ist eine Idee, auf die ich die beiden vor vielen Jahren gebracht habe und bei der ich - zu meiner großen Schande und Demütigung – zugeben muss, dass sie es viel besser umgesetzt haben, als ich es je getan habe!)

Der Plan ihrer Führungsakademie gliedert sich in drei Teile: Produktschulungen, Führungskräfteausbildung und ein abschließendes Segment, in welchem jemand seine Erfolgsgeschichte erzählt.

Jedes dieser Segmente wird von einer anderen Person präsentiert. Diese Menschen halten ihre Vorträge als Teil ihres Trainings und werden am folgenden Tag von einem Führungskräftekomitee gecoacht. *Das Faszinierendste an all dem ist, wie die Inhalte den anwesenden Interessenten präsentiert werden.* (Dies ist ein Ansatz, den ich mit großem Erfolg selbst eingesetzt habe.)

Den Besuchern wird mitgeteilt, dass sie nicht zu einer Präsentation kommen, sondern eine Schulungsveranstaltung besuchen. Und man lässt sie wissen, dass niemand versuchen wird, ihnen etwas zu verkaufen. Auf diese Weise können sie sich entspannen und selbst sehen, wie das Geschäft tatsächlich läuft. Und nachdem sie gesehen haben, wie es funktioniert, dürfen sie selbst entscheiden, ob es auch etwas für sie sein könnte. In diesem Szenario sind die Gäste weitaus weniger defensiv. Aber ihnen werden einige großartige Inhalte präsentiert, durch die sie oft dazu bewegt werden, sich dem Geschäft anzuschließen.

Lass uns daher nun die Frage diskutieren, ob du lieber Geschäftspräsentationen durchführen oder Führungskräfteschulungen abhalten möchtest ...

Meine Präferenz

Ich persönlich bevorzuge den Ansatz der Führungsakademie. Aber wenn ich ein neues Unternehmen – oder ein neues Land für ein bestehendes Unternehmen – eröffne, habe ich festgestellt, dass zum Start sechs bis 12 Monate intensiver Geschäftspräsentationen (online und offline) genau die Art von leidenschaftlicher Dynamik und Aktivität erzeugen, auf die ich abziele.

Eine Sache ist jedoch in beiden Fällen gleich: Beide Veranstaltungen sollte nicht das erste darstellen, was ein Interessent über die Geschäftsgelegenheit erfährt. Eine Präsentation in dieser Art sollte nur von jemandem besucht werden, der sich bereits mindestens den ersten oder zweiten Eindruck gemacht hat. Sodass dieser Besuch für ihn eine weitere Stufe auf der Aufstiegsleiter darstellt.

Eine weitere Sache, die für beide Fälle gilt, ist der Umstand, dass das wichtigste Meeting immer das Meeting nach dem Meeting ist. Du musst deinem Interessenten die entsprechenden Marketingmaterialien überreichen und ihm alle Fragen beantworten, die er hat. Prüfe, ob dein Interessent bereit ist, einzusteigen und schreibe ihn dann ein. Ist dies nicht der Fall, schiebe ihn auf der Leiter eine Stufe voran.

Die meisten Leute steigen nicht beim ersten und auch nicht beim zweiten Mal ein, wenn ihnen das Geschäft gezeigt wird. Oftmals tun sie das auch nicht bei den Präsentationen, sondern erst bei den anschließenden Nachbesprechungen. Nur, wenn du deine Interessenten auf der Aufstiegsleiter nach oben schiebst, werden sie diese Entscheidung treffen. Befrage deine Interessenten erneut und schiebe sie solange auf die nächste Sprosse der Leiter, bis sie sich bei dir einschreiben oder dir mitteilen, dass sie sich dagegen entschieden haben. Das Nachfassen ist dabei der Teil deiner Arbeit, bei dem die meisten Ergebnisse entstehen.

Manche Vertriebspartner sind der Meinung, dass es die Aufgabe des Unternehmens ist, Meetings durchzuführen und dafür zu bezahlen. Nichts könnte weiter von der Wahrheit entfernt sein. Denke daran, dass es um *dein* Geschäft und um *deinen* Provisionsscheck geht. Es liegt in der Verantwortung der führenden Vertriebspartner, Meetings zu organisieren und abzuhalten. Die Investition in diese Meetings ist einfach ein Teil des Aufbaus in deinem Geschäft. (Obwohl neue Unternehmen in der ersten Startphase häufig Meetings sponsern.)

Das Konzept, Meetings abzuhalten, um Interesse an der Geschäftsgelegenheit oder für die Produkte zu wecken, hat im Jahr 1970, 1990 und 2010 funktioniert. Und es wird auch noch im Jahr 2030 funktionieren. Wenn du dir die langfristige Sicherheit wünschst, die aus einer stabilen Tiefe deines Geschäfts resultiert, dann gibt es keinen besseren Weg als eine gut organisierte Struktur regelmäßig und großflächig abgehaltener Meetings.

Hinweis: Ich habe dir jetzt die Vorgehensweisen für die verschiedenen Arten von Meetings und Präsentationen geliefert. Allerdings arbeiten unterschiedliche Unternehmen auch mit unterschiedlichen Modellen. Bitte wende dich an deine Sponsorlinie, um zu erfahren, welche Vorgehensweisen in deiner Firma zum Einsatz kommen.

Unterstützung deiner Einzelhändler

Bevor wir fortfahren, müssen wir uns mit dem Problem derjenigen Partner befassen, die ausschließlich Einzelhandel betreiben möchten, aber kein Interesse daran haben, ein Team aufzubauen. (Ich habe dieses Buch nicht für diese Menschen geschrieben. Dies wäre eine zu große Informationsflut für sie. Aber ich spreche dieses Thema hier an, damit du weißt, wie du die Leute in deinem Team, die diese Option wählen, am besten unterstützen kannst.)

Deine Einzelhändler sind in erster Linie von den Produkten begeistert und möchten sich auf deren Vermarktung konzentrieren. Sie möchten nicht an Zielsetzungsseminaren oder Geschäftspräsentationen teilnehmen und auch keinen großen Rundumschlag durchführen. Versuche also nicht, sie dazu zu zwingen. Der einzige Wunsch dieser Leute ist es, die Produkte selbst zu verwenden und an Freunde zu verkaufen.

Statt sie zu drängen, an den Veranstaltungen zum Geschäftsaufbau teilzunehmen, brauchst du nur ein oder zwei Stunden damit verbringen, die für sie relevanten Informationen zu erläutern: Wie die Bestellung von Produkten, die Anmeldung von Abonnement-Kunden und die Rückerstattung funktioniert. (Für die beste Duplikation erstellst du am besten einmal eine standardisierte Einführung für neue Einzelhändler.)

Halte deine Einzelhändler über den Veranstaltungsplan auf dem Laufenden. Lasse sie wissen, dass sie immer willkommen sind, aber übe keinen Druck auf sie aus, zu allen Terminen zu erscheinen. Teile ihnen mit, dass du immer für sie da bist, wenn sie Fragen haben oder Hilfe benötigen.

Lasse sie auch wissen, dass sie mit Sicherheit Menschen begegnen werden, die das Geschäft aufbauen möchten. Empfehle ihnen, diese Leute zu dir zu bringen. Wer sich für das Geschäft interessiert, wird Hilfe beim Präsentieren, Ausbilden und bei anderen Aufgaben zum Teamaufbau benötigen. Aber ein Sponsor, der lediglich Einzelhändler ist, kann diese Hilfe nicht bieten. Wenn du einen Geschäftsinteressenten unter einem Einzelhändler einschreibst, dann arbeite so mit ihm, als befände er sich auf deiner ersten Ebene.

Hinweis: In diesem Fall ist es ratsam, dass du dem Einzelhändler vorschlägst, sich nochmals zu überlegen, ob er nicht doch ein Geschäft aufbauen möchte. Schließlich tut er bereits die meisten hierfür erforderlichen Dinge. Wenn er nun einfach nur ein paar weitere Präsentationen hinzufügt, könnte er ein eigenes Geschäft aufbauen und deutlich mehr Geld verdienen. Einzelhändler werden unweigerlich auf Leute stoßen, die ein großes Geschäft aufbauen wollen. Aber sie werden auf eine Menge Geld verzichten, wenn sie nicht irgendwann selbst mit dem Geschäftsaufbau beginnen. Doch mach diesen Menschen keinen Druck. Wenn sie Einzelhändler bleiben möchten, sei ihnen dankbar und unterstütze ihre Entscheidung.

ZUSÄTZLICHE TIPPS FÜR DAS PRÄSENTIEREN UND EINSCHREIBEN

Bonus Tipp Nummer 1

Niemand, der in einem legitimen Geschäft tätig ist, hat je die Notwendigkeit verspürt, den Satz "Das ist zu 100% legal" auszusprechen. Tatsächlich habe ich diese Aussage immer nur von Menschen gehört, die eine anrüchige und zweifelhafte Geschichte beworben haben.

Bonus Tipp Nummer 2 ...

Beim Präsentieren handelt es sich um einen der Bereiche, in dem die aktive Person tatsächlich die fähigere ausstechen kann. Jemand, der ständig viele Interessenten zum Besuch einer Präsentation bewegt – selbst, wenn seine Einladungsfähigkeiten noch verbesserungsfähig sind – wird in jedem Fall mehr verdienen, als jemand der nur zuhause sitzt und an der Erstellung der perfekten Präsentation feilt. Derjenige, der die meisten Besucher bei den Präsentationen begrüßt, gewinnt.

Bonus Tipp Nummer 3

Statistiken liefern Daten. Geschichten liefern Verkäufe. Nur wenige Menschen fühlen sich zum Handeln inspiriert, weil ihnen jemand eine Statistik vorträgt. Sorge also dafür, dass all deine Präsentationen – in allen Medien – die Macht des Storytelling nutzen.

Bonus Tipp Nummer 4

Führe die Menschen nicht zum Abschluss. Öffne sie. Bedenke, dass niemals wahre Duplikation entstehen kann, wenn dein Geschäft auf manipulativen Abschlusstechniken aufgebaut ist. Deine Aufgabe besteht darin, deine Interessenten aufzuklären. Liefere ihnen ausreichende Informationen, damit sie für sich selbst, nicht für dich, die beste Entscheidung treffen können.

Bonus Tipp Nummer 5

Sponsore anhand deiner Schwächen. Wenn du diesen Tipp wirklich verstehst, wird er dir ein Vermögen einbringen. Das wirklich Schöne an unserem Geschäft ist, dass du jede Schwäche neutralisieren kannst, indem du jemanden sponserst, der die Fähigkeiten beherrscht, an denen es dir mangelt.

Bist du chronisch schüchtern, so wie ich es war? Sponsere Menschen, die extrovertiert sind. Du hast nicht viel Geld, um dein Geschäft aufzubauen? Sponsere jemanden, der welches hat. Du hast kein Auto, um zu den Meetings zu fahren? Sponsere jemanden, der ein Auto hat.

Das ist das Jiu-Jitsu der Duplikation.

Als nächstes werden wir erforschen, wie du die sozialen Medien zum Wachstum deines Geschäfts nutzen kannst …

Kapitel 9

Wie du durch Digitalisierung und soziale Medien für eine Wachstumsexplosion sorgst

Ich erhielt eine WhatsApp-Nachricht von Art Jonak. Allein schon die Überschrift ließ mich versteinern:

"MLMler auf Instagram gegenüber MLMlern im wahren Leben."

Ich konnte mir nur vorstellen, was der Link enthüllen würde ... die Poser und Betrüger, die sich einen Tag lang einen Ferrari mieten und Bilder posten, als ob ihnen das Auto gehören würde; Anfänger, die gerade einmal 400 Dollar im Monat verdienen, aber behaupten, Millionäre zu sein. Oder wäre es ein Typ mit einem Bier in der einen und einer Zigarette in der anderen Hand, der für eine Gesundheitsfirma wirbt?

Ich hielt den Atem an und klickte ...

Falscher Alarm! Glücklicherweise stellte sich heraus, dass es sich um den Beitrag vom Instagram-Account einer Komikerin handelte, die sich lediglich über die allgemeinen Übertreibungen in den sozialen Medien lustig machte.

Aber meine Angst, als ich die erste Zeile las, war echt. Sehr, sehr echt. Wie oft hielten wir schon unseren Atem an (oder unsere Nase zu), als wir jemanden für unser Geschäft werben sahen, der die Grenzen der Integrität überschritten hat?

Wir leben in einer völlig neuen Welt. Heutzutage besteht das Problem nicht mehr nur aus irgendeinem Typen, der fünf Personen in seinem Wohnzimmer durcheinander bringt. Oder aus einem gedankenlosen Teammitglied, das in einem Hotelsaal vor 200 Personen hemmungslos übertreibt. Es gibt Leute, die Beiträge in den sozialen Medien verfassen, die in manchen Fällen Tausende, Zehntausende oder sogar Millionen Mal aufgerufen werden. Manche deiner Veranstaltungen werden live über das Internet übertragen. Und es gibt eine digitale Aufzeichnung von fast jeder dummen, ignoranten oder illegalen Behauptung, die deine Leute jemals abgegeben haben.

Wie also schaffen wir es, dieses Problem aus dem Weg zu räumen?

Gar nicht. Also lass uns diese Frage gleich wieder vergessen.

Die dunkle Seite der Technologie besteht aus Mobbing, Kindesmissbrauch und Tierquälerei. Du kannst dich über diese Probleme aufregen, kannst darüber sprechen und sie bekämpfen. (Und das solltest du auch.) Aber solange du den Faktor Mensch nicht aus der Gleichung entfernen kannst, werden Probleme dieser Art immer existieren. Firmeninhabern - und auch vielen Führungskräften im Vertrieb - mag vielleicht nicht gefallen, was ich als Nächstes sage, aber es ist die Wahrheit.

Das Internet ist keine vorübergehende Modeerscheinung. Und du kannst auch nicht warten, bis es vorbei ist. Genauso wenig kannst du deinen Mitarbeitern nicht verbieten, soziale Medien zu nutzen. Diese Technologien verändern die Arbeitsweisen in unserem Geschäft auf eine umwälzende Art – und wir können diesen Umstand nicht aus der Welt schaffen.

Du wirst deine Leute mit Sicherheit nicht davon abhalten, Fehler zu machen. Auch nicht davon, dass sie manchmal Grenzen überschreiten werden. Und die neue Welt der Technologie verstärkt das Potential für Fehler noch und stellt diese weltweit zur Schau. Wir müssen also schlauer werden - nicht nur, was Technologie im Allgemeinen angeht, sondern vor allem auch im Umgang mit den sozialen Medien und dem elektronischen Handel.

INTERNET, TECHNOLOGIE UND SOZIALE MEDIEN SCHÄTZEN LERNEN

Auf unserem Weg, der uns von der laut polternden Hurra-Begeisterung im Network-Marketing hin zum neuen Modell des kundenorientierten Verkaufs mit Hebelwirkung führt, müssen wir meiner Meinung nach eines erkennen: dass elektronischer Handel, neue Technologien und soziale Medien die wichtigsten Themen sind, mit denen wir uns heutzutage befassen müssen.

> Wenn ich derzeit Mitarbeiter auf Vorstandsebene berate, dann lautet mein am meisten gegebener Rat:
>
> Sie müssen aufhören, Ihr Unternehmen als eine [Ernährungs-, Kosmetik-, Körperpflege-, Reinigungsprodukte-, etc.] Firma zu betrachten. Und anfangen, sich als Technologie-Unternehmen zu sehen. Als ein Technologie-Unternehmen, das zufällig die Vermarktung von [Ernährungs-, Kosmetik-, Körperpflege-, Reinigungs-, etc.] Produkten betreibt.

Ungefähr 10 der brillantesten Köpfe saßen bei einem unserer Gruppenmitglieder bei einem Mastermind-Meeting zu Hause. Dies war ein streng geheimes Treffen, bei dem einige der größten Namen unserer Branche zugegen waren. Art Jonak hatte es organisiert und als "Milliarden-Dollar-Meeting" bezeichnet, weil die Teams der Teilnehmer einen Umsatz von mehreren Milliarden Dollar erzielten.

Jeder von uns hatte die Möglichkeit, sich an die Gruppe zu wenden und Themen und Vorschläge zu unterbreiten, mit denen wir uns befassen sollten. Als ich an der Reihe war, sagte ich, dass unser größtes Problem die Frage sei, wie wir Technologien und soziale Medien in unseren Unternehmen nutzen können, um voranzukommen. Ich forderte die Gruppe auf, herauszufinden, wie die perfekte Geschäftsvorstellung in den sozialen Medien aussehen würde.

Und wir machten uns zwei Tage lang Gedanken darüber

Schließlich haben wir ein Konzept entwickelt, das wir auf Facebook testeten. Das war vor ungefähr drei Jahren, und die Ergebnisse waren atemberaubend. Unsere Mitglieder und viele andere Führungskräfte in unserer Branche haben mit diesen Präsentationen riesige Umsätze erzielt. Und das war nur die Spitze des Eisbergs ...

Als Vertriebspartner bist du vielleicht von der Idee fasziniert, durch die sozialen Medien mehr Einfluss nehmen zu können. Oder du siehst darin eine konkrete Strategie, um neues Wachstum für dein Geschäft entstehen zu lassen. Doch die Wahrheit ist, dass du beide Aspekte betrachten musst.

Die übergeordnete Strategie baut deinen Einfluss langfristig auf. Die kleinen Einzelschritte hingegen sorgen für eine sofortige und messbare Steigerung deines Geschäfts und deines Einkommens.

Zuerst wollen wir der Realität ins Auge blicken, die du zu schätzen lernen musst. Soziale Medien sind die hauptsächliche Kontaktmethode, mit der wir einen großen Prozentsatz unserer Freunde und unserer Familie erreichen. Diesen Umstand müssen wir bei unseren Systemen berücksichtigen.

Die sozialen Medien haben fast jede persönliche und geschäftliche Interaktion in der heutigen Welt verändert. Die Auswirkungen spiegeln sich in allen Geschäftsprozessen wider, von der Interessentengewinnung über die Registrierung neuer Partner bis hin zur Kundenakquise und Mitarbeiterschulung. Als Führungskräfte müssen wir uns darauf einlassen, diese Erkenntnis sofort in unsere Prozesse, Systeme und Kulturen zu integrieren.

So ziemlich alles, was früher offline gemacht wurde, wird heute in Echtzeit online übertragen. Der kleinste Fehler bei einer Einkommensangabe oder einer Produktbewertung kann nun ernsthafte rechtliche Schritte nach sich ziehen. Sogar ein einfaches Vorher-Nachher-Bild zur Gewichtsabnahme kann in manchen Ländern problematisch sein. Diejenigen unter uns, die in stark regulierten

Branchen wie Nahrungsergänzungen, Versicherungen und ähnlichen Bereichen arbeiten, stehen besonders in der Schußlinie. Das ist mir klar.

Wie bereits erwähnt: soziale Medien erhöhen die Wahrscheinlichkeit, dass dumme Verhaltensweisen aufgezeichnet und an die Sorte von Zuschauern gesendet wird, die du lieber nicht haben möchtest. Auch das ist mir klar. Doch Social Media wird nicht so schnell verschwinden. Und wenn du nicht herausfindest, wie du die sozialen Medien mit deinem Team effektiv nutzen kannst, bist du und dein Unternehmen von einem gravierenden Marketingnachteil betroffen.

Mindestens schon seit den 80er Jahren sagen die Menschen in unserer Branche den Tod von Geschäftsvorstellungen im privaten Umfeld oder in Hotels Wohnzimmer- und Hotelmeetings voraus. Es scheint jedoch, dass diese Todesanzeigen voreilig aufgegeben wurden. Denn solche Veranstaltungen sind noch lange nicht tot. Ich behaupte sogar, dass sie es niemals sein werden.

Bitte nimm daher dieses Kapitel nicht als Argument, um persönlichen Kontakten, deinem warmen Markt oder Meetings aus dem Weg zu gehen. Denn das ist sicher nicht gemeint.

Was ich damit sagen möchte, ist, dass du auch dann soziale Medien einsetzen wirst, wenn du in deinem warmen Markt arbeitest. Social Media wird ein wesentlicher Bestandteil des Qualifikations- und Rekrutierungsprozesses sein. Und die Einzel-, Wohnzimmer-, Hotel- und Online-Präsentationen können und werden nahtlos miteinander verwoben werden.

Das größere Problem ist die ständig wachsende Rolle, die Technologie und elektronischer Handel in unserem Geschäft spielen. Jedes Unternehmen, das heutzutage keine effektiven mobilen Apps und replizierten Websites für seine Partner anbietet, stellt seine Leute geradezu ins Abseits.

Ein Blick auf das Potential der Wachstumsmärkte

Zuvor eine kurze Erklärung zu all dem, bevor wir uns mit den Einzelheiten befassen ...

Worüber ich jetzt mit dir spreche, ist auf den Märkten der Ersten Welt bereits Realität. Internetzugang, neue Technologien und die ständig sinkenden Kosten der Datenübertragung werden die Umsetzungsgeschwindigkeit in Märkten beschleunigen, die derzeit noch als Länder der zweiten oder dritten Welt gelten. Aber diese gegenwärtige Realität der Ersten Welt wird irgendwann den gesamten Globus umfassen. *Und zwar viel schneller, als es den meisten Menschen bewusst ist.*

Eine große Zahl von Menschen, die in ärmeren Ländern wie Indien oder Afrika Geschäfte tätigen, verfügen über Smartphones und über 3G- oder 4G-WLAN. In vielen Unternehmen entwickelt sich das Geschäftsmodell weg vom alten MLM-Stil hin zu einem E-Commerce-Ansatz, der eher in unsere heutige Zeit passt. Wie ich in Kapitel 2 schon erwähnt habe, liegt der Ruf von MLM in Schutt und Asche. Doch die Reputation des E-Commerce ist sensationell und wird immer besser.

Wir sind sowohl in das Technologiezeitalter als auch in die „Gig-Economy" (befristete Aufträge, schnell wechselnde Kunden und Anbieter) eingetreten. Die Menschen fahren ein paar Tage in der Woche mit Uber, monetarisieren die Videos ihrer Katze auf YouTube, bieten ihre Handarbeiten auf Etsy.com an und verkaufen gegen Provision alle möglichen Dinge an ihre Internet-Kontakte, ohne jemals Inventar auf Lager zu haben.

Der Verkauf mit Hebelwirkung bietet viele solcher E-Commerce-Möglichkeiten mit Direktversand zum Kunden, ohne dass die Vertriebspartner dafür eine Lagerhaltung betreiben müssen. Diesen Trend haben wir zu akzeptieren, müssen ihn annehmen und zu unserem eigenen machen. In Asien explodiert derzeit diese Form von Verkauf mit Hebelwirkung. Dort vergöttern die

Menschen Jack Ma von Alibaba, und im Grunde hat er nichts anderes getan und gelehrt. Und die Menschen lieben es.

Schauen Sie sich diesen Tweet des Präsidenten von Amway, Doug DeVos, an: "Es ist unglaublich, wie schnell sich das Amway-Geschäft durch mobile Endgeräte in China, unserem Top-Markt, verändert hat. 85% der Produktverkäufe werden jetzt online getätigt. Große Anstrengungen unserer digitalen Marktführer in China haben eine schnelle Veränderung im gesamten Unternehmen vorangetrieben."

Es gibt eine mobile App namens Rappi, die einen On-Demand-Lieferservice in Lateinamerika anbietet. Benutzer können Lebensmittel, Medikamente und fertig zubereitete Gerichte bestellen - oder Avon-Produkte. Und alles wird innerhalb von zwei Stunden geliefert.

Wir müssen also nicht nur die sozialen Medien nutzen, um das Geschäft zu betreiben und zu fördern. Wir müssen auch noch mehr Aspekte des E-Commerce und der Gig-Economy in unseren Geschäftsaufbau integrieren.

Fokus auf Funktionalität und Prozesse

Da sich die Technologie schnell und ständig ändert, solltest du dich nicht von den Feinheiten der einzelnen Plattformen aufhalten lassen. Diese befinden sich in einem ständigen Wandel. Jetzt im Moment sind Facebook und Instagram sicherlich die wichtigsten Portale. Aber in einem Jahr können es zwei völlig andere Plattformen sein. (Und wahrscheinlich wird es auch so kommen.)

Daher will ich mich stattdessen auf *Funktionalität* und *Prozesse* konzentrieren. Dies sind die entscheidenden Elemente, wie soziale Medien in der Lage sein werden, dein Geschäft zu beeinflussen.

Was die Funktionalität angeht, müssen wir mit der Rolle mobiler Apps beginnen, die uns helfen können, das Geschäft zu betreiben. In den entwickelten Ländern stellt dies die größte Veränderung von menschlichem Verhalten und Marketingpraktiken dar, die je innerhalb einer Generation stattgefunden hat. Nahezu alles, was wir täglich tun, wird jetzt durch die Verknüpfung mit einem Smartphone beeinflusst.

Mobile Apps ändern die Art und Weise, wie wir einkaufen, verkaufen, Kontakte zu anderen Menschen pflegen, wie wir lernen - im Grunde genommen also fast alles, was wir tun. Wir nähern uns in Blitzgeschwindigkeit dem Punkt, an dem es auf dem Planeten fünf Milliarden Smartphones geben wird. Und niemand weiß, wie viele Smartwatches, weitere Wi-Fi-Apparaturen oder sogar implantierte Geräte im Einsatz sein werden.

Du bist dir wahrscheinlich der zunehmenden Nutzung mobiler Apps in deiner Umgebung bewusst. Aber es ist immer noch unwahrscheinlich, dass du wirklich erkannt hast, welchen zerstörenden Einfluss diese Dinge tatsächlich in den nächsten zehn Jahren nehmen werden. Alles im Wirtschaftsleben (und auch in vielen anderen Bereichen) funktioniert nur durch Marketing. *Und in den nächsten 10 Jahren werden mobile Apps die bisherige Form des Marketings bei weitem mehr durcheinanderwirbeln als es Zeitungen, Radio, Direktwerbung, Fernsehen und das Internet zusammengenommen getan haben.* (Und da du im Verkauf mit Hebelwirkung tätig bist, solltest du den letzten Satz noch einmal lesen.)

Jeder Prozess, den wir in unserem Geschäft ausführen, wird letztendlich auf einem Smartphone erledigt werden:

- Interessentengewinnung
- Bestellwesen
- Geschäftseinstieg
- Marketing

- Kommunikation
- Ausbildung

Wir könnten uns hier noch viel eingehender mit diesem Thema befassen, aber das ist hier nicht der eigentliche Punkt. Worum es wirklich geht, ist, dass unsere vollständige Hingabe an mobile Smartphone-Apps jeden Aspekt des Geschäfts beeinflussen wird. Und trotzdem haben wir eine alarmierende Anzahl von Unternehmen in unserer Branche, die nicht einmal über Websites verfügen, die für mobile Endgeräte optimiert sind. Oder die ihren Vertriebspartnern keine funktionsfähigen, replizierten Websites zur Verfügung stellen.

Die meisten Unternehmen in unserer Branche scheinen dem Trend 10 Jahre hinterher zu sein. Und im Technologiebereich sind 10 Jahre wie 100. (Firmeninhaber und Führungskräfte, die das hier lesen, müssen dieses Thema zur obersten Priorität machen. Und meinen Rat befolgen, an erster Stelle zu einem Technologie-Unternehmen zu werden.)

UMSATZWACHSTUM DURCH SOZIALE MEDIEN

Und an alle Vertriebspartner, die dies hier lesen: lasst uns zu einer Sache zurückkehren, über die wir viel mehr Kontrolle haben – zu deinen Social-Media-Konten und darüber, wie du sie für die Entwicklung deines Geschäfts nutzen kannst.

Hier kommt, was vielleicht das größte Problem in unserer Diskussion darstellt: Es gibt heutzutage keine Streiterei mehr darüber, ob man das Geschäft "von Angesicht zu Angesicht" betreiben oder Technologien wie z.B. soziale Medien nutzen sollte. Der Kontakt per Social Media entspricht heutzutage der Definition „von Angesicht zu Angesicht". Im Ernst. So interagieren die Menschen heute.

Heutzutage erfahre ich über Facebook, wann meine Nichten oder Neffen heiraten, ein Baby bekommen oder ins Krankenhaus gehen. Es würde ihnen nicht einmal in den Sinn kommen, Familienmitglieder anzurufen und solche

Neuigkeiten zu verbreiten. Und wenn du sie anrufst, um deine verletzten Gefühle auszudrücken, weil man es dir nicht gesagt hat, lautet die vorwurfsvolle Antwort: "Folgst du mir nicht auf Facebook?!"

Tatsache ist, dass die sozialen Medien ein wesentlicher Bestandteil unseres gesamten Lebens sind und auch weiterhin bleiben werden. Und jedes Unternehmen auf der ganzen Welt, einschließlich unserer Firma, muss diese Medien in unterschiedlichem Maße nutzen. Aber vielleicht ist folgendes der wichtigste Punkt, den es zu berücksichtigen gilt ...

Der Einsatz sozialer Medien in unserem Beruf ist äußerst effizient, effektiv und macht Spaß.

Ich möchte noch einmal darauf hinweisen: es ist wichtig dass du dich nicht von den Feinheiten der verschiedenen Plattformen ablenken lässt. Denn alle Plattformen befinden sich ständig in einem Zustand des Wandels. Aber die Funktionen und Vorgehensweisen, über die ich gleich spreche, werden weiterhin wirkungsvoll und von Dauer sein.

Lass mich dir also einige der Funktionen und Vorgehensweisen zeigen, die derzeit für erstaunliche Ergebnisse sorgen.

Überzeugende Profile

Der Punkt, den ich hier anspreche, mag banal klingen, ist aber von entscheidender Bedeutung. Sorge dafür, dass deine Profile so eingerichtet sind, dass sie dich tatsächlich attraktiv wirken lassen, statt Menschen abzustoßen. Das tolle Bild von dir, wie du einen ganzen Stiefel Bier austrinkst, mag zu deinen Studentenzeiten lustig gewesen sein. Aber jetzt, wo du Vertriebspartner für ein Wellness-Unternehmen bist, tust du dir damit keinen Gefallen. Finde ein attraktives Foto, das dem Bild entspricht, das du von dir abgeben möchtest.

Es sollte selbstverständlich sein (ist es aber für viele Leute nicht), dass du eine Menge Kandidaten verlieren wirst, wenn du schnippische, boshafte Beiträge verfasst, mit denen du Menschen beleidigst. Deine Online-Profile entsprechen deinem Lebenslauf im Internet. Wenn deine Vorstellung mit Sätzen wie „Wenn du [Name von Politiker X] wählst, dann klicke jetzt auf un-friend“ beginnt, wirst du keinen Beliebtheitswettbewerb gewinnen.

Solltest du das Gefühl haben, auf diese Erde gesandt worden zu sein, um auf die Fehler anderer Menschen hinzuweisen . . . und wenn du denkst, eine übernatürliche Persönlichkeit hätte dich gesalbt, damit du anderen erklärst, wie dumm ihre politischen Ansichten sind, dann folge auf jeden Fall deiner Leidenschaft. Aber bitte beende deine Karriere in diesem Geschäft und versuche es als Ersatzmoderator im Nachmittagsfernsehen.

Zurückhaltende Werbung als Vertriebspartner

Dies ist eine einfache Praxis, die immer mehr Fahrt aufnimmt. Einige Leute tun dies im größeren Stil, jedoch mit weniger Duplizierbarkeit, indem sie sich das Fachwissen für Facebook- oder Instagram-Story-Anzeigen aneignen.

Andere tun dies auf einfachere Weise und mit besserer Duplizierbarkeit, indem sie einfach die Menschen kontaktieren, die ihnen bereits folgen. Manche sind so zurückhaltend, dass sie einfach nur den Nutzen ihrer Produkte oder ihres Geschäfts in ihrem Profil erwähnen. Sie informieren lediglich die Leute, die interessiert sein könnten. Andere steigern das Tempo, indem sie regelmäßig Werbebeiträge erstellen oder auch von ihrem Unternehmen bereitgestellte Anzeigenvorlagen in ihren Feeds platzieren.

Live-Online-Präsentationen

Dieses Medium verzeichnet ein enormes Wachstum, und ich bin einer seiner größten Befürworter. Hier hast du einerseits den Live-Charakter einer Hotelveranstaltung, präsentierst aber in einem Online-Format. Wie bereits erwähnt, führt ein Mitglied unseres „Millarden-Dollar-Meetings" in jedem Kalendermonat eine solche Präsentation durch, um den Monat mit richtig starken Umsätzen abzuschließen. Er erstellt ein Spezialangebot und macht vorab alle Teammitglieder darauf aufmerksam. Anschließend fasst jedes Mitglied bei den Interessenten nach, die es zur Präsentation geschickt hat. Die Leute in dieser Gruppe sind außerordentlich erfolgreich darin, das Spezialangebot zu verkaufen und neue Kunden zu gewinnen.

Andere Unternehmen mit wöchentlichen Auszahlungsplänen haben eine ähnliche Vorgehensweise, aber mit wöchentlichen Shows. Eine kleine Änderung, mit der sich die Energie und die Ergebnisse noch steigern lassen, ist das Streamen von Shows „vor Ort". Also die Übertragung einer Live-Veranstaltung mit einem echten Publikum im Raum. Die Online-Gruppe und die Gruppe vor Ort profitieren von der gegenseitig erzeugten Energie.

Diese Präsentationen sind besonders in neuen Ländern und Städten hilfreich, in denen das örtliche Team noch zu klein ist, um eigene Meetings mit ausreichend großem Publikum abzuhalten. Alle Menschen aus dem ganzen Land - oder sogar der ganzen Welt - online zusammenzubringen, lässt die gleiche soziale Bestätigung und die gleiche Energie entstehen, die auch ein riesiges Live-Meeting mit 1.000 Teilnehmern erzeugt.

Und das Prinzip dieser Online-Veranstaltungen ist nicht nur auf die traditionellen Geschäftspräsentationen beschränkt. Manche Vertriebspartner halten persönliche Unterhaltungsshows im Stil des Homeshopping-TV ab. Dabei unterhalten sie ihre Interessenten mit spannenden Geschichten und viel Humor. Und sie lassen auch die Zuschauer zu Wort kommen – während sie gleichzeitig ihre Produktangebote einfügen.

Aufgezeichnete Video-Präsentationen

Diese Präsentationen sind fast genauso unterhaltsam wie eine Live-Übertragung. Der Unterschied besteht darin, dass sie zuvor aufgezeichnet wurden und anschließend auf der Unternehmensseite oder einer Social-Media-Plattform angesehen werden können. Vertriebspartner haben nun die Möglichkeit, sich mit ihren Kontakten persönlich, per App, über soziale Medien oder telefonisch in Verbindung zu setzen und ihren Interessenten einen zugehörigen Link zu senden. Oder die Vertriebspartner veröffentlichen diesen Link regelmäßig mit einem zugkräftigen Posting in den sozialen Medien.

Online-Angebote zum Musterversand

Dieser Ansatz eignet sich hervorragend, um neue Einzelhandelskunden zu gewinnen. (Von denen anschließend auch viele zu Vertriebspartnern werden.) Dies geschieht, indem du Anzeigen in deinen Social Media-Feeds für ein spezielles Testangebot oder für eine Produktprobe postest. Einige Unternehmen erzielen auf diese Weise mit Produkten wie Keto-Kaffee oder Energy-Drinks erstaunliche Erfolge.

Es gibt einige verschiedene Szenarien, die gut funktionieren:

- Der Kandidat zahlt eine Schutzgebühr (im Bereich von 3 bis 5 Euro), die Versand und Abwicklung abdecken soll.
- Der Vertriebspartner trägt die Kosten selbst und der Interessent erhält das Testprodukt kostenlos.
- In anderen Modellen bewirbt die Anzeige das Warenmuster und erst, nachdem sich ein Interessent gemeldet hat, entscheidet der Vertriebspartner, ob er die Probe kostenlos verschickt oder um eine Schutzgebühr bittet.

Online-Angebote zum Produkttest

Diese Strategie funktioniert auf ähnliche Weise wie die oben genannten Testversionen. Die Teammitglieder versenden manuell oder über eine App ein Angebot an ihre Kontakte. In diesem Fall bieten sie jedoch eine größere Auswahl an: ein komplettes Paket aus dem Produktsortiment, das zu einem Preis von 20 oder 25 Euro angeboten wird. In diesem Paket ist größere Menge des Produkts enthalten, die Idee dahinter ist, ein Produktergebnis zu erzielen, das möglicherweise einen etwas längeren Zeitraum erfordert. (Z.B. ein zweiwöchiges Programm zur Gewichtsreduktion.)

Erstellung eines kostenlosen Informationstrichters

Dies ist eine Marketing-Technik, die es schon seit Langem gibt - sie wurde nur aktualisiert, um sie auf die sozialen Medien anzupassen. Die Idee ist einfach: Du bietest kostenlos einige wertvolle Informationen an. Das Ziel dahinter ist, dich als sachkundiger Experte oder als wertvolle Quelle für hilfreiche Informationen zu positionieren. Sobald jemand deine kostenlosen Informationen (einen Sonderbericht, ein Video, eine Broschüre usw.) erhält, hast du jetzt einen qualifizierten Interessenten, bei dem du mit Angeboten für deine Produkte nachfassen kannst.

Erstellung von Gruppen, die den Produktnutzen hervorheben

Auch die folgende Vorgehensweise kann dir ausgesprochen wirkungsvolle Ergebnisse liefern, wenn du es richtig machst. Ein Team von Vertriebspartnern gründet eine Facebook-, WhatsApp- oder WeChat-Gruppe, die sich auf Themen wie Wellness, Mode, Leistungssteigerung, usw. konzentriert. Diese Partner füllen die Seite regelmäßig mit fortwährend hinzugefügten Inhalten: Live-Übertragungen, Videos, Bilder und viele Testimonials. Anschließend verwenden sie die Inhalte aus der Gruppe für eine Nachbereitung, indem sie ihre Interessenten und Kunden in die Gruppe einladen.

Erstellen von Wiederverkäufer-Accounts in den sozialen Medien

Einige Unternehmen erzielen momentan mit dieser Strategie große und durchschlagende Ergebnisse. Es ist ein einzigartiger Ansatz, der auf die Gewinnung vieler neuer Einzelhandelskunden abzielt.

Bei einem der Unternehmen handelt es sich um einen Anbieter von Freizeit- und Trainingsbekleidung. Jeder neue Teampartner erstellt ein neues Instagram-Profil - speziell für den Verkauf seiner Produktlinie. (Der Vertriebspartner verwendet dafür nicht sein persönliches Instagram-Profil, selbst dann nicht, wenn er eines hat.)

Etwa 50% der Einführungsschulung dieses Unternehmens befassen sich mit der Einrichtung dieser Instagram-Accounts. Die Unternehmensleitung arbeitet eng mit ihren Partnern zusammen, um sicherzustellen, dass das Konto einen unvergesslichen Eindruck macht, tolle Bilder und eine lustige Story liefert, die auf eingängige Weise die Geschichte des Unternehmens erklärt.

Anschließend sendet das Teammitglied Einladungen von seiner persönlichen Instagram-Seite und seinen anderen Social Media-Konten, um seine Kontakte auf diese neue Instagram-Seite zu leiten. (Sie gehen auch auf die Suche nach anderen Personen, die ähnliche Interessen haben und ihnen folgen könnten. Denn sie wissen, dass ein bestimmter Prozentsatz dieser Leute auf ihre Seite gehen und diese dann wieder aufrufen wird.) Die Partner müssen lediglich neue Beiträge verfassen (etwa 80 Prozent handeln von den Produkten, in den restlichen geht es um Spaß und Lifestyle). Dabei können die Partner vier, sieben oder sogar zehn Postings pro Tag versenden. (Und die Follower tragen sich nicht aus, da es sich um ein Thema handelt, an dem sie interessiert sind.) Diese Postings werden auch mit den geeigneten Hashtags versehen, damit sie zusätzlich viele neue Follower generieren.

Aber der große Tag ist einmal in der Woche, wenn neue Produkte angekündigt oder bestehende Produkte wieder nachgeliefert werden. Das Unternehmen sendet eine E-Mail an alle Vertriebspartner (und stellt diesen eine Instagram-Support-Seite zur Verfügung). In der E-Mail stellt das Unternehmen Videos mit Erklärungen zu den neuen Outfits und viele Bilder zur Verfügung. Die Mitarbeiter können dann die Bilder und Videos weiterleiten oder ihre eigenen Instagram-Storys zu den neuen Kleidungsstücken erstellen. Dieses Unternehmen wächst wie Unkraut und produziert an den wöchentlichen Starttagen etwa 50 Prozent seiner Umsätze.

***

Dies sind nur ein paar lustige Beispiele dafür, wie Menschen heutzutage in unserem Geschäft erfolgreich Umsätze durch soziale Medien aufbauen. Die Möglichkeiten sind endlos und werden sich ständig weiterentwickeln – so, wie es die sozialen Medien, aber auch unsere Unternehmen, tun.

Dies ist definitiv ein Bereich, den du mit deiner Sponsorlinie besprechen solltest: welche Vorgehensweisen für deinen Geschäftsaufbau und deine Produktlinie am besten geeignet sind. Ich wollte hier lediglich deine Fantasie anregen und dir einige der aufregenden neuen Strategien zeigen, die heutzutage möglich sind.

Ich gehe davon aus, dass dieses Kapitel zu erheblichen Diskussionen in unserer Branche führen wird. Es gibt immer noch viele Menschen, die glauben, dass diese Strategien nicht ohne weiteres dupliziert werden können. Aber ich denke, dass diese Denkweise falsch ist.

Ist es wirklich schwieriger, jemandem zu vermitteln, wie man nach einem Hashtag sucht – um geeigneten Personen zu folgen und mit ihnen in Kontakt zu treten -, als ihnen ein Gesprächsskript für ihre Telefonate beizubringen? Ja, natürlich müssen hierfür die Schulungen für neue Mitglieder geändert werden. Aber ich behaupte, dass sich ohnehin dein *gesamtes* Training ändern sollte. Du musst dich der Realität stellen, was heutzutage in der Welt vor sich geht.

Die andere Sache, die wir hier berücksichtigen sollten, ist, dass die meisten Menschen unter 30 - die derzeit einen großen Teil unseres Geschäfts ausmachen - bereits meisterhafte Fähigkeit im Bereich der sozialen Medien mitbringen. Sie sind mit Smartphones aufgewachsen und haben noch nie ohne Internet gelebt. Sie benötigen lediglich eine einfache Anleitung, wie sie ihre Profile für ihr neues Geschäft anpassen können. Und, wie sie mit ihren Kontakten auf freundliche und einladende Weise eine Verbindung zu ihrem Angebot herstellen können.

Als nächstes werden wir darüber sprechen, wie du echte Tiefe und nachhaltige Duplikation in deinem Team erschaffen kannst ...

KAPITEL 10

So produzierst du nachhaltige Duplikation und echte Tiefe in deiner Gruppe

Newtons erstes Trägheitsgesetz

„Ein Körper verharrt im Zustand der Ruhe oder der gleichförmig geradlinigen Bewegung, sofern er nicht durch einwirkende Kräfte zur Änderung seines Zustands gezwungen wird."

Newtons zweites Trägheitsgesetz

„Die Änderung der Bewegung ist der Einwirkung der bewegenden Kraft proportional und geschieht nach der Richtung derjenigen geraden Linie, nach welcher jene Kraft wirkt."

Newtons drittes Trägheitsgesetz

„Es ist eine unveränderliche Tatsache der Physik, dass, je größer die Anstrengungen sind, jemanden in deiner Gschäftspräsentation zum Abschluss zu überreden, dessen Duplikation umso geringer ausfällt."

Okay, ich habe gelogen. Das dritte Gesetz ist meins. Und obwohl ich an dieser Stelle etwas unverschämt war, glaube ich, dass mein Gesetz so unveränderlich ist wie das von Newton. Hier ist der Grund...

Es gibt eine Variable, die beim Gage'schen Gesetz ins Spiel kommt, in Newtons Gesetzen aber nicht berechnet wurde: Menschen.

Wenn du im Direktvertrieb ein großes, erfolgreiches Team aufbauen möchtest, musst du dies leider mit Menschen tun. Und Menschen sind irrational, logisch, methodisch, impulsiv, nachdenklich, gedankenlos, verletzend, liebevoll, kleinlich, großzügig, faul und ehrgeizig.

Und wenn du all das verstanden hast, dann sind Menschen in bestimmten Szenarien bemerkenswert vorhersehbar ...

Zum Beispiel beim Einstieg in ein Direktvertriebsgeschäft. Nehmen wir an, du hältst eine Präsentation für einen Gast ab. Dein Angebot scheint für deinen Teilnehmer nicht interessant zu sein. Du kannst es spüren. Aber du machst dir keine Sorgen ...

Weil du mit Tony Robbins über glühende Kohlen gelaufen bist und NLP studiert hast. Du hast jeden möglichen Einwand vorausgesehen und hältst für jede Situation eine griffige Einwandbehandlung bereit. Du bist stolz auf die Tatsache, dass du einer Ölraffinerie Solarmodule verkaufen konntest, und beherrschst jede Abschlusstechnik, die es auf Gottes weitem Erdboden gibt.

Dein Interessent sagt: "Ich würde gerne mit meiner Frau darüber sprechen und nochmals darüber nachdenken."

Du: „Wer hat denn in deiner Familie die Hosen an? Bist du nicht der Typ, der selbst eine Entscheidung treffen kann? "

Ihr Kandidat: „Ich mag meine Arbeit, ich bin gerne Lehrer von Beruf."

Du: „Ist Ihnen klar, wie dumm es ist, zu studieren und das ganze Geld für ein Diplom zu verschwenden? Wissen Sie nicht, dass Sie immer nur ein Sklave Ihres Chefs sein werden? Sie könnten einen Tesla haben, anstelle des heruntergekommenen Toyotas, den Sie derzeit fahren. "

Ihr Kandidat: "Wissen Sie, ich habe das Gefühl, dass Sie ein Vollidiot sind."

Sie: „Ich verstehe, wie Sie sich fühlen. Ich habe mich genauso gefühlt. Aber dann habe ich herausgefunden ... "

Hör auf. Hör einfach auf.

Hier ist die Sache, die die Leute übersehen: Manchmal kannst du jemanden mit so viel Intensität überzeugen, dass er ein Starterset und eine Warenerstausstattung für 400 Euro einfach nur deshalb kauft, damit er dich loswird.

> *Je mehr Energie du investierst, um jemanden zum Abschluss zu bringen, umso weniger wird er sich duplizieren.*

Warum? Weil Duplikation durch Menschen entsteht, die das Verhalten nachahmen, das du mit ihnen praktiziert hast. Wenn sie sich aber bei diesem Verhalten unwohl fühlen; wenn es mit der Art der Person, die sie sind (oder sein wollen), in Konflikt steht, werden sie es dir nicht nachmachen.

Was ist der Grund, warum manche Menschen riesige Vertriebsgruppen aufbauen und über Jahrzehnte hinweg ein Passiveinkommen beziehen? Während andere wütend alle paar Monate von Neuem in ihren Hamsterrädern rennen müssen, um die abgebrochenen Linien wieder aufzubauen? Der Grund ist, dass die erste Gruppe das Prinzip der Duplikation verstanden hat. Diese Menschen kennen den Unterschied zwischen dem Aufbauen und dem Antreiben neuer Linien.

Aufbauen oder Antreiben neuer Linien

Ich hatte dir erzählt, dass du neue Linien (bzw. Teams) mit Menschen und Prozessen aufbaust. Dein Wachstum basiert auf duplizierbaren Handlungen und hierdurch erzielst du weiteres, fortschreitendes Wachstum. Doch Menschen, die ihre Linien antreiben, tun dies mit lautem Werberummel und müssen diesen ständig aufrecht erhalten. Weil sonst die Zahl der Menschen, die wieder aussteigen, größer ist als die Zahl ihrer Neueinschreibungen.

Die Grundsteinlegung

Wenn du eine Linie aufbaust, legst du einen Grundstein und baust dann konsequent auf diesem Fundament auf. Das Ziel hierbei ist, eine Struktur zu schaffen, die allen Herausforderungen standhält.

Du erschaffst diese Linie mit den Bausteinen, über die wir schon gesprochen haben: Halte dich an die Formel, verinnerliche und befolge das System und verwende Werkzeuge nach dem Prinzip der dritten Person. Alle Entscheidungen werden abhängig davon getroffen, ob sie 10, 50 oder 100 Ebenen tief dupliziert werden können.

Vergleiche dies mit dem Vorantreiben einer Linie

Du erlebst es oft bei den Dinosauriern und Zombies, über die ich in Kapitel 2 gesprochen habe. Sie huschen ständig von einer Firma zur nächsten und suchen ständig nach der nächsten „besten Geschäftsgelegenheit der Welt".

"Heavy-Hitter Henry" erkennt, dass viele seiner Vertriebspartner aussteigen und dass die Zahlen auf seinem Scheck ständig kleiner werden. (Und das Garantieeinkommen, das ihm im Rahmen einer Hinterzimmer-Absprache zugesagt wurde, wird auch bald ablaufen.) Er weiß also, dass es an der Zeit ist, zum nächsten heißen Deal zu wechseln.

Henry lässt heimlich durchsickern, dass er auf der Suche nach einer neuen Firma ist. Und es gibt immer irgendeinen leichtgläubigen Firmeninhaber, der denkt, dass er mit Henry auch gleich dessen gesamtes Team an Bord bringt. Sodass die Firma in der ganzen Szene bekannt werden wird. Verhandlungen finden statt, ein Deal wird abgeschlossen und geheime Zahlungen werden arrangiert.

Henry beginnt in den sozialen Medien zu posten und kündigt an, dass er "Nachforschungen anstellt", was wohl die beste Gelegenheit für ihn sein könnte.

Er lädt alle ein, darzulegen, warum er bei ihrer Firma einsteigen sollte. Natürlich sieht sich Henry keine der Unterlagen an, die sie ihm senden. Schließlich hat er seinen nächsten Deal bereits ausgehandelt. Er sammelt lediglich Kontakte für seine persönliche „Trottelliste". Dann kündigt er als Nächstes an, dass er 139 mögliche Gelegenheiten persönlich untersucht hat. Und nun durch einen unfehlbaren analytischen Algorithmus berechnen lässt, welches die beste Gelegenheit sein wird. An dieser Stelle beginnt der Promotion-Wahnsinn, seinen Lauf zu nehmen ...

Das am schnellsten wachsende Unternehmen der gesamten Branche! Wachstumsraten von 1.346 Prozent pro Monat ... Das wird die nächste Milliarden-Euro-Firma werden! Finden Sie heraus, warum die Top-Führungskräfte zur ABC-International-AG wechseln! SPRING AUF DEN FAHRENDEN ZUG AUF!!! Rufen Sie Ihre Downline an, bevor sie Sie anruft!

Die Webinare und Online-Präsentationen beginnen mit einem überbordenden Wasserfall atemberaubendsten Sensationsgeistes. Sie versprechen jede Menge kostenloser Partner durch Spillover und bieten die Chance, dem „am schnellsten wachsenden Unternehmen in der Geschichte der Welt" beizutreten. Die ausgefüllten Vertriebspartneranträge kommen nur so hereingeflattert.

Doch es werden keine echten Beziehungen aufgebaut, keine Grundsteine gelegt und auch keine Bindung zum Unternehmen oder zu den Produkten geschaffen. 90% dieser Neueinsteiger werden niemals eine zweite Produktbestellung abschicken (vorausgesetzt, dass sie überhaupt eine erste aufgegeben haben. Dann stagniert plötzlich die Zahl der Neueinstiege, die Umsatzstatistiken zeigen abwärts und nun beginnt Henry den Prozess von Neuem ...

Ich könnte dir mindestens fünf Namen solcher Personen nennen, die aus unerfindlichen Gründen als Marktführer oder Top-Führungskräfte in unserer Branche gelten – obwohl sie diese Vorgehensweise drei- bis fünfmal im Jahr praktizieren.

Wie halten diese Leute ihre Glaubwürdigkeit aufrecht und kommen ständig mit dieser Abzocke davon 💩? Weil sie mit Menschen zu tun haben. Und Menschen lassen manchmal zu, dass ihr rationales Denken, ihre Logik und ihr Sinn für Realität außer Kraft gesetzt werden.

Selbst ehrliche, wohlmeinende Menschen greifen manchmal auf das Vorantreiben ihrer Linien zurück, obwohl sie sich ihrer eigenen Vorgehensweise meist gar nicht bewusst sind ...

Sie verstehen nicht, wie Duplikation funktioniert und sind frustriert, dass ihre Mitarbeiter nicht in der Lage sind, eigenes Wachstum zu erschaffen. Also fangen sie an, noch mehr persönliche Leute zu sponsern und platzieren diese – in der Hoffnung, ihre Partner in die nächsthöhere Stufe im Vergütungsplan zu bringen – untereinander in ihrem bestehenden Team. Weil sie denken, dass diese Partner nun dadurch motiviert würden, mehr zu tun. Außerdem rufen sie immer wieder die verrücktesten Werbekampagnen ins Leben, um ihre Gruppenumsätze zum Monatsende zu steigern und um sich hierdurch selbst für die nächsthöhere Stufe zu qualifizieren. Beispielsweise, indem sie ihre Teampartner dazu bringen, zusätzliche Bestellungen aufzugeben. Doch das ist lediglich ein Vorantreiben der Linien durch Werberummel und hat nichts mit einem stabilen Aufbauprozess zu tun.

Andere treiben ihre Linien voran, indem sie zum Superhelden werden

Sie halten alle Präsentationen selbst ab, richten alle Meetings aus und führen alle Schulungen durch. Sie verschenken Interessenten und Kunden an die Partner unter ihnen und tun das in der Hoffnung, dass diese Leute dadurch motiviert werden. Sie sind die ultimativen Arbeitstiere, die alle Aufgaben ihrer Teampartner selbst erledigen müssen. Wenn sie jemals in ihrem Arbeitstempo nachlassen, knicken die Verkaufs- und Sponsorzahlen sofort ein. Sie sind zwar die Superhelden, aber sie werden niemals in einem Marvel-Film auftauchen und dürfen auch kein Cape und keine Strumpfhose tragen. Letztendlich sind sie von all den co-abhängigen Menschen in ihrer Gruppe frustriert (obwohl sie diese Leute selbst zu deren Verhalten erzogen haben) und geben auf.

Der prominente Interessenten-Magnet

Dies ist ein weiteres Szenario, auf das du achtgeben musst. Ich kann gar nicht mehr zählen, wie oft ich dieses Spiel in den letzten 20 Jahren gesehen habe. Ein Unternehmen bucht eine prominente Person als Aushängeschild. Oder die prominente Person steigt als Vertriebspartner ein. Oder diese berühmte Person gründet ein eigenes Unternehmen.

Alle Vertriebspartner drehen völlig durch, welch tollen Werbeeffekt der Name dieser prominenten Person bei der Kontaktgewinnung haben wird. Meist wird das mit großen Medienkampagnen verknüpft, bei denen die Leute dazu genötigt werden, sich frühzeitig einen Platz zu sichern. Schließlich wird das Unternehmen jetzt – so wird es versprochen – von einem ständigen Zulauf neuer Interessenten überrollt werden, die dem Unternehmen dann aufgrund dieser berühmten Person beitreten. Im schlimmsten Fall wird das Ganze noch durch Fernsehwerbung gefördert, für deren Kosten die Vertriebspartner in Form von Werbekooperationen aufkommen. Es strömen zwar Tausende von Anfragen ein, aber was passiert am Ende des Tages?

Die Berühmtheit hat keine Ahnung, wie man unser Geschäft tatsächlich aufbaut. Und versucht in der Regel nicht einmal, die erforderliche Arbeit zu leisten. Höchstwahrscheinlich ist der prominente Fürsprecher sogar in die Irre geführt worden. Weil er glaubt, dass andere die Interessenten abarbeiten werden, die durch seinen Namen eingebracht wurden und dass er sich nun auf ein nettes Passiveinkommen freuen kann.

Dies entspricht jedoch nicht den Regeln, um in diesem Geschäft für Wohlstand zu sorgen. Und es steht im Widerspruch zum Prozess der Duplikation. *Das letzte Mal, dass diese Vorgehensweise in unserem Geschäft funktioniert hat, war niemals.*

Das Vorantreiben von Linien wie in den oben genannten Beispielen hat nichts mit dem Aufbau eines langfristigen und erfolgreichen Geschäfts zu tun. Du kannst hierdurch für einen kurzen Zeitraum schnelle Umsätze erzielen, aber nichts Dauerhaftes aufbauen. Halte dich an die erwähnten Bausteine und erkenne, dass deine wichtigste Strategie darin bestehen muss, Menschen - und deren Persönlichkeit - zu entwickeln.

EINE LINIE SICHERN

Früher sagte man, dass du eine Linie erst dann sich selbst überlassen darfst, wenn sie mindestens fünf Ebenen tief ist. Oder wenn diese Linie eine bestimmte Stufe im Vergütungsplan erreicht hat. Tatsächlich solltest du eine Linie jedoch niemals komplett verlassen. Allerdings werden sich deine Aufgaben ändern.

Wenn du eine neue Person einschreibst, bist du maßgeblich am täglichen Aufbau dieser Linie beteiligt. Du bietest den Partnern ein schnelles Einstiegstraining, hilfst bei den ersten Präsentationen und bringst ihnen die Grundlagen bei. Später verwandelt sich die Beziehung in die Beratungsphase.

Von nun an spielst du eine viel wichtigere Rolle, auch wenn du dich nicht mehr im Tagesgeschäft befindest. Du berätst die Führungskraft dieser Linie monatlich. Wenn du deine Arbeit richtig machst, ist dies die Phase, in der das Wachstum in dieser Linie richtig beginnen sollte.

Letztendlich sollte sich der Kopf dieser Linie selbst zu einer Top-Führungskraft entwickeln. Ab diesem Zeitpunkt ist deine Beratung möglicherweise nicht mehr erforderlich. Du entwickelst dich dann zu einer motivierenden Präsenz für diese Linie, bist also das leuchtende Beispiel für jemanden, der es geschafft hat.

Deine Geschichte und die Person, die du bist, inspirieren nun die Menschen in dieser Vertriebsgruppe. Wahrscheinlich wirst du ein- oder zweimal im Jahr als Gastredner bei den größeren Treffen in diesem Team vor Ort sein.

Du solltest eine Linie immer in einer dieser Funktionen unterstützen. Du wechselst von der Ausbildung zur Beratung, wenn die Person, mit der du zusammenarbeitest, die Grundlagen selber beherrscht. Und du wechselst von der Beratung zu einer motivierenden Präsenz, nachdem die selbstständige Existenz dieser Linie gesichert ist.

Mit "sicher" meine ich, dass diese Linie auch dann noch wächst, wenn du nicht mehr mit ihr arbeitest, sie dir aber weiterhin ein Passiveinkommen liefert. Für eine sichere Linie ist keine tägliche Arbeit mehr erforderlich. Die echten Führungskräfte haben sich herauskristallisiert, weitere Führungskräfte entwickeln sich, Veranstaltungen finden statt, Kunden werden akquiriert und neue Vertriebspartner werden gewonnen. Dies geschieht jedoch nur, wenn du in dieser Linie über genügend echte, solide Führungskräfte verfügst.

Der Grund, warum viele Mitarbeiter im Verkauf mit Hebelwirkung scheitern, besteht darin, dass sie ihre Führungskräfte nicht identifizieren und entwickeln können.

Sie verbringen zu viel Zeit mit Zahlenspielen – mit der Anzahl der Personen in ihrer Gruppe oder den monatlichen Umsätzen, investieren aber nicht genügend Zeit, um die Entwicklung ihrer Führungskräfte zu fördern. Sie arbeiten nur auf ihren provisionsberechtigten Ebenen, manchmal sogar nur mit ihren direkten Erstlinienpartnern.

Um die hohen Erfolgsstufen in diesem Geschäft zu erreichen, musst du deine Führungskräfte identifizieren und eng mit ihnen zusammenarbeiten. Unabhängig davon, wie weit sie sich unterhalb von dir befinden. Tatsächlich wirst du beim Tiefenaufbau oftmals mit Menschen weit unterhalb der Ebenen, auf die du noch bezahlt wirst, arbeiten müssen. Dies ist die einzig wahre Methode, mit der du deine Linien sichern kannst.

Tiefenarbeit (mit den Menschen aus deinem Team, die sich auf Ebenen weit unter dir befinden) schafft Sicherheit. Das Arbeiten in der Breite (das Sponsern weiterer persönlicher Erstlinien) schafft Umsätze. Du musst beides tun, um ein hohes Passiveinkommen zu erzielen.

Aber du musst zuerst *sichern*, dann *aufbauen*.

Nur dann kannst du zur inspirierenden oder motivierenden Arbeit übergehen. Und wenn du deine Linien gesichert hast, dann hast du die Möglichkeit, die Arbeit einzustellen und dein Passiveinkommen zu ernten. Oder neue Linien zu starten, um dein Einkommen zu vergrößern.

Lass dich nicht von hohen Umsätzen oder von der Anzahl der Vertriebspartner in einer Linie täuschen. Wie wir zuvor besprochen haben, können hohe Umsätze und große Zahlen neuer Einschreibungen leicht von Menschen geschaffen werden, die Linien vorantreiben. Stelle daher sicher, dass deine Zahlen durch die Grundlagen der Basisarbeit erschaffen wurden.

Führung durch Vorbild

Deine wichtigste Aufgabe in diesem Geschäft besteht darin, selbst erfolgreich zu werden. Anschließend ist natürlich deine wichtigste Aufgabe, deinen Teampartnern bei deren Erfolg zu helfen. Doch die meisten Leute verwechseln beides miteinander.

Sie glauben, dass man einfach nur ein paar Leute erfolgreich machen muss – und dann selbst erfolgreich wird. Das hört sich in der Theorie gut an, klingt nobel und sieht auf dem Papier gut aus. Aber die Wahrheit ist, dass du zuerst selbst erfolgreich werden musst.

Du kannst niemand anderem zeigen, wie man ein Team aus 5.000 Partnern aufbaut, wenn deine eigene Gruppe nur aus 200 Leuten besteht. Du kannst niemandem zeigen, wie man zum Diamant-Direktor wird, wenn du diese Stufe selbst noch nicht erreicht hast. Wenn du deinen Leuten wirklich helfen willst, dann sei ihr Vorbild, indem du die Verhaltensweisen des Erfolges vorlebst, die sie erlernen müssen.

Erschaffe aber auf der anderen Seite auch keine Abhängigkeiten. Ich lebe nach einer starken und schnellen Regel: *Tu niemals etwas für deine Vertriebspartner, was diese nicht auch selbst tun könnten.* Deine Aufgabe ist es, dich aus deinen Aufgaben herauszuarbeiten.

Menschen über die Gewinnschwelle bringen

Ein großer Teil der Duplikation besteht darin, die Ausstiegsquote der Vertriebspartner gering zu halten. Je niedriger der Prozentsatz der Aussteiger ist, desto besser ist deine Duplikation. Der Schlüssel besteht unter anderem darin, deine Leute so schnell wie möglich über die Gewinnschwelle zu bringen. Das bedeutet, dass sie genug Geld verdienen, um mindestens ihre laufenden Investitionen zu decken - für den Eigenverbrauch ihrer Produkte, Marketingmaterialien, Fortbildungsprogramme und Veranstaltungsteilnahmen.

Hier in den USA erfordert das für die meisten Menschen einen Jahresverdienst von rund 5.000 Dollar. In anderen Teilen der Welt werden die Zahlen anders sein. Sei dir darüber im Klaren, wie hoch dieses Einkommen in deinem Team sein muss. Dies ist wichtig, da die Personen, die am Ball bleiben und sich am ehesten zu Führungskräften entwickeln, auch diejenigen sind, die regelmäßig Geld in die Produkte, in ihre Fortbildung, sowie in den Besuch deiner Veranstaltungen investieren.

Der Unterschied zwischen den Teammitgliedern, die diese Investitionen tätigen, und denen, die es nicht tun, ist enorm. Wenn du deine Leute erst einmal auf dieses Einkommensniveau gebracht hast, kostet es sie keine zusätzlichen Investitionen mehr, das Geschäft zu betreiben. Was auch immer sie von diesem Zeitpunkt an tun, wird sich in Gewinne verwandeln. Da sie nun finanziell in der Lage sind, an den Veranstaltungen teilzunehmen und an ihrem persönlichen Wachstum zu arbeiten, entsteht ein großer Durchbruch ...

Sie werden zu Führungskräften.

Die Entwicklung neuer Führungskräfte ist möglicherweise das wichtigste Element für deine Duplikation. Denn in den meisten Fällen wirst du selbst niemals so viele Führungskräfte sponsern, wie du sie aus dem Team heraus entwickelst. Wenn du also eine Kultur und eine Vorgehensweise erschaffst, in denen du regelmäßig neue Führungskräfte entwickelst, entsteht in deinem Team eine beeindruckende, robuste Duplikation. Sobald dies geschieht, wird sich deine Vertriebsgruppe in andere Städte, Länder und möglicherweise sogar auf andere Kontinente ausbreiten. Genau das werden wir als Nächstes erforschen ...

Kapitel 11

Wie du ein Unternehmen aufbaust, in dem die Sonne niemals untergeht

Das Schlimmste an unserem Geschäft ist, dass du in Flugzeuge steigen und durch das Land oder in die ganze Welt fliegen musst.

Der coolste Teil unseres Geschäfts ist, dass du in Flugzeuge steigen und durch das Land oder in die ganze Welt fliegen kannst.

Beide Aussagen treffen zu.

Einer der häufigsten Sätze, den du von deinen neuen Vertriebspartnern hören wirst, lautet: *"Hey, ich habe eine unglaubliche Person in [Stadt / Bundesland / Land]. Haben wir dort irgendwelche Veranstaltungen?"*

Das klingt erst einmal begeisternd, weil es bedeuten könnte, dass unter dir ein neues Team in einer neuen Gegend entstehen wird. Leider bedeutet es aber in den meisten Fällen etwas ganz anderes.

Diese Frage wird oft gestellt, weil jemand nach einer Ablenkung sucht. Ablenkungen bedeuten, dass jemand nicht unbedingt sein Geschäft aufbauen muss. Und wenn du darüber redest oder darauf wartest, ein Team an einem anderen Ort aufzubauen, kann dies als Ablenkung dienen.

Ein Teampartner wird dir eine SMS nach der anderen schicken und dich ständig fragen, wann endlich Belgien eröffnet wird, weil dort ein früherer Mitbewohner lebt. Doch Deutschland, wo er lebt und 99 Prozent seiner Kontakte hat, ist bereits offen. Statt sein Geschäft vor Ort aufzubauen, was er aktiv tun könnte, fantasiert er nun von einer weit entfernten Stadt oder einem fremden Land, weil ihm dies die Möglichkeit gibt, seine Tätigkeiten auf die lange Bank zu schieben.

Folgendes musst du wissen – und auch sicherstellen, dass es jeder deiner Mitarbeiter weiß …

Deine Teams vor Ort sollten einen großen Prozentsatz deines Einkommens ausmachen. Du benötigst eine solide lokale Organisation, die kontinuierlich wächst. Du solltest immer erst mit deinem Team vor Ort beginnen. Und den Aufbau weit entfernter Gruppen erst dann in Angriff nehmen, wenn du dein lokales Team ins Laufen gebracht hast.

Deine Arbeit in deinem nahen Umfeld ist immer noch die einfachste und kostengünstigste Art, dein Geschäft aufzubauen. Wenn sich dein Teamaufbau dann in die Tiefe entwickelt, breiten sich die Linien von ganz allein in andere Gegenden aus. Wenn du eine Tiefe von sieben oder acht Ebenen erreichst, ist es nicht ungewöhnlich, dass sich dein Team über acht oder zehn verschiedene Bundesländer oder gar Nationalitäten erstreckt. Doch zuerst musst du dir ein starkes Fundament vor Ort aufbauen.

WEITER ENTFERNTEN LINIE

Bevor wir fortfahren, will ich dir erklären was ich unter einer weiter entfernten Linie verstehe. Wenn du um 17:00 Uhr von deiner Arbeitsstelle losfahren und um 20:00 Uhr bei einem deiner Teampartner ein Meeting beginnen kannst, dann handelt es sich hierbei immer noch um eine lokale Linie. Mir ist klar, dass dies ernsthaften Einsatz und wahres Engagement erfordert. Aber diese Linie kann immer noch auf die gleiche Weise wie deine anderen örtlichen Gruppen geführt werden.

Es gibt viele gute Gründe, die dafür sprechen, weit entfernte Teams aufzubauen. Aber es gibt auch einige Probleme, wenn du es nicht auf die richtige Weise machst. Diese Schwierigkeiten wollen wir aus dem Weg räumen ...

Nachteile großer Entfernungen

Erstens erfordern Teams, die weit von dir entfernt sind, natürlich größere zeitliche und finanzielle Investitionen. Wenn du 2.000 Kilometer weit fliegen musst, um ein Wochenende mit den Partnern einer neuen Linie zu verbringen, kannst du mit allem, was dazugehört, problemlos 1.000 Euro und mehr ausgeben.

Ein weiterer Nachteil der Arbeit auf große Distanze ist, dass du nicht vor Ort sein kannst, um deinen Partnern in die Augen zu sehen, wenn sie vor Problemen stehen. Oder um sie zu umarmen, wenn sie ihre Ergebnisse feiern. Und manchmal mag der Umstand, dass du bei einem Einzelgespräch deiner Teampartner vor Ort anwesend bist, der Grund sein, warum sich ein Interessent für den Einstieg entscheidet. Doch da neuere Dienste wie ZOOM oder Skype ihre Qualität ständig verbessern, wird es immer weniger ein Problem, eine Verbindung zu weiter entfernten Menschen zu knüpfen. Aber trotzdem ist es nicht dasselbe, als ob du in einer Stadt anwesend bist, in der du mit deinem Teammitglied zusammenarbeitest.

Aus diesen Gründen empfehle ich dir, zuerst eine solide Gruppe vor Ort aufzubauen. Dies bietet dir den Vorteil, dass du die Einnahmen, die du aus deinen lokalen Teams erzielst, in deine aufstrebenden Gruppen in fremden Ländern und Städten investieren kannst.

Vorteile großer Entfernungen

Okay, nun haben wir genug über die Nachteile gesprochen. Wie aber sieht es mit all den tollen Gründen aus, die für den Aufbau weit entfernter Teams sprechen?

Weit entfernte Teams stellen den besten Schutz gegen die folgenden Szenarien dar:

- Übereifrige staatliche Aufsichtsbehörden
- Negative Schlagzeilen
- Schwankende Konjunkturzyklen
- Verlust wichtiger Führungskräfte
- Naturkatastrophen (oder unnatürliche Katastrophen)

Jede der oben genannten Situationen kann für dich den finanziellen Ruin bedeuten, wenn dein Geschäft nur auf einer Gruppe oder einem Land basiert.

Nehmen wir an, es gibt einen politisch motivierten Staatsanwalt in deinem Land, der seine Karriere vorantreiben möchte. Da er seinen Bekanntheitsgrad gerne steigern möchte, beschließt er, dass der beste Weg darin besteht, eines dieser bösen, bösen "Pyramidensysteme" zu verklagen. Daher schießt er sich auf deine Firma ein und hält täglich zwei Wochen lang Pressekonferenzen ab, in denen er dein Unternehmen angreift.

Was glaubst du, wie sich diese Art von Publicity auf dein Einkommen auswirkt, wenn jeden Abend in den Abendnachrichten und auf Facebook davon zu hören wäre? Das Gleiche kann dir passieren, wenn die Lokalzeitung eine investigative Serie darüber veröffentlicht, dass der Direktvertrieb eine einzige Abzocke sei. Während gleichzeitig dein Unternehmen im Verlauf der gesamten Woche auf der Startseite der Zeitung im Internet zu sehen ist.

Oder wenn dein komplettes Team nur aus Partnern vor Ort besteht und der Großteil unter einer oder zwei Führungskräften aufgebaut ist – was wird dann mit deinem Einkommen geschehen, wenn eine der beiden Führungskräfte zu einer anderen Firma wechseln sollte?

Auch wirtschaftliche Auf- und Abschwünge können sich dramatisch auf dein Geschäft auswirken. Zu dem Zeitpunkt, an dem ich dies hier schreibe, gibt es Länder mit einer Inflationsrate von 100 Prozent - pro Monat. Die Herausforderungen, ein Unternehmen in einem solchen Umfeld zu führen, sind gewaltig. Und auch der Weggang eines großen örtlichen Arbeitgebers kann schwerwiegende wirtschaftliche Auswirkungen auf eine Region haben. Manchmal ist das gut. Manchmal aber nicht.

Wirbelstürme. Erdbeben. Waldbrände. Tsunamis. Tornados. Vulkane. Mutter Natur hält nicht nur angenehme Überraschungen für uns bereit. Dann werfen wir auch noch von Menschen verursachte Störungen wie Epidemien, Kriege, Diktaturen und Demonstrationen in die Waagschale, und du hast eine ernsthafte Reihe von Ereignissen, die dein Geschäft und dein Einkommen negativ beeinflussen können.

Es ist gefährlich (und ziemlich dumm), dich der Gnade von Umständen auszuliefern, über die du keine Kontrolle hast. Die intelligente Antwort besteht darin, dich zu schützen und dein Einkommen durch den Aufbau weit entfernter Teams zu diversifizieren. Wenn deine Firma nur in einem Land aktiv ist, dann willst du Teams in möglichst vielen Städten haben. Ist dein Unternehmen weltweit vertreten, dann ist eine Verbreitung deines Geschäfts auf mehrere Kontinente eine intelligente Weise zur Diversifizierung. Und hier kommt noch ein weiterer Grund, der für diese Idee spricht - ein Gedanke, der dich schockieren könnte ...

Das bestgehütete Geheimnis im Verkauf mit Hebelwirkung lautet, dass deine am weitesten entfernten Linien auch deine stärksten Linien sind.

Die meisten Menschen denken, dass es genau umgekehrt sei. Sie glauben, dass ihr örtliches Team das stärkste wäre, weil sie dort die meisten Leute haben. Sie treffen mehr Partner und sehen sie öfter bei den Veranstaltungen. Und es kommt ständig jemand vorbei, um Unterlagen mitzunehmen, Produkte auszuleihen oder einfach nur, um einen freundschaftlichen Rat zu erhalten.

Aber tatsächlich ist dein Team vor Ort oftmals die Linie, die am meisten von dir abhängig ist …

Du wirst feststellen, dass deine Partner aus einer 3.000 km entfernten Linie nicht bei dir anrufen werden, wenn sie Produkte benötigen. Sie reißen sich kein zusätzliches Starterkit unter den Nagel, wenn ihres aufgebraucht sind. Und sie bitten dich nicht, mal eben eine Präsentation für ihren neuen, brandheißen Kandidaten zu halten. Sie verfügen über genug eigenes Inventar, da niemand anderer für sie da ist. Und weil sie weit von dir entfernt sind, werden sie viel schneller autark als deine örtlichen Teams. Die Arbeit über große Entfernungen zwingt dich dazu, bei diesen Teams das zu tun, was du auch mit deinen örtlichen Teams tun solltest – dich aus deiner Arbeit hinauszuarbeiten.

Weitere Vorteile…

Wenn du so bist wie ich und gerne reist, möchtest du Gruppen an malerischen Orten im ganzen Land (oder auf der ganzen Welt) haben. Weit entfernte Vertriebspartner aufzubauen, ist eine wunderbare Möglichkeit, deine Reisen zu finanzieren und tolle Steuervergünstigungen zu nutzen. Es ermöglicht dir, viele schöne Orte zu sehen und gleichzeitig neue Freunde zu finden. Wenn dein Unternehmen über eine breite internationale Präsenz verfügt, kannst du dir ein Geschäft aufbauen, in dem die Sonne niemals untergeht. Du kannst nachts zu Bett gehen, und auf der anderen Seite der Welt wird es Menschen geben, die für dich Geld verdienen, während du schläfst. Denk darüber nach.

EINE NEUE LINIE STARTEN …

Okay, hoffentlich habe ich dich davon überzeugt, dass der Aufbau weit entfernter Linien sinnvoll ist. Und vielleicht möchtest du nun genau das gerne tun. Besprechen wir einige der Strategien, mit denen du dieses Ziel auf die bestmögliche Weise erreichen kannst.

Folge dem Markt

Meine erste Empfehlung lautet, dem Markt zu erlauben, dich zu leiten – statt zu versuchen, dem Markt zu sagen, was du willst. Es gibt nicht viele Menschen, die mit der letztgenannten Option erfolgreich geworden sind.

Angenommen, deine Firma kündigt an, Japan zu eröffnen. Nun, das klingt für dich ausgesprochen romantisch. Du wolltest schon immer das Land der aufgehenden Sonne besuchen und du liebst Sushi und Shrimps-Tempura. Doch das allein ist nicht ausreichend, um dort eine neue Linie aufzubauen. Internationale Flüge sind ziemlich teuer, und du verfügst weder über eine Grundlage, auf der du aufbauen kannst, noch über einen sinnvollen Startpunkt.

Unzählige Male habe ich in meiner Laufbahn erlebt, wie sich Menschen in einen ausländischen Markt verliebt und viel Geld investiert haben, um in diesem Land von Grund auf neu aufzubauen. Sie mieteten für drei Monate eine Wohnung, buchten Tagungsräume, schalteten Werbung und stellten Übersetzer ein. (Ich habe sogar gesehen, wie Leute alles zusammengepackt haben und in ein neues Land gezogen sind, ohne die Sprache zu sprechen oder dort irgendjemanden zu kennen.) Und jedes Mal, wenn ich so etwas gesehen habe, hat es nicht funktioniert.

Nur weil du Italien liebst oder weil dir die Vorstellung von einer Gruppe in Australien gefällt, sind dies keine realistischen Gründe, um an diesen Orten ein Geschäft aufzubauen. Du willst zuerst dafür sorgen, dass die Nachfrage in deinem Team auf natürliche Weise steigt.

Wenn dein Unternehmen die Eröffnung Japans ankündigt, musst du zuerst deine Teampartner befragen. Kommt jemand von dort? Hat jemand in diesem Land gelebt oder studiert, hat er oder sie dort Freunde oder Verwandte? Stelle sicher, dass in dem neuen Land tatsächlich genügend Kontakte und ausreichendes Potenzial vorhanden sind, damit deine Markteinführung erfolgreich werden kann. Ist das nicht der Fall, ziehe weiter und warte auf einen anderen Markt mit mehr Potenzial.

Lass dich nicht von deinem Unternehmen dazu zwingen, in Ländern zu starten, die für dich keinen Sinn ergeben. Ich habe Situationen erlebt, in denen das Unternehmen ein bestimmtes Land eröffnet und alle Führungskräfte unter Druck setzt, dort aufzubauen. Und zwar unabhängig davon, ob sie dort über Kontakte verfügen oder nicht. Sie werden unwissentlich kurzsichtig gehalten. Nicht alle Geschäftsführer oder Vorstände verstehen tatsächlich, wie unser tägliches Geschäft vor Ort funktioniert. Als Führungskraft musst du dich und dein Team vor wohlmeinenden, aber unsinnigen Anfragen schützen. (Auch wenn sie manchmal aus der eigenen Firma kommen.)

Wenn du Kontakte in einem neuen Land hast

Nehmen wir an, ein neues Land wird eröffnet und es sieht so aus, als ob du dort gute Kontakte hättest. (Oder, dass du einfach in einer anderen Stadt eines Landes, das bereits eröffnet wurde, einen neuen Partner einschreiben und aufbauen möchtest.) Dann empfehle ich dir die folgende Vorgehensweise:

Lass deinen neuen Kandidaten wissen, dass seine Stadt für dich weit entfernt sein wird. Wenn er deine Unterstützung wünscht, muss er sich dazu verpflichten, eigenmotiviert und lernbereit zu sein. Und er muss zusichern, dass er deinen Anweisungen folgen wird. Teile ihm mit, dass du zu Beginn online und telefonisch mit ihm arbeiten wirst - mit dem Ziel, zuerst ein Kernteam aufzubauen, bevor du zu ihm fährst. Schreibe ihn nur dann ein, wenn er diesen Bedingungen zustimmt.

Wenn du meinem Rat in diesem Buch folgst, dann setzt du für deine neuen Partner eine Art „Schnellstart-System" ein. (Falls du kein solches System hast, solltest du dieses Buch verwenden und deinen Neueinsteigern die Kapitel 1 und 4 zum Durcharbeiten geben.) Lass dir eine Rückmeldung von ihnen geben, sobald sie diese Aufgabe abgeschlossen haben. Stelle sicher, dass sie ihre Warenerstausstattung bestellt, die Marketingmaterialien beschafft und ihre Kontaktliste erstellt haben.

Dann hilf ihnen, genau wie beschrieben, ihren großen Rundumschlag zu starten. Du kannst per ZOOM oder FaceTime gemeinsame Dreierkonferenzen mit ihnen und ihren Interessenten führen und sie auf alle Online-Präsentationen hinweisen, die dein Unternehmen durchführt.

Natürlich werden sie wissen wollen, wann du ihre Stadt besuchst und eine Geschäftsvorstellung oder ein Training für sie durchführen wirst. Du wartest, bis mindestens 10 oder 15 Vertriebspartner entstanden sind, von denen jeder seinen eigenen großen Rundumschlag durchführt. Sobald dies passiert ist, ist es an der Zeit, deinen Besuch zu planen. Es sollten genügend wirklich interessierte Partner vorhanden sein, damit sich deine Investition lohnt.

Wenn du diese Linie besuchst, dann setze den Partnern anschließend eine Vorgabe für deinen nächsten Termin. Setze ein etwas höheres Ziel für eine bestimmte Zahl von Meetingbesuchern, Vertriebspartnern oder bestimmter Stufen im Vergütungsplan, die sie erreichen müssen. Vereinbare, dass du das nächste Mal erscheinst, wenn sie diese Vorgabe erfüllt haben.

Reisen, um dein Geschäft zu vergrößern

Deine Entwicklung zur Führungskraft macht einen großen Sprung, sobald du beginnst, deine weiter entfernten Linien zu besuchen, zu unterstützen und auszubauen. Viele Menschen sträuben sich hiergegen, weil ihr Einkommen nun zu steigen beginnt und sie das Geld lieber verwenden möchten, um ihren Lebensstil aufzuwerten. Eine klügere Strategie ist es jedoch, dieses Geld in das Wachstum der weiter entfernten Teams zu investieren. Hierdurch steigerst du einerseits dein Einkommen und erschaffst gleichzeitig mehr finanzielle Sicherheit.

Sei für deinen eigenen Traum der Nr.1-Investor.
Wenn du nicht in dich investierst,
warum sollte es dann jemand anders tun?

Ein ernsthafter Vertriebspartner sollte ein oder zwei Tage im Monat unterwegs sein. Eine mittlere Führungskraft sollte drei oder vier Tage im Monat auf Achse sein. Und eine Top-Führungskraft mit internationalen Teams kann auch sieben bis zehn Tage im Monat reisen. Diese Zahlen sind meine allgemeinen Richtlinien, bitte besprich dich hierzu mit deiner Sponsor-Linie. Aber stelle auf jeden Fall sicher, dass du jeden Monat in einige deiner weiter entfernten Teams investierst.

Wenn du den Punkt erreicht hast, an dem du ein großes Team anführst, entscheidet die Wahl deiner Reiseorte über das Wachstum deines Geschäfts. Jeden Monat überprüfst du dein Backoffice auf erste Funken von aufkommenden Aktivitäten. Dann planst du deine Reisen dorthin, um Benzin auf diese Funken zu schütten und sie in lodernde Feuer zu verwandeln.

Wenn du noch ganz neu in diesem Geschäft bist, kann es bereits eine Herausforderung sein, ein oder zwei Tage im Monat verreisen zu müssen. Denn schließlich hast du ja immer noch einen regulären Arbeitsplatz. Du musst um deine freien Tage herum arbeiten und möglicherweise auch einige Urlaubstage dafür opfern. Aber wenn du diesen Arbeitsplatz irgendwann einmal verlassen möchtest, musst du zuvor bereit sein, Opfer zu bringen. Solange du den hier beschriebenen Prozess befolgst, stellen deine Reisen zu den weiter entfernten Teams eine Investition - keine Ausgabe - dar.

Schauen wir uns eine weitere Strategie an – die auf den ersten Moment kontraproduktiv aussehen mag, die sich für dich jedoch auszahlt ...

Aufstrebende Führungskräfte finden

> *Manchmal ist es nicht der beste Weg, Führungskräfte in einem anderen Ort aufzubauen, indem du sie besuchst. Sondern, indem du sie zu dir kommen lässt.*

Mit einem neuen Team solltest du das nicht tun. Aber wenn sich ein Gebiet erfolgreich entwickelt und hier einige neue Führungskräfte entstehen, willst du sie vielleicht einladen, für ein paar Tage eine Ausflug in deine Stadt zu unternehmen. (Und möglicherweise einen Teil ihrer Ausgaben bezahlen, damit ihre Kosten sinken.) Dies kann ein leistungsstarkes Werkzeug sein, wenn du große erfolgreiche Veranstaltungen in deiner Nähe hast. (Noch besser wird es, wenn du in der Nähe des Firmensitzes oder der Produktionsstätte wohnst.)

Durch die persönliche Teilnahme an diesen Veranstaltungen können deine neuen Mitarbeiter genau das Ergebnis sehen, das sie anschließend in ihrem eigenen Umfeld duplizieren möchten. Sie erleben die Phasen der Planung, des Aufbaus und der Durchführung eines Großereignisses. (Vielleicht kannst du sie sogar an einer speziellen Trainingseinheit teilnehmen oder sie mit einigen der lokalen Führungskräfte zu Mittag essen lassen.) Die funkelnde Energie der Hauptveranstaltung wird diese Besucher mit Sicherheit inspirieren und für das Allerwichtigste sorgen: Ihren Glauben aufbauen. Also kehren sie positiv aufgeladen, motiviert und inspiriert nach Hause zurück.

Als nächstes werden wir ein bisschen Spaß haben - und ganz genau lernen, was du nicht tun solltest ...

Kapitel 12

Die Landminen der Mitarbeiterführung, die dein Wachstum ruinieren

Wir haben uns in 11 Kapiteln viele Strategien und Techniken angesehen, die du für das Wachstum deines Teams und zu deiner besseren Duplikation einsetzen kannst. Jetzt ist der Zeitpunkt gekommen, an dem wir uns mit den Handlungen und Verhaltensweisen befassen sollten, die du vermeiden musst. Es ist die Art von "Landminen", die dein Wachstum einschränken oder sogar vollständig aufhalten können.

Als ich meine Mega-MLM-Seminare durchführte, erstellte ich ein Arbeitsbuch mit dem Titel „*The Direct Selling Hall of Shame*". Die Menschen, die mit diesen „Preisen" ausgezeichnet wurden, übten Verhaltensweisen aus, mit denen sie ihre Führungsfähigkeit untergruben, die Duplikation ruinierten und ein exponentielles Wachstum verhinderten.

Aus purem Spaß habe ich jedem dieser Bereiche ein Persönlichkeitsprofil ihres negativen Verhaltens zugeordnet. (Ich kann dir auch versichern, dass es auf dieser Welt Tausende von Menschen gibt, auf denen diese Profile basieren!) Erlaube mir also, dir diese Persönlichkeiten vorzustellen - in der Hoffnung, dass du nie auf dieser Liste erscheinen wirst ...

Der Märtyrer

Die Krankheit: Der Märtyrer wünscht sich so sehr, dass alle seine Partner erfolgreich werden und verbringt daher unzählige Stunden damit, Menschen über die Ziellinie zu schleifen. Die meiste Zeit verbringt er mit dem Versuch, Menschen zu ändern, die sich nicht ändern wollen. Und Menschen zu retten, die nicht gerettet werden möchten. Märtyrer orientieren sich am Potenzial der Menschen, ignorieren jedoch ihr Handeln.

Wie du erkennst, ob du infiziert bist: Neunzig Prozent deiner Zeit verbringst du mit deinen "Sorgenkindern". Du bist so sehr mit diesen Leuten beschäftigt, dass du die Menschen, die wirklich erfolgreich werden könnten, sich selbst überlässt. Deine besten Führungskräfte trauen sich nicht, dich um Hilfe zu bitten, weil du immer so überfordert zu sein scheinst. Tatsächlich verbringst du aber so viel Zeit damit, deine Problemkinder zu beraten, sie anzubetteln und sie zu motivieren, dass dein eigenes Geschäft darunter leidet. Du hast Schwierigkeiten, dich selbst zu motivieren. Deine Teamentwicklung und dein Einkommen stagnieren zuerst und entwickeln sich dann schleichend rückwärts.

Die Heilung: Verbringe 90 Prozent deiner Zeit mit deinen wirklich aktiven Vertriebspartnern und mache diese Arbeitsweise auch zur Priorität. Nimm deine talentierten Leute nicht als eine Selbstverständlichkeit, sondern führe sie zu dem Punkt, an dem sie ohne deine Hilfe arbeiten können. Verbünde dich mit ihnen und kümmere dich erst dann, wenn deren Bedürfnisse erfüllt sind, um die Nörgler, die verlorenen Schäfchen und die Pflegefälle. Damit du jedem Menschen in deinem Geschäft helfen kannst, erfolgreich zu werden, musst du zuerst selbst erfolgreich sein.

Der Taktiker

Die Krankheit: Der Taktiker glaubt, dass Erfolg im Direktvertrieb davon abhängt, für jede denkbare Situation eine Methode, Strategie oder Taktik zu kennen und zu lehren.

Beispiele: "So sprechen Sie den Chef Ihrer Freundin an."; „So sollten Sie jemanden in der U-Bahn kontaktieren.";„Dies hier ist das Skript, das Sie verwenden, wenn jemand fragt, ob alle Zutaten aus biologischem Anbau stammen." Doch die Wahrheit ist, dass niemand in der Lage sein wird, jedes mögliche Szenario wirkungsvoll vorhersehen zu können. Und selbst, wenn es jemand könnte, wäre dann niemand anderer in der Lage, dieses Verhalten zu duplizieren.

Wie du erkennst, ob du infiziert bist: Du bist das ultimative Arbeitstier, das täglich Hunderte von verzweifelten Anrufen, SMS-Nachrichten und E-Mails erhält. Du veröffentlichst umfangreiche Handbücher mit möglichen Textvorschlägen und Handlungsschritten. Oder du verbringst jede Woche viele Stunden deiner Zeit damit, deine Partner verschiedene Textbausteine auswendig lernen zu lassen. In deinem Team herrscht eine hohe Ausstiegsquote. Die wenigen Menschen, die dir aus Loyalität oder aus falsch verstandenem Ehrgeiz erhalten bleiben (oftmals Buchhalter und Ingenieure), duplizieren deine Vorgehensweise und werden selbst ebenfalls zu Arbeitstieren.

Die Heilung: Du musst dem Drang widerstehen, für jede denkbare Situation eine eigene Taktik und eine zugehörige Schulung zu entwickeln. Und stattdessen ein Verständnis für die wirklich wichtigen Bereiche deines Geschäfts zu entwickeln. Du musst ein Umfeld entstehen lassen, in dem selbstmotivierte Menschen lernen können, für sich selbst zu denken. Wenn du ihnen das richtige Bild von den Ergebnissen aufzeichnest, die sie sich wünschen, werden deine Leute selbstständig mehr herausfinden, als du vielleicht für möglich hältst.

Der Messias

Die Krankheit: Der Messias ist der ultimative Kontrollfreak. Er glaubt, dass Wachstum und Motivation entstehen, indem man einen Personenkult erschafft. Und da niemand dem Perfektionsanspruch des Messias gerecht werden kann, muss er alle Präsentationen und Schulungen selbst durchführen. Und die Rolle des allwissenden Weisen spielen, der alle Probleme selbst löst.

Wie du erkennst, ob du infiziert bist: Alle Mitglieder deiner Gruppe haben deine Telefonnummer oder deine E-Mail-Adresse und wenden sich ständig an dich, damit du all ihre Probleme löst. Das führt zu deiner völligen Überlastung, und die Leute beschweren sich, weil es Ewigkeiten dauert, bis du ihre Nachrichten beantwortest.

Zunächst erlebst du ein schnelles Wachstum über vier oder fünf Ebenen, in denen du noch jeden einzelnen Partner mit deiner magnetischen Persönlichkeit berühren kannst. Du führst Aktivitäten durch, mit denen du schlagartig hohe Umsätze erzielst und neue Stufen im Vergütungsplan erreichst. Aber es gelingt dir nur selten, dich erneut für diese Stufen zu qualifizieren. Wenn du technisch versiert bist, hast du eventuell auch Teams in weiter Entfernung von dir aufgebaut. Aber trotzdem erledigst du alle wichtigen Präsentationen oder Schulungen selbst, indem du das Internet, Telefon- und Videokonferenzen oder andere Werkzeuge verwendest.

Die Heilung: Um aus diesem Chaos herauszukommen, musst du der Botschafter werden, nicht die Botschaft. Es ist wichtig, dass du Werkzeuge vom Prinzip der dritten Person einsetzt. Du musst deine Ausbildungsaufgaben delegieren und Präsentationen durch deine Mitarbeiter durchführen lassen - auch wenn diese die Schulungen nicht so perfekt abhalten können wie du. Die Möglichkeit, dich persönlich zu erreichen, muss auf die von dir direkt gesponserten Personen und auf die Führungskräfte der höheren Stufen beschränkt sein. Stelle sicher, dass alle Probleme zuerst der Reihe nach von unten nach oben gelöst werden. Und immer nur dann eine weitere Ebene nach oben rutschen dürfen, wenn die Person darunter das Problem nicht lösen kann. Anstatt die Befriedigung zu genießen, die Probleme anderer Menschen zu lösen, musst du deine Partner anleiten, wie und wo sie ihre Probleme selbst lösen können.

Der Social (Media) Schmetterling

Die Krankheit: Der Schmetterling fliegt „von Blüte zu Blüte“ und hat sich in den letzten fünf Jahren 217 verschiedenen Firmen angeschlossen. Dadurch hat er seinen warmen Markt so oft und so wirkungsvoll verbrannt, dass er Angst hat, seine Bekannten ein weiteres Mal zu kontaktieren. Oder er hat sich im Internet ein 27-Euro-eBook mit dem Titel "*Wie man von zu Hause aus Millionär wird, während man vor dem Fernseher sitzt*" gekauft.

Wie du erkennst, ob du infiziert bist: Du weigerst dich, in der echten Welt für dein Unternehmen tätig zu werden oder auch nur irgendeinen Menschen anzusprechen, den du persönlich kennst. Du kontaktierst ausschließlich fremde Menschen über die sozialen Medien oder durch gekaufte E-Mail-Listen. Dein Name taucht zwar häufig unter den Top-Rekrutierern auf, aber tatsächlich verdienst du mit deinem Geschäft kein Geld.

Die Heilung: Wenn du dir irgendeinen Kurs gekauft hast, der dir beibringen will, ausschließlich fremde Menschen zu kontaktieren, dann wirf ihn weg. Du wirst niemals erfolgreich werden, bis du bereit bist, mit den Menschen zu sprechen, die du kennst und für die du dich ernsthaft interessierst. Und der beste Weg, dies zu tun, führt über wahrhaftige Ehrlichkeit und Authentizität. Wenn du dich wirklich in der obigen Situation wiederfindest, dann führe deine Gespräche mit ehrlicher Offenheit. Zum Beispiel so: "Ich weiß, ich habe dich schon 217 Mal angerufen und dachte, dass ich die Wunderpille gefunden hätte. Und es ist dein gutes Recht, den Hörer aufzulegen, wenn du das möchtest. Aber ich habe aus meinen Fehlern gelernt und dieses Mal glaube ich wirklich, dass ich etwas Besonderes gefunden habe. Wenn du bereit bist, mir nur noch einmal ... "

Das Verrückte Genie

Die Krankheit: Das verrückte Genie glaubt, einen besseren Weg gefunden zu haben, dieses Geschäft aufzubauen – einen Weg, den ihre verblödete Upline nicht zu entdecken vermocht hatte.

Wie du erkennst, ob du infiziert bist: Es ist dir zu langweilig, und unter deiner Würde, mit deinem warmen Markt zu arbeiten. Statt dem System zu folgen, jagst du immer nach den dicken Trophäen. Du möchtest eine Abkürzung zum ganz großen Geld finden, indem du Meryl Streep sponsern, Waschpulver an die Marriott-Hotelkette verkaufen oder die britische Luftwaffe sponsern willst.

Du verbringst Monate damit, anerkannter Lieferant der Regierung zu werden, die Einkäufer großer Unternehmen für dich zu gewinnen oder jagst dem Burschen hinterher, der den Rasen der Dame mäht, die jemandem die Haare schneidet, der mit Lady Gaga zur Schule gegangen ist. Aber der Verkauf mit Hebelwirkung ist ein anderes Geschäftsmodell. Und die Zeit, die du damit verbringst, den großen Deals nachzujagen, schließt für dich jede Möglichkeit einer echten Duplikation aus. Du bist wahrscheinlich frustriert und stehst kurz davor, auszusteigen, weil du trotz all deiner Bemühungen keine ernsthafte Duplikation erfahren hast.

Die Heilung: Wiederhole 10 Mal jeden Morgen das folgende Mantra:

> "Die großen Geschäfte sind die kleinen Geschäfte ... und die kleinen Geschäfte sind die wirklich großen Geschäfte."

DER NACHLÄUFER

Die Krankheit: Nachläufer möchten lieber hinter den Kulissen bleiben und jemanden aus ihrer Upline zum Aushängeschild ihres eigenen Teams machen. Sie glauben, dass es einfacher ist, sie zu duplizieren, wenn sie sich selbst klein halten. Oder sie haben ein geringes Selbstwertgefühl und glauben nicht, dass sie es verdient haben, auf der Bühne zu stehen. Leider wird dieses Verhalten von den Mitgliedern ihres Teams dupliziert, die sich daraufhin ebenfalls kleiner machen als sie sein könnten. Und die dann ebenfalls lieber anderen nachlaufen statt anzuführen.

Wie du erkennst, ob du infiziert bist: Wenn Führungskräfte des Unternehmens in deine Stadt kommen, können sie sich nicht an deinen Namen erinnern. Du scheust dich davor, Präsentationen zu geben und möchtest bei Veranstaltungen nicht auf der Bühne stehen. Du bist ein guter Soldat, der immer an allen Veranstaltungen teilnimmt und sich 17 Seiten Notizen macht. Du hast Ehrfurcht vor mutigen Menschen und möchtest gerne in ihrem Umfeld sein.

Die Heilung: Zeige den Funken und die Begeisterung, die Menschen dazu bringt, dir folgen zu wollen. Das bedeutet nicht, dass du ein neues System erstellst. Sondern, dass du die Menschen dazu inspirierst, deinem Beispiel im System zu folgen. Die Menschen, die auf der Bühne stehen, verdienen das meiste Geld, kämpfe also um deine Chance, auf der Bühne zu stehen. Habe ein Foto von dir und einen Erlebnisbericht, der eines Rockstars würdig ist. Mache deine Gruppe stolz darauf, dass sie in deinem Team sein dürfen. Nimm dir täglich mindestens 30 Minuten Zeit für deine Persönlichkeitsentwicklung, um das Defizit deiner Wertschätzung und deines Selbstvertrauens zu lösen.

DIE MOTTE

Die Krankheit: Wie das nachtaktive Tier, das sich von hellem Licht angezogen fühlt, drängt sich die Motte bei jeder Gelegenheit mit den Ellbogen in den Vordergrund. Sie möchte so dringend im Rampenlicht stehen, dass sie alle und jeden überrollt, sogar ihre eigenen Leute, um selbst zu glänzen zu können.

Wie du erkennst, ob du infiziert bist: Du möchtest ständig auf der Bühne stehen, mehr Präsenz in den Webinaren erhalten und in jedem Werkzeug, das dein Unternehmen oder dein Team entwickelt, persönlich vorgestellt werden. Du hast vergessen, dass das eigentliche Ziel darin besteht, ein nachhaltiges Geschäft aufzubauen und nicht darin, mehr Bühnenzeit zu erhalten.

Die Heilung: Demut. Erkenne, dass sich nicht alles um dich dreht. Und selbst in Fällen, in denen deine Arbeit und deine Erfolge mehr Aufmerksamkeit verdient hätten, ist es manchmal der bessere Weg, deine Nachwuchsführungskräfte in den Vordergrund zu stellen.

DER STRAUSS

Die Krankheit: Das höchste Ziel des Straußes ist es, Konfrontationen zu vermeiden. Er möchte gemocht werden und sagt Menschen nur die Dinge, von denen er glaubt, dass andere sie hören wollen. Treten in der Gruppe Probleme auf, ignoriert

Zyniker findet immer einen Weg, sich seine einschränkenden Überzeugungen zu beweisen.)

Du wirst zu einer Ein-Mann-Armee der Ablenkungsmanöver. Dein Bedürfnis, dich mit anderen Opfern auszutauschen, führt dazu, dass du Negativität in dein Team sendest und jede Chance auf Wachstum sabotierst. Du erhältst nur kleine Provisionsschecks und deinem Wachstum fehlt es an Stabilität und Duplikation. Das beweist natürlich alles, woran du schon immer geglaubt hast.

Die Heilung: Die einzige Heilung für diese Krankheit besteht in unerbittlicher täglicher Persönlichkeitsentwicklung. Diese muss aus einer langfristigen Neuprogrammierung deines Unterbewusstseins bestehen, um deine einschränkenden Überzeugungen in eine motivierende Denkweise zu verwandeln. Um größere Schecks zu erhalten, musst du zu einer größeren Persönlichkeit werden.

Das Party-Tier

Die Krankheit: Das Party-Tier ist ein Alkoholiker und will die Wahrheit nicht anerkennen. Diese Person glaubt, dass sie einfach nur für Geselligkeit in ihrem Team sorgt. Aber in Wirklichkeit erschafft sie lediglich ernsthafte Hindernisse für sich und ihre Teampartner.

Wie du erkennst, ob du infiziert bist: Du stürmst nach jedem Event die Bar. Verlierst den Respekt deiner Teammitglieder, weil du dich lächerlich machst oder in Verbindung mit deinem Alkoholkonsum unpassende oder anzügliche Kommentare von dir gibst.

Die Heilung: Die Anonymen Alkoholiker. Und an alle Firmen (vor allem im Gesundheits- und Wellness-Bereich): Hört auf, bei jeder Kreuzfahrt oder Führungskräfte-Schulung kostenlose Cocktails auszuschenken.

Der Verkaufsprofie

Die Krankheit: Der Verkaufsprofi ist in der Regel ein erfahrener Experte für der Strauß sie und hofft, dass sie von alleine verschwinden. Wenn Teammitglieder dem Strauß neue Ideen vorstellen, die sie vom Kurs abbringen werden, möchte er ihre Gefühle nicht verletzen, also lässt er sie gewähren.

Wie du erkennst, ob du infiziert bist: Deine übergeordneten Partner oder Mitarbeiter des Unternehmens rufen dich wegen Schwierigkeiten an, die deine Teammitglieder an sie herangetragen haben. Kleine Probleme schaukeln sich zu spaltenden Konflikten hoch. Dein Team fühlt sich nicht von dir geschützt. Du hast viele Leute in deiner Gruppe, die sich nicht an das System halten und deshalb straucheln. Während du gleichzeitig hoffst, dass jemand aus deiner Upline nach unten greifen und sie retten wird.

Die Heilung: Stelle dich deinen Problemen immer sofort. Behandle schwierige Leute mit Freundlichkeit, Takt und Anmut – bleibe in der Sache jedoch hart, wenn deine Partner Verhaltensweisen zeigen, die ihr eigenes Geschäft oder das anderer beeinträchtigen. Habe genug Mitgefühl für deine Leute, um ihnen die Wahrheit zu sagen. Besonders dann, wenn sie in Gefahr sind, aus der Spur zu geraten.

Der/Die Prinz(essin) der Dunkelheit

Die Krankheit: Diese Person weiß, warum jede neue Initiative scheitern wird und somit entwickelt sich ihre Laufbahn zu einer selbsterfüllenden Prophezeiung. Anstelle von gesunder Skepsis strahlt sie giftigen Zynismus aus.

Wie du erkennst, ob du infiziert bist: Du bist ein gewohnheitsmäßiges Opfer, das ständig neue Dramen und Probleme anzieht. Entsteht einmal eine vereinzelte Zahlungsverzögerung, eine verspätetete Lieferung oder eine Störung im Computersystem, dann wird dies gleich als Totalausfall eingestuft. Und als „Beweis" angeführt, dass das Geschäft nicht funktionieren kann. Ungeachtet der Tatsache, dass andere Menschen unter den gleichen Umständen große Erfolge erzielen. (Ein

Verkaufs- und Abschlusstechniken der alten Schule. Er kann nicht zwischen dem Verkauf einer Schrottimmobilie an ein ahnungsloses Opfer und dem Erschaffen von Hebelwirkung durch wirkungsvolle Duplikation unterscheiden.

Wie du erkennst, ob du infiziert bist: Du sponserst eine riesige Zahl neuer Menschen, aber so gut wie niemand davon dupliziert sich - mit Ausnahme anderer Verkaufstypen. Du denkst, dass du viel zu talentiert bist, um Werkzeuge einer dritten Person verwenden zu müssen. Du möchtest lieber Einzelgespräche führen, damit dir deine Abschlüsse sicher sind. Du hast für jeden möglichen Einwand eine passende Antwort parat und in deinem Schlafzimmer einen Jeffrey Gitomer-Schrein errichtet.

Zunächst führst du die Liste der Top-Sponsoren an, doch dann bist du von deinem Mangel an Duplikation so frustriert, dass du darüber nachdenkst, das Geschäft zu beenden. Oder es "für eine Weile in den Hintergrund zu rücken". Deine ersten Provisionszahlungen sahen aufgrund der vielen Verkäufe durch Neueinschreibungen ziemlich gut aus, aber dein Passiveinkommen könnte keine Kirchenmaus ernähren.

Die Heilung: Das Geheimnis lautet, dass du darauf achten musst, dein Verkaufstalent nicht gegen dich einzusetzen. Abschlusstechniken mögen funktionieren, aber sie duplizieren sich nicht. Das Mantra für Vertriebsprofis zur Rehabilitation lautet:

"Wenn du redest, sollten deine Worte auf ein Werkzeug hinweisen."

DER ALLERBESTE FREUND

Die Krankheit: Der allerbeste Freund möchte für jeden, den er sponsert, der engste Vertraute sein. Vertrautheit bringt aber leider in vielen Fällen auch Verachtung mit sich.

Wie du erkennst, ob du infiziert bist: Dein Team ist mit allen Details und Problemen deines Lebens so vertraut, dass es keinen Respekt mehr vor dir hat. Infolgedessen können sie dich nicht mehr lobenswert bei anderen Menschen erwähnen – was deine Fähigkeit einschränkt, deinen Partnern beim Wachstum zu helfen. Also nehmen bei jeder Geschäftspräsentation immer nur die gleichen üblichen Verdächtigen teil. Somit verwandeln sich Meetings, die eigentlich zur Geschäftsanbahnung dienen sollen, in ein gesellschaftliches Beisammensein, bei dem keine Geschäfte mehr entstehen.

Die Heilung: Halte zu deinem Team ständig eine professionelle Beziehung aufrecht. Rufe deinen Sponsor an, wenn du unbedingt jemanden über die Details deiner Fußballen-Operation informieren musst. Es ist besser, ein Geheimniskrämer, als ein für jedermann offenes Buch zu sein.

DER BLINDE, HUNGRIGE HUND IN DER METZGEREI

Die Krankheit: Der BHHIDM ist so begeistert und wünscht sich seinen Erfolg so sehr, dass er ständig nach einer Abkürzung sucht, um schnelleres Wachstum zu erreichen. Er leidet an einem Aufmerksamkeitsdefizit, langweilt sich schnell und hat Schwierigkeiten, sich zu konzentrieren.

Wie du erkennst, ob du infiziert bist: Du fällst ständig dem „Erfolgsmethode des Monats"-Syndrom zum Opfer. Du erforschst ständig, was andere Führungskräfte tun, und versuchst, die Telefonkonferenzen und Meetings anderer Unternehmen zu infiltrieren, um deren „Geheimnis" zu erfahren. Zuerst willst du Interessentenadressen kaufen, dann wieder nur online aufbauen, willst Meetingbesuche auslassen, dann einen Werbespot bei der Oskarverleihung schalten. Du erlebst Höhenflüge schnellen Wachstums, die von starken Umsatzeinbrüchen gefolgt werden, wenn der neue Schub zur Partnergewinnung wieder aufhört. Irgendwann wird dein Team durch deinen Mangel an Konzentration und durch deine nicht vorhandene Kontinuität desillusioniert und verliert das Vertrauen in dich.

Die Heilung: Halte dich an die Formel, mit der man in unserem Geschäft zum Wohlstand gelangt: *Ermögliche einer Vielzahl von Menschen, fortlaufend einige einfache Handlungsweisen auszuführen.* System, System, System.

Der Abtrünnige

Die Krankheit: Die Abtrünnigen wollen immer beweisen, dass sie solch besondere Menschen sind, die kein System benötigen. Oder dass sie so schlau sind, dass sie ein besseres System entwickeln können. Oft hängen sie dem Irrglauben nach, dass die Techniken, die im klassischen Geschäftsleben oder im Gebrauchtwagenverkauf funktionieren, auch für den Verkauf mit Hebelwirkung passend sein müssen. Obwohl sie nur 800 Euro im Monat verdienen, sind sie überzeugt, etwas entdeckt zu haben, was jemand, der 40.000 Euro im Monat verdient, noch nicht herausgefunden hat.

Wie du erkennst, ob du infiziert bist: Du hast keine Zeit, um an Team-Webinaren und -Veranstaltungen teilzunehmen. Du bist nicht an das System angeschlossen, sodass dir deine Upline nicht wirklich weiterhelfen kann. Du hältst deine eigenen Telefonkonferenzen und -seminare ab oder du befindest dich bei den Gruppenveranstaltungen immer auf dem Flur oder in der Hotellobby. Du erreichst zwar zu Beginn einen schnellen persönlichen Aufstieg, so dass sich die anderen Leute fragen, ob sie etwas verpassen oder falsch machen. Aber letztendlich fällt es dir schwer, deine Umsatzzahlen aufrecht zu halten. Und auch in deinem Team gibt es keine Leute, die eine höhere Stufe erreichen.

Die Heilung: Für diese Krankheit gibt es keine bekannte Heilung. Forscher haben jedoch vielversprechende Ergebnisse bei Menschen erlebt, die demütig sind und die Bereitschaft mitbringen, sich coachen zu lassen.

Der Prophet im eigenen Land

Die Krankheit: Das Syndrom von Propheten im eigenen Land tritt auf, wenn sich jemand zu lange ausschließlich in seiner Heimatstadt aufhält und sein Geschäft irgendwann stagniert.

Wie du erkennst, ob du infiziert bist: Weil die Menschen in deinem örtlichen Team erkennen, dass sie 90 Prozent deiner Gruppe und deines Einkommens darstellen, verlieren sie allmählich den Respekt vor dir. Dann können sie deine Eigenschaften nicht mehr glaubwürdig vor anderen Menschen loben, sodass du keine Begeisterung mehr erzeugen und dein Team nicht mehr zum Handeln inspirieren kannst. Die Geschäftspräsentationen werden eintönig und das Verhältnis von Teampartnern zu Gästen beträgt 25 zu eins. Da keine neuen Erfolgsgeschichten entstehen, beginnt deine Gruppe schließlich kleiner und kleiner zu werden.

Die Heilung: Schütze die Stabilität deines Einkommens und diversifiziere dein Geschäft, indem du auch weiter entfernte Gruppen aufbaust. Beginne damit, in einer anderen Stadt jeweils einen Brückenkopf vor Ort zu entwickeln, und erweitere dann deine Reichweite, wenn sich in den anderen Städten erste Zeichen von Führungsqualität bemerkbar machen.

Überprüfe dein Backoffice jeden Monat auf Wachstumszeichen. Wenn du eine potenzielle Führungskraft erkennst, dann gehe in dieser Linie nach unten und ziehe die Begeisterung nach dem Pfahlwurzel-Prinzip von dieser Person nach oben in die Linie hinauf. Lass nie zu, dass die Ergebnisse einer einzelnen Gruppe mehr als 60 Prozent deines Gesamtumsatzes ausmachen.

Der raffinierte Investor

Die Krankheit: Der raffinierte Investor glaubt, dass eine geheime Verschwörung existiert, die ihm all sein Geld durch den Verkauf von Marketing-Werkzeugen und Veranstaltungs-Tickets abnehmen will. Er glaubt, er wäre schlauer als diese geheimen Verschwörer und könnte sich seinen Weg zum Millionärsdasein hinaufsparen.

Wie du erkennst, ob du infiziert bist: Du lehnst die Teilnahme an Veranstaltungen ab, weil du der Meinung bist, dass du für das erforderliche Geld eine bessere Verwendung hast. Wenn du Werkzeuge zur Gewinnung neuer Kontakte kaufst, dann hebst du diese für den jeweils besseren Kandidaten auf, der noch kommen wird. Oder du kopierst die Werkzeuge und verwendest stattdessen billige Raubkopien. Diese Kultur hat sich auch in deiner Gruppe dupliziert und jegliches Wachstum, das du in deinem Team erlebst, ersetzt gerade einmal die Zahl der Aussteiger. Daher siehst du in den langsamen Steigerungsraten und in deinen kleinen Provisionsschecks einen weiteren Beweis dafür, dass du dein Geld sparen solltest, statt es in dein Geschäft zu investieren.

Die Heilung: Ein Unternehmen wächst im direkten Verhältnis dazu, was man in es investiert – in Form von mentaler, zeitlicher und finanzieller Energie. Das Besuchen von Meetings sorgt für Verdienststeigerungen und führt zum Erreichen der nächsten Stufen des Vergütungsplans. Nimm an allen wichtigen Veranstaltungen teil und lass diese Kultur auch in deinem Team entstehen. Hör auf, dir solche Geschichten anzuhören - deine eigenen und die anderer Leute - und übe die nötige Disziplin und Führungsarbeit aus, um deine Leute solange zu den Veranstaltungen zu bringen, bis sie es selbst über die Ziellinie geschafft haben.

Der Helikopter-Sponsor

Die Krankheit: Der Helikopter-Sponsor schwebt immer über seinen Leuten und versucht, sie vor Fehlern und Widrigkeiten zu schützen. Er meint es gut, aber tatsächlich schadet er seinen Partnern, weil er sie von sich abhängig macht. Er löst die Probleme seiner Leute, anstatt ihnen beizubringen, wie man Probleme löst.

Wie du erkennst, ob du infiziert bist: Deine Partner rufen dich ständig an, um zu fragen, wo das Meeting stattfindet, wann es beginnt, aus welchen Inhaltsstoffen die Produkte bestehen und ob sie von dir zusätzliche Marketingmaterialien ausleihen können. Wenn es ein Problem bei einer Bestellung oder Zahlung gibt, rufen sie zuerst bei dir an. Du wirst immer noch von Leuten um Unterstützung bei Einzelgesprächen gebeten, obwohl diese schon 2008 in das Unternehmen eingetreten sind. Du erhältst E-Mails von Partnern, die dich fragen, warum du letzten Monat niemanden für sie gesponsert hast. Deine Teammitglieder nutzen dein Haus als ihr zweites Warenlager. Du bist die einzige Person in deiner Stadt, die Präsentationen oder Schulungen durchführen kann. Du bist ein Schufter.

Die Heilung: Tue niemals etwas für ein Teammitglied, das es nicht auch selbst tun könnte. Wenn deine Mitarbeiter auf ein Problem stoßen, gib ihnen die nötigen Informationen und bring ihnen die erforderlichen Fähigkeiten bei, das Problem selbst zu lösen, statt es für sie zu tun. Denke daran: deine Aufgabe ist es, dich aus deinen Aufgaben hinauszuarbeiten.

Bringe den Menschen das Angeln bei. Wenn sie von dir eine All-you-can-eat-Fischtheke verlangen, schicke sie in ein anderes Restaurant.

Der Hollywood-Regisseur

Die Krankheit: Der Hollywood-Regisseur legt einen Schnellstart hin und findet ruckzuck seine ersten Leute. Dann lehnt er sich in den Spielberg-Modus und denkt, dass seine Aufgabe nur noch darin besteht, andere zur Arbeit anzuleiten.

Wie du erkennst, ob du infiziert bist: Du hast nie irgendwelche eigenen Gäste bei den Geschäftsvorstellungen, weil du zu beschäftigt damit bist, deine Leute zu fragen, wie viele neue Gäste sie mitbringen werden. Du hast zum letzten Mal jemanden persönlich gesponsert, als Bush noch Präsident war.

Die Heilung: Selbst, wenn du schon die höchsten Stufen des Marketingplans erreicht hast, besteht die beste Anleitung, die du deinen Partnern zuteil werden lassen kannst, in deinem persönlichen Vorbild. Also darin, das Verhalten vorzuleben, das deine Partner nachahmen sollen. Das bedeutet, dass du selbst ständig in der Gewinnung neuer Partner aktiv bleiben musst.

Der Schwindler

Die Krankheit: Der Schwindler glaubt, dass der Zweck die Mittel heiligt. Er streitet sich mit seinen Partnern um Kontakte, betreibt Frontloading, lügt seine Teampartner an oder manipuliert sie in einer Weise, die nicht gut für ihr Geschäft ist.

Wie du erkennst, ob du infiziert bist: Du erlebst hohe Abwanderungsraten, geringe Umsätze und deine Teampartner vertrauen dir nicht. Andere Linien schließen dich und deine Gruppe von ihren Veranstaltungen aus.

Die Heilung: Nichts in unserem Geschäft ist wichiger als ein guter Charakter. Gib die beiden folgenden Versprechen an dein Team ab und halte dich daran:

1. Ich werde euch niemals vorsätzlich anlügen.
2. Ich werde euch niemals bewusst etwas tun lassen, was nicht im besten Sinne eures Geschäftes ist.

***

Hinweis: Es gibt weitere Fallstudien, die wir hier nicht erforscht haben. Dazu gehören DER LÜGNER, DER SÜCHTIGE und DER BETRÜGER. Wenn du dir den Ruf eines Menschen erwirbst, der bei den Veranstaltungen high ist, mit dem Partner einer anderen Person schläft, Geld ausleihst, das du nicht zurückzahlst, Versprechen brichst oder andere Charakterschäden an den Tag legst, wirst du schnell allen Respekt und jegliche Glaubwürdigkeit innerhalb deines Teams verlieren.

Wenn du ein Suchtproblem hast, hole dir professionelle Hilfe. Wenn deine Handlungen nicht ans Licht der Öffentlichkeit geraten sollten, dann stelle dieses Verhalten ein. Tu immer das Richtige, auch wenn es kurzfristig schmerzhaft sein mag. Langfristig wirst du davon profitieren.

Gut, nun nachdem du viele Verhaltensweisen kennen gelernt hast, die dich davon abhalten, zu einer Führungskraft zu werden – lass uns die Perspektive wechseln. Und lass uns betrachten, wie du zu deiner persönlichen Marke wirst …

Kapitel 13

Wie du deine persönliche Marke erschaffst

Hinweis: Dies ist das erste der fünf Bonuskapitel. Wenn du ganz neu in diesem Geschäft begonnen hast, überspringe bitte dieses und die nächsten vier Kapitel (14, 15, 16 und 17) und lies bei Kapitel 18 weiter. Lies diese Kapitel in zwei Jahren, wenn die Inhalte für dich wirklich relevant sind.

Das gesamte Konzept des Aufbaus einer persönlichen Marke ist eine Entwicklung unserer jüngsten Kultur. In der Vergangenheit war „Personal Branding" noch nicht einmal ein anerkannter Begriff. Und das, obwohl sich bereits einige Menschen als persönliche Marke erschufen. Elvis Presley, John F. Kennedy, Marilyn Monroe und viele andere haben ein bestimmtes Image gepflegt und sind hierdurch zu Ikonen geworden. Und doch haben wir das öffentliche Bild dieser Menschen zum damaligen Zeitpunkt nicht als Markenzeichen betrachtet. Wir dachten einfach nur, dass es sich um berühmte Personen handeln und dass ein Markenaufbau nur für Unternehmen oder einzelne Produkte gelten würde.

Personal Branding ist heutzutage ein Phänomen.

Es gibt 13-jährige, die sich heute darüber unterhalten, wie sie ihre eigene Marke auf Instagram gestalten sollen. Ernsthaft. Somit wirkt sich dieses Phänomen auch auf unseren Beruf aus. Und es ist Teil der Erfolgsformel geworden, um ein großes, erfolgreiches Team aufzubauen – egal, ob für Manager des Unternehmens oder für Führungskräfte auf der ganzen Welt.

(Und das stellt für einige kurzsichtige Unternehmen oder Führungskräfte möglicherweise ein unliebsames Problem dar. Sie möchten nicht, dass ihre

Führungskräfte eine eigene Personenmarke oder eine Anhängerschaft entwickeln, weil sie befürchten, dass diese Führungskräfte das Unternehmen irgendwann verlassen und ihnen ihre Teampartner folgen könnten. Aber diese Denkweise basiert nur auf Ängsten und spiegelt nicht die heutige, tatsächliche Situation wider.)

Es gibt einige Kräfte, die für diese neue Realität gesorgt haben. Lass sie uns erforschen.

Die Kraft einer persönlichen Marke

Bei einer dieser Kräfte handelt es sich um die oben genannten sozialen Medien. Präsidenten und Päpste, Autoren und Prediger, Experten und Behörden - sie alle scheinen alle über eine Präsenz in den sozialen Medien zu verfügen. Also haben die meisten Menschen die Erwartungshaltung entwickelt, dass eine Führungskraft (egal, aus welchem Bereich) in den sozialen Medien präsent zu sein hat. Ist sie es nicht, erscheint sie schon fast suspekt. (Und ja, einige Führungskräfte mögen ihre Legitimität durch die Inhalte, die sie veröffentlichen, selbst untergraben. Aber das ist ein Thema für ein anderes Buch. Den meisten Führungskräften verhelfen die sozialen Medien zu einem Erfolgsschub.)

Eine weitere positive Kraft besteht darin, dass Menschen sich wohler fühlen, wenn sie jemandem folgen, der auf bestimmte Art und Weise eine „Marke" darstellt. Diese Marke kann eine Vielzahl von Eigenschaften vermitteln: Entschiedenheit, Kraft, Mitgefühl, Einfühlungsvermögen, usw. Der Punkt ist, dass Führungskräfte, die eine Marke erschaffen haben, für bestimmte Eigenschaften stehen. Und dass die Menschen, die ihnen folgen, erkannt haben, welche besonderen Eigenschaften diese Führungskräfte verkörpern. (Das geschieht nicht immer bewusst. Sondern in den meisten Fällen eher unbewusst.)

Die abschließende Kraft, um die es hier geht, ist das, was die Marke einer Führungskraft für diese Person selbst bewirkt. Das Erschaffen und Pflegen einer

Marke erfordert vorheriges Überlegen. Es erfordert von dir, dass du ernsthaft und kritisch darüber nachdenkst, wofür du stehen wirst, wie du wahrgenommen werden möchtest und - hoffentlich - wofür du in Erinnerung bleibst. Diese gezielte Überlegung kann die Kultur, die sich in deinem Team entwickeln wird, dramatisch beeinflussen.

Alles in allem zeigen diese Kräfte, wie vorteilhaft (aber auch wie notwendig) der Aufbau einer persönlichen Marke im heutigen Umfeld ist. Wir werden das Ganze etwas genauer untersuchen und natürlich darüber sprechen, wie man es am besten macht.

Aber es gibt einen Haken...

Du kannst deine Marke nicht "kontrollieren". Andere Faktoren, die sich deiner Kontrolle entziehen, üben einen hohen Einfluss auf deine Marke aus. Hierzu folgt gleich noch mehr...

Dann müssen wir uns natürlich mit dem Problem der Duplikation befassen: Dass du deine persönliche Marke so erschaffst, dass hierdurch nicht die Fähigkeit deiner Partner beeinträchtigt wird, deine Ergebnisse zu duplizieren. Das kann etwas chaotisch werden. Lass uns daher nochmals einige meiner Gedanken zum Thema persönlichen Markenaufbaus aus Risiko ist die neue Sicherheit durchgehen. Und lass und diese Gedanken, mit denen du in unserem Geschäft heutzutage konfrontiert bist, auf den neuesten Stand bringen.

Die tatsächliche Wahrheit über den Aufbau einer Marke

Eine Marke beinhaltet in vielen Fällen ein „Meme-Plex", also eine Sammlung verwandter Memes (Bilder und GIFs im Internet, die gewöhnlich mit flotten Sprüchen versehen sind.) Und nichts verbreitet sich schneller als eine Information im Internet. Wenn Nike eine YouTube-Sensation wie "Write the Future ..." kreiert; wenn sich Millionen von Menschen einschalten, um zu sehen, wie Tim Cook ein neues Apple-Produkt auf den Markt bringt; wann immer jemand etwas twittert oder eine Rezension auf seiner Website veröffentlicht oder seinen Facebook-Status aktualisiert – dann fliegen Memes durch das Internet und es entsteht ein Markenaufbau.

Das Ziel ist, dass dieser Prozess für dich, für dein Team und für die von dir durchgeführten Veranstaltungen stattfindet. Natürlich wird dies nicht in weltweiter Form stattfinden, so wie es in einigen der zuvor genannten Beispiele der Fall ist. Aber es handelt sich um denselben Prozess, lediglich auf kleinerem Niveau.

Sich durch das Minenfeld des Markenaufbaus und der Positionierung zu navigieren, war noch nie einfach. Und heutzutage wird der Vorgang noch komplexer. Auch, wenn sich deine Marke schon in der Vergangenheit nicht kontrollieren ließ, konntest du es zumindest versuchen. Aber die sozialen Medien haben diese Kontrolle heute nahezu unmöglich gemacht. Doch der Vorteil ist, dass du wirklich weißt, wofür deine Marke im heutigen Umfeld steht – und wann es nötig ist, etwas zu ändern.

Ich hatte dir bereits gesagt, dass es sich bei den besten Produkten für den Verkauf mit Hebelwirkung um Produkte handelt, die einzigartig, exklusiv und regelmäßig konsumierbar sind. Und weißt du auch, welche Produkte am besten geeignet sind, um Begeisterung für eine Marke zu wecken? Produkte, die einzigartig, exklusiv und regelmäßig konsumierbar sind.

Das Unternehmen, das du vertrittst, verfügt über eine Marke. Deine Produktlinie verfügt möglicherweise eine eigene oder ist Teil der größeren Marke. In beiden Fällen ist deine Marke jedoch nicht gleichbedeutend mit dem Logo oder dem Slogan.

Deine Marke besteht aus der Art und Weise,
wie dich der Markt wahrnimmt.

Diese Wahrnehmung entsteht durch die Erfahrungen, die deine Kunden, Interessenten und Teammitglieder machen. Das Internet ermöglicht den Menschen, diese Erfahrungen leichter und schneller untereinander auszutauschen. Und dieser Umstand hat sich in großem Maße auf den Aufbau einer Marke ausgewirkt.

Und natürlich haben die sozialen Medien das Konzept des persönlichen Markenaufbaus mehr als nur interessant gemacht…

Auf den ersten Blick steht deine Marke dafür, wie andere Menschen dich wahrnehmen. Auf einer tieferen Ebene steht deine Marke dafür, wie die Menschen wahrnehmen, was du für sie tun kannst. Aber auf der wirklich, wirklich bedeutungsvollen Ebene - und jetzt befinden wir uns dort, wo die Luft dünn wird, bei Marken wie Apple, Cirque du Soleil, Starbucks und Nike – vermittelt deine Marke dem Verbraucher ein Gefühl für sich und über sich selbst.

Der 160-Kilo-Typ, den du in den Aufzug einsteigen siehst? Ihm würde der Atem schon beim Schachspielen wegbleiben. Aber in seinen Augen ist er ein Spitzensportler, weil er ein Sweatshirt mit der Aufschrift "Just do it!" trägt.

Ich bin ein alter Mann, der ungefähr zwei Jahre gebraucht hat, um herauszufinden, wie man ein Emoji versendet. Aber ich verwende einen Mac. Und wenn ich in einen Apple-Store mit all den Skatertypen, stylishen Leuten mit ihren Rassehunden und zu den schlauen Jungs an der Genius Bar gehe, fühle ich mich in dieser Umgebung wie ein cooler Typ!

Das Gleiche gilt für die Menschen, die für ihre Half-Decaf-, Double-Mocca-Milchschaum-, Carmelata-Frutata-Frappuccinos bei Starbucks in der Schlange stehen; es gilt für diejenigen, die in den Nike-Superstores stöbern; und für die Menschen, die von einer Aufführung des Cirque du Soleil fasziniert sind. Sie sind leidenschaftliche Botschafter des Produkts, das sie kaufen – genauer gesagt: des Produkts, das sie erleben.

Sie glauben an das, was sie kaufen, sie möchten ihre Erfahrungen mit allen Menschen teilen, die sie kennen. Und plötzlich verwandelt sich eine Gruppe von Kunden in ein Marketing-Team, das leistungsstärker ist, als alles, was man mit Geld kaufen kann. Dies ist der Inbegriff dessen, was Seth Godin in seinem brillanten Buch *Tribes* beschreibt.

Wenn deine Marke einen eigenen Tribe - einen Stamm oder eine Gefolgschaft – entstehen lässt, kann sie dich reich machen. Und nichts inspiriert Menschen mehr dazu, eine Gefolgschaft zu bilden, als wenn ihnen ein bestimmtes Gefühl für sich selbst vermittelt wird. Mit Nike fühlt sich jeder wie ein Elite-Sportler. Starbucks lässt dich in sein privates Clubhaus hinein; mit Apple-Produkten bist du einer der coolen Typen. Und der Cirque de Soleil bringt dich zu einem verzauberten Ort.

Der Sänger Jimmy Buffet veranstaltet vor jedem seiner Konzerte eine Vorab-Party auf Radio Margaritaville. Darin spricht er über den Veranstaltungsort, die Titelliste, eventuelle Gaststars und gibt einfach nur den Geschichtenerzähler. Diese Show ist vermutlich das beste Beispiel, das du jemals sehen wirst, wie man das Internet und die sozialen Medien einsetzt, um sich mit seiner Gefolgschaft zu verknüpfen und zu beschäftigen. Hier sind also einige Denkanstöße für dich ...

Wie kannst du diese gemeinsame Identität und ein solches Gemeinschaftsgefühl in deinem Team entstehen lassen?

Wie sollen sich deine Teampartner durch deine persönliche Marke fühlen?

Was wäre, wenn du vor deinem nächsten Kongress eine Vorab-Party per Videostream veranstalten würdest?

Deine Positionierung als Führungskraft

Verlassen wir einmal das große Gesamtbild und schauen uns die kleinen Details an. Erinnere dich daran, als du in einem Flugzeug warst und es Turbulenzen gab. Die Pilotin lieferte über die Lautsprecher mit entspannter Stimme eine Ansage und ein paar beruhigende Informationen. Sie spricht in diesem sonoren, fast gelangweilten Ton, um die Passagiere vor ihrer Panik zu bewahren.

Oder, wenn sich ein Ehepaar scheiden lässt und den Kindern bewusst wird, dass ihre Welt auseinanderbricht. Sie ringen verzweifelt um die Sicherheit, dass Mama und Papa immer noch alles unter Kontrolle haben und dass alles in Ordnung sein wird. Genau dieses Gefühl musst auch du als Führungskraft vermitteln.

Deshalb glaube ich, dass es in unserem Geschäft, dem Verkauf mit Hebelwirkung, so wichtig ist, eine persönliche Marke zu erschaffen.

Einige von euch mögen nun vielleicht denken: "Nun, ich fühle mich nicht wohl, wenn ich mich bei den Veranstaltungen auf die Bühne stellen oder eines der Gesichter des Führungsteams sein soll."

Entschuldigung, aber dieser Spruch zieht bei mir nicht.

Nicht, wenn du eine starke Führungskraft sein und deinem Team die bestmögliche Infrastruktur bieten möchtest, mit der deine Partner wachsen und sich entwickeln können. Folgendes musst du beachten ...

Deine Leute wollen (und brauchen) es so sehr, dass du ein Anführer bist. Sie brauchen dich auf der Bühne. Sie möchten stolz auf deine Führungsqualitäten sein und wollen die Befriedigung spüren, die damit einhergeht, Teil deines Teams zu sein.

Bitte lies den letzten Absatz noch einmal. Und nimm diese Informationen wirklich in dich auf. Wie die Pilotin des schaukelnden Flugzeugs - oder wie die beiden Elternteile bei einer Scheidung – musst du diesen beruhigenden, stabilisierenden Einfluss auf deine Teampartner ausüben. Und was deine Marke darstellt und wie du positioniert bist, wirkt sich in hohem Maß darauf aus, wie stark deine Wirkung ist.

Der einzige große Unterschied zwischen dem Verkauf mit Hebelwirkung und jedem anderen Unternehmen auf der Welt besteht darin, dass wir in unserem Geschäft duplizierbar sein müssen. Lass uns daher etwas Wichtiges aus dem Weg räumen:

Ich empfehle dir nicht, dass du in deinen Startseminaren über diese Dinge sprichst. Lass einen Neueinsteiger nicht einmal einen Blick darauf werfen. Worüber wir hier sprechen, wendet sich an Führungskräfte, die ein Team von mindestens 10.000 Partnern aufbauen werden. Diese Inhalte hier sind für ein Gespräch gedacht, das du vielleicht mit jemandem führen kannst, der seit mindestens zwei Jahren aktiv in diesem Geschäft tätig ist.

Wir müssen unsere Leute schrittweise in ihrem Lernprozess begleiten:

Stufe 1: Wie man Kunden findet

Stufe 2: Wie man Geschäftspartner gewinnt

Stufe 3: Wie man ein Geschäft von zu Hause aus führt

Stufe 4: Wie man eine Vertriebsgruppe leitet

Stufe 5: Wie man Menschen führt

Das Thema des persönlichen Markenaufbaus sollte deinen Führungskräften erst in Stufe 5 beigebracht werden. Und wenn wir dies tun, müssen wir eine zarte Balance aufrecht erhalten: einerseits zwischen der Positionierung von Menschen als Führungspersonen - ohne jedoch andererseits den bedeutsamen Prozess der Duplikation zu gefährden.

Denke daher bitte nicht (geschweige denn, es zu schulen), dass jede Führungskraft zu einem freiberuflichen Trainer werden muss, der eigene Bücher verfasst und öffentliche Seminare durchführt. Einige von uns leiten zwar aus verschiedenen Gründen auch externe Unternehmen. Du musst diese Vorgehensweise jedoch nicht nachahmen, um deine persönliche Marke als Führungskraft aufzubauen.

Eines der größten Probleme, das ich in diesem Geschäft immer wieder erlebe, sind Führungskräfte, die glauben, dass Erfolg entsteht, indem man sein eigenes Image als übermenschlich großer Leistungsträger aufbaut. Du magst zwar in einem roten Cape und einer Strumpfhose großartig aussehen, doch als Superheld wirst du lediglich viele begeisterte Anhänger hervorbringen, die anschließend nicht in der Lage sind, deine Ergebnisse zu reproduzieren. Hierdurch raubst du nur allen anderen Menschen den Atem. Du brauchst keinen Buchvertrag mit Millionenauflage und auch keine eigene TV-Show zur besten Sendezeit.

Lass uns deine Positionierung so erschaffen, dass du dich einfach als jemand mit Glaubwürdigkeit, Autorität und Fachwissen darstellst – als jemand, zu dessen Team andere Menschen gerne gehören möchten.

Es gibt ein paar grundlegende Dinge, die für dich beim Aufbau deiner persönlichen Marke äußerst hilfreich sein werden:

1. Professionelle Fotos

Die Kameras, die mittlerweile in einem durchschnittlichen Smartphone verbaut sind, entsprechen Fotoapparaten, die früher 1.500 Euro und mehr gekostet haben. Dennoch bin ich immer wieder schockiert, wenn ich eine Führungskraft - jemanden, der bei einer Großveranstaltung sprechen wird – um ein aktuelles Bild bitte und er dies nicht liefern kann. Weil er keines hat. Im Jahr 2019. Und die Bilder, die ich erhalte, sind verwackelt, schlecht ausgeleuchtet, 15 Jahre alt oder zeigen ihn im Wasserpark mit seiner dicken Tante Gertrude, die einen Bikini trägt.

Wenn du eine Führungsposition erreichst, solltest du in ein Fotoshooting mit einem professionellen Fotografen investieren. Und stelle sicher, dass du auf deinen Incentive-Reisen in den Luxusresorts auf der ganzen Welt viele Videos und Fotos aufnimmst. Du solltest über vier Arten von Fotos verfügen:

1. Einen „Headshot" (Porträt von Scheitel bis Kragen)
2. Ein Porträt in dreiviertel Aufnahme (Kopf und Schultern)
3. Ein Bild, das dich bei einer geschäftlichen Aktivität zeigt
4. Lifestyle-Fotos und -Videos

Diese Fotos und Videos können für Veranstaltungsflyer, Visitenkarten und Internetseiten verwendet werden. Oft werden in deiner Firma Materialien zur Kontaktgewinnung gestaltet und es werden Action- und Lifestyle-Bilder von Teammitgliedern benötigt, um erreichte Erfolge zu demonstrieren. Stelle sicher, dass du solche Aufnahmen liefern kannst, wenn du danach gefragt wirst.

2. Deine Geschichte

Hierbei handelt es sich um die Inhalte, mit denen du einen Zusammenhang schaffst, die deinen Interessenten Beweise und eine Bestätigung liefern und die ihnen ermöglichen, mit dir in Kontakt zu treten. Meine Geschichte ist diejenige eines Schulabbrechers, der vom Mindestlohnverdiener zum Multimillionär wurde. Andi Duli war ein Einwanderer, der als Pizzabote arbeitete, Sarah Robbins war Lehrerin und Erick Gamio ein langhaariger Rockmusiker.

Deine Story muss nicht unbedingt eine Geschichte sein, in der du früher unter einer Brücke geschlafen hast. Genauso schlagkräftig kann die Geschichte eines Menschen sein, der eine prestigeträchtige und hochbezahlte Arbeitsstelle aufgegeben hat, um von zu Hause aus zu arbeiten und mehr Zeit mit seiner Familie verbringen zu können. Eine reale, nachvollziehbare Geschichte ist viel besser als wilde Übertreibungen und lautes Hurrageschrei. Es wird die Geschichte sein, die deine Teammitglieder am Telefon erzählen, wenn sie ihre Freunde einladen, zur Geschäftsvorstellung zu kommen und dich sprechen zu sehen.

Der komplette Sinn der Geschichte besteht darin, sowohl neuen Interessenten als auch bestehenden Teammitgliedern die Möglichkeit zu bieten, Gemeinsamkeiten in ihren eigenen Erfahrungen zu finden. Auf diese Weise können sie sich die neue Situation besser für sich selbst vorstellen. Das andere Ziel, das du mit deiner Geschichte erreichst, besteht darin, dass du es deinen Interessenten leichter machst, deine Teamkultur verstehen und kennen zu lernen. Damit sie wissen, ob sie Teil dieser Gruppe sein wollen.

3. Deine Mini-Biografie

Dies ist die schriftliche „offizielle" Zusammenfassung deiner Story. Die Story, die auf den Flyern und Websites auftaucht, die für eine Veranstaltung werben, bei der du auftrittst. Deine Mini-Biografie braucht nur aus wenigen Sätzen zu bestehen. Aber es ist schockierend, wie viele Menschen sich in unserem Geschäft noch nie Gedanken darüber gemacht haben. Hierin erwähnst du, dass du die Nummer 7 in der Weltrangliste bist, ein Team von mehr als 10.000 Partnern in 21 verschiedenen Ländern aufgebaut oder den Rang eines Super-Spezial-Diamantenpräsidenten erreicht hast.

Allein die einfache Bereitstellung eines Fotos, einer Biografie und einer Story für dein Team ermöglicht dir, deine Partner erheblich besser zu unterstützen. Sie verwenden diese Werkzeuge, um dich bei ihren Kontakten zu promoten und dann kannst du ihre Teams besuchen und wiederum die wertvolle Arbeit loben, die deine Partner vollbringen. Indem du deinem Team diese Werkzeuge zur Verfügung stellst, lebst du ihnen das Verhalten vor, das sie auf dem Weg in ihre eigenen Führungspositionen übernehmen müssen.

Diese drei simplen Werkzeuge - eine kurze Biografie, eine Story und ein Foto - spielen bei der Erstellung deiner Positionierung eine große Rolle. Aber das Coole an all dem ist, dass du dir selbst aussuchen kannst, wofür du stehen möchtest. Denke dazu einfach darüber nach, mit welch unterschiedlichen Herangehensweisen die verschiedensten Menschen in unserem Geschäft erfolgreich wurden ...

> Chris Brady und Orrin Woodward sind aufgrund ihrer Arbeit und ihrer Bücher für das Thema Führungskompetenz bekannt.
>
> Lily Rosales hat verrückte Fähigkeiten in den Bereichen Führung, Vertriebspartnergewinnung und Teamaufbau. Aber das persönliche Markenzeichen, für das sie am besten bekannt ist, ist ihr „Cuchi-Cuchi" - ihr Einfühlungsvermögen und die Liebe, die sie den Menschen entgegenbringt.
>
> Meine persönliche Marke steht für meine Fähigkeiten, Systeme zu erschaffen und für Duplikation zu sorgen. Menschen steigen in mein Team ein, weil sie davon überzeugt sind, dass sie Duplikation erreichen werden.
>
> Aber die vielleicht beste persönliche Marke in unserer Branche hatte Dexter Yager - ein Mann, der in seinem Leben fast eine halbe Milliarde Dollar an Provisionen verdient hat - erschaffen. Als früherer Bierkutscher lautete der Name seiner Marke „Jedermann". Jeder Interessent dachte: "Wenn Dexter erfolgreich werden konnte, dann kann ich es auch".

Wenn du an deinen persönlichen Markenaufbau denkst, dann konzentriere dich darauf, wie und wofür man dich eines Tages in Erinnerung behalten wird. Dann gehe mit Freude an diese Aufgabe. Doch bevor wir das Thema wechseln, ist es wichtig, dass du das wahre Ziel hinter der ganzen Sache hier verstehst...

Das Ziel besteht nicht darin, dich in eine strahlende Lichtgestalt zu verwandeln, die angebetet und vergöttert wird. Das gewünschte Ergebnis ist, dass die Leute in deinem Team wissen, wer du bist, worum es dir geht, wie du sie inspirierst und welches Gefühl du ihnen gibst.

Das wichtigste Ergebnis, auf das du abzielst, besteht darin, eine Führungskraft zu werden, die andere Menschen dazu inspiriert, selbst zu einer Führungskraft zu werden. Großartige Führungskräfte entwickeln keinen Glauben in den Anführer; sie entwickeln den Glauben der Menschen, die diesem Anführer folgen.

Deine tatsächliche Prüfung besteht nicht darin, wie viele Menschen dir folgen – sondern darin, wie viele echte Führungskräfte du entwickelst.

Und das ist, worüber wir als Nächstes sprechen werden...

Kapitel 14

Wie du zu einer einflussreichen positiven Führungskraft wirst

EILMELDUNG: Niemand möchte einen Film über den Milliardär sehen, der einen Lottoschein ausgefüllt und weitere 40 Millionen Euro gewonnen hat.

Aber der Film, in dem ein abgebrannter Typ zum Millionär wird – diese Geschichte wollen wir alle sehen und rennen zur Kinokasse ...

Okay, du hast dir deinen kostenlosen Firmenwagen verdient. Du bist restlos begeistert und deine Mutter ist wirklich stolz auf dich. Aber wir anderen interessieren uns leider nicht im Geringsten dafür.

Denn worum es wirklich geht, ist nicht dein Auto. Es geht darum, was dein Auto für den Rest deines Teams bedeuten kann. Das Gleiche gilt für die Luxuskreuzfahrt, die du gewonnen hast, für die großen Provisionsschecks, die du auf der Bank einlöst, und für die 50.000-Euro-Uhr, die du am Handgelenk trägst.

Entgegen jeder landläufigen Meinung wird niemand in deinem Team besser oder motivierter werden, weil du eine schicke neue Rolex hast. Tatsächlich wirken all die Scheckwedelei und der Begeisterungswahnsinn auf die meisten Leute eher abschreckend und *de-motivieren* unsere Partner sogar.

Hier ist der Grund...

Niemand möchte hören, wie reich, sexy, wunderbar und glücklich du bist. Oder zumindest erst dann, wenn die Menschen *zuvor* erfahren haben, wie arm, unattraktiv, mittelmäßig und elend du in deinem früheren Leben warst.

Es scheint, als ob im Direktvertrieb jeder darin geschult ist, eine „Story" zu erzählen. Dabei glauben die Erzähler, dass es in ihrer Geschichte um den ganzen Glitzer, um die Provisionsschecks, um das viele Geld ginge, das sie verdient haben. Aber das ist es nicht, was Menschen inspiriert. Das Wichtigste, was du wissen musst, wenn du deine Geschichte oder deinen Erlebnisbericht veröffentlichst, ist ...

Der einzige Grund, warum du deine Geschichte erzählst, besteht in der Lektion oder der Inspiration, die darin für das Publikum enthalten sein kann. Alles andere ist nur wertlose Protzerei.

Deine Geschichte ist nur dann inspirierend, wenn sie uns zeigt, dass du selbst einige der Herausforderungen, Hindernisse und Widrigkeiten gemeistert hast, die auch die Menschen erleben, die dir zuhören. Die Tatsache, dass du durchgehalten und weitergemacht hast, erschafft in deinen Zuhörern das Bewusstsein, dass auch sie durchhalten und weitermachen können.

Es zeigt, dass du dazu in der Lage bist, ihnen etwas beizubringen.

So, wie es auch ein großartiger Autor oder eine gute Motivationsrednerin tut, erzählen wir unsere Geschichte nicht deshalb, weil Menschen an unserer Geschichte interessiert sind. Wir erzählen unsere Geschichte aufgrund des Einflusses, den sie auf unser Publikum haben kann.

Wenn du diese Tatsache verstanden hast, bist du auf dem Weg, eine visionäre Führungskraft in unserer Branche zu werden. Denn dann erkennst du, dass es niemals um dich geht. Bei echter Führung geht es immer um die Ergebnisse, die der jeweilige Mensch erreicht, den du anleitest.

Vor ein paar Jahrzehnten wurde ich gebeten, meine Definition von Führungsqualität aufzuschreiben. Damals habe ich es als die Fähigkeit definiert, Menschen dazu zu bringen, bereitwillig die Dinge zu tun, die sie normalerweise nicht tun wollen. (Wenn beispielsweise jemand in einem Krieg ein Maschinengewehrnest aushebt, um seine Einheit zu schützen. In unserem Geschäft kann es eine einfachere Sache sein – dass jemand beispielsweise seinen ersten Anzug kauft oder seine erste Rede vor einer Gruppe hält.)

Diese Definition diente mir mehr als 20 Jahre lang. Doch heute tut sie es nicht mehr. Denn meine Gedanken haben sich weiterentwickelt. Daher würde ich Führungsqualität heute wie folgt definieren:

Menschen dazu inspirieren, die bestmögliche Version ihrer selbst zu werden und für sie das nötige Umfeld zu erschaffen, das ihnen diesen Prozess erleichtert.

Um es noch etwas genauer auszuführen: mit diesen Worten definiere ich positive Führungsfähigkeit. (Denn wir wissen alle, dass Führungsfähigkeiten nicht immer konstruktiv und zur Ermutigung eingesetzt werden.) Ich glaube, dass meine neue Definition am besten beschreibt, wie sich Führungsqualität in unserem Geschäft auswirken sollte – und dass dies auch für dich das erstrebenswerteste Modell ist.

Du siehst nun, dass es zwei sehr unterschiedliche Teile in dieser Gleichung gibt. Der erste Teil besteht daraus, Menschen zu inspirieren, aktiv werden zu wollen und zur höchstmöglichen Version ihrer selbst aufzusteigen. Alleine das ist für eine Weltklasse-Führungskraft schon schwierig genug.

Als Nächstes musst du jedoch noch einen Schritt weiter gehen. Und die nötigen Grundlagen erstellen, die es auch deinen Teampartnern ermöglichen, die oben beschriebene Aufgabe zu erfüllen. (Indem du die richtige Teamkultur, sowie das benötigte System erschaffst. Indem du auch die erforderlichen Ressourcen zur erfolgreichen Umsetzung bereitstellst, usw.)

TRITT EIN IN DIE UNBEKANNTE WELT GROSSARTIGER FÜHRUNGSSTÄRKE...

Nehmen wir an, du hast den Punkt erreicht, an dem du über ein großes Network verfügst, hohe Umsätze produzierst und an dem Menschen zu dir aufsehen und sich von dir führen lassen wollen. Wie wirst du nun zur bestmöglichen Führungspersönlichkeit für dein Team? Wie erschaffst du ein Gruppenverhalten und einen gemeinsamen Lebenszweck, der dein Team zum Handeln inspiriert?

> *Ein großer Teil davon besteht aus deinem Einfluss. Wenn du Menschen wirklich dazu inspirieren willst, besser zu werden und wenn du einen sicheren Raum für sie gestalten möchtest, in welchem ihnen dies gelingt, dann musst du zu einem Menschen werden, der Einfluss ausüben kann.*

Lass mich dir also meine wirkungsvollsten Werkzeuge geben, mit denen ich riesige Teams auf positive Weise erfolgreich beeinflusst habe ...

Erschaffe einen Traum, der größer ist als das Team

Zu viele Leute, die gerne eine Führungskraft sein wollen, versuchen, Leute anzuschieben statt sie mitzuziehen. Um jedoch den Wunsch zum Mitmachen entstehen zu lassen, ist es wichtig, dass du ein mutiges, herausforderndes und überzeugendes Ergebnis formulierst, das die Träume deiner Partner aufgreift.

Jeder Mensch auf der Welt ist mit dem Wunsch geboren, Teil einer Sache zu sein, die größer ist als er selbst. Nichts in unserem Leben liefert uns ein solch enormes Gefühl der Befriedigung und Zugehörigkeit, als innerlich einer großen Sache, einem Projekt oder einer Bewegung verbunden zu sein.

Dein Team wird von den Wettbewerben und Incentive-Aktionen deiner Firma begeistert sein. Und es wird den Urlaubsreisen, Firmenwagen und anderen Belohnungen hinterherjagen. Aber wenn du dieses Streben nach Gewinn mit einem Plan für ein höheres Wohl verbinden kannst, werden deine Partner mit Sicherheit noch energiegeladener sein. Manchmal kann es sich dabei um das gemeinsame Erreichen eines positiven Ziels handeln, beispielsweise dem Bau eines Waisenhauses. In anderen Fällen kann es der Kampf gegen einen gemeinsamen Gegner sein, dem die Produktlinie deiner Firma missfällt (Pharmakonzerne, Versicherungsunternehmen, die Menschen über den Tisch ziehen, usw.).

Stelle deine Ernsthaftigkeit unter Beweis

Wir alle kennen irgendwelche Menschen, die zwar tolle Reden schwingen, bei denen jedoch alles nur Augenwischerei ist. Daher wird es für deine Partner die größte Freude sein, wenn sie wissen, dass du nicht nur redest, sondern auch ein Macher bist. Zeige, dass du eine unnachgiebige, und unerschütterliche Kraft für die Vision aufbringst und alles tust, damit auch du selbst diese Vision verwirklichst.

Halte eine starke Fokussierung aufrecht

Du arbeitest mit Menschen, also wird es immer Tratsch und kleine Eifersüchteleien geben. Und es wird Menschen geben, die den Ablauf für ihre eigene Aufmerksamkeit oder für ihre eigenen Zwecke missbrauchen wollen. Du musst Ablenkungen sofort im Keim ersticken.

Als jemand, der ein Verkaufsteam leitet, musst du manchmal entschlossen sein, Mitarbeiter verantwortlich zu machen und erforderliche Konsequenzen zu ziehen. (Hierbei werden dir vor allem die nächsten drei Punkte helfen.)

Binde deine Partner ein

Wenn du eine messbare Tätigkeit definierst, durch die sich Partner für Belohnungen qualifizieren können, kannst du damit einen starken Anreiz für das gewünschte Verhalten hervorrufen. Dafür hast du viele Möglichkeiten - kleine Vorteile wie z.B. bevorzugte Sitzplätze bei Veranstaltungen oder größere Belohnungen, z.B. Ausflüge und Reisen.

Ein starker Antrieb kann die Gründung eines inneren Kreises sein, dem Menschen angehören wollen. Die Partner wollen Zugang zum Führungsteam haben und sie werden bereit sein, fleißig dafür zu arbeiten, um diesen Zugang zu erhalten. Wichtig ist hierbei, dass es keine Politik und keine Bevorzugung gibt. Der Zugang muss erarbeitet werden, es darf kein Verhätscheln der Lieblingsschüler geben.

Wenn es angebracht ist, schließe manche Partner aus

Erzeuge bei deinen Partnern ein gesundes Verlangen, das sie dazu motiviert, ihre Ziele beim nächsten Mal zu erreichen. Steigere ihr Interesse, die nächste Stufe zu erreichen. Hier ist ein konkretes Beispiel, wo dies für mich außergewöhnlich gut funktioniert hat.

Wir veranstalteten bei unseren großen Events ein „Brillanz-Bankett", zu dem nur Personen eingeladen waren, die sich für bestimmte Stufen qualifiziert hatten. Wir fuhren sie in einer Stretch-Limousine zum Abendessen in einen exklusiven Nachtclub. Sie trafen sich in Smoking und Abendkleid vor dem Hotel und machten Fotos mit der Limousine. Wir forderten auch die Leute, die sich nicht qualifiziert hatten, dazu auf, vor das Hotel zu kommen und zuzuschauen. So, dass sie „das Brennen spürten" und die Verpflichtung eingingen, sich für die nächste Veranstaltung zu qualifizieren.

Es ist wichtig, dass du diese Aufgabe mit Feingefühl angehst. Du willst nicht, dass es für deine Leute klingt, als ob du sagen willst: "Du bist ein Verlierer. Du hast dich nicht qualifiziert." Stattdessen willst du, dass deine Partner eine andere Botschaft heraushören, nämlich: "Du musst das nächste Mal bei uns sein!"

Stelle Erwartungen an deine Partner

Du musst die Größe und das Potenzial erkennen, das in anderen Menschen steckt – noch bevor sie es selbst erkennen. Lass sie wissen, dass du davon ausgehst, dass sie außergewöhnliche Ergebnisse erreichen werden. Viele von ihnen werden sich an dem Glauben, den du an sie hast, festklammern, bis sie diesen Glauben schließlich für sich selbst entwickeln können. Dies ist vielleicht das größte Geschenk, das du den Menschen machen kannst, die dir folgen.

Wiederhole die Kernbotschaften

Verliere niemals die grundlegenden Prinzipien aus den Augen. Für neue Leute ist deine Botschaft niemals alt - und altgediente Menschen müssen ständig in der Spur gehalten werden.

Du musst die Schulungssegmente zu den Kernkompetenzen – z.B. Partnergewinnung, Geschäftsvorstellung, Einladungen aussprechen, etc. – bei deinen Großveranstaltungen jedes Mal wiederholen. Jedes. Einzelne. Mal.

In alle Ewigkeit.

Die eigentliche Arbeit ist hierbei, dass du dafür sorgst, die Botschaft aktuell und relevant zu halten - auch wenn die eigentlichen Informationen weitgehend die gleichen bleiben.

Erzeuge Intensität

Sei mutig, leidenschaftlich und intensiv. Pflege eine Kultur des Handelns, der Dringlichkeit und der Leidenschaft.

Stelle Spielpläne bereit

Manche Leute werden den Weg kennen, den sie beschreiten müssen, um ihre Ziele zu erreichen. Andere brauchen mehr Unterstützung. Gib also einen strukturierten und erreichbaren Spielplan vor, dem jeder folgen kann. Bringe deinen Leuten bei, wie sie Kampagnen erstellen, um ihren persönlichen Spielplan zu verbessern. (Wie sie beispielsweise auf die nächste Großveranstaltung hinarbeiten können.)

Biete Anerkennung und Belohnungen

Sei großzügig mit öffentlichem Lob für gut gemachte Arbeit, abgeschlossene Projekte und erreichte neue Stufen. Nutze hierzu, wenn möglich, Wettbewerbe und andere Incentive-Programme.

Anerkennen. Loben. Feiern.

Nütze die Gruppendynamik und „Social Proof"

Heutzutage haben die meisten Menschen Angst, ihre Meinung zu äußern, sich hervorzuheben oder eine unabhängige Entscheidung zu treffen. Die Beispiele anderer Menschen (sog. „Social Proof") können eine kraftvolle Quelle sein, um jemanden dazu zu bewegen, aus seinem Schatten herauszutreten. Menschen sind eher bereit, eine Sache zu tun, wenn sie sehen, dass andere diese Sache schon getan haben.

Allein schon die Erwähnungen von Beispielen – oder Fallstudien über Strategien, die andere Führungskräfte erfolgreich eingesetzt haben - werden dafür sorgen, dass mehr Menschen diesen Beispielen Folge leisten. Aus diesem Grund sind Erlebnisberichte (sog. Testimonials) bei der Gewinnung neuer Partner, im Verkauf und im Marketing so effektiv. Und sie bringen Menschen dazu, höhere Ziele anzustreben und zu erreichen.

Als Führungskraft musst du deinen Partnern helfen, zu wachsen. Und du musst sie dazu anregen, das Tempo ihres Wachstums zu erhöhen. Nütze die Unsicherheiten deiner Partner auf positive Weise – auf eine Weise, die sie dazu inspiriert, ihre Begrenzungen in Stärken umzuwandeln. Wenn du feststellst, dass es zwischen den Teams zu „Geschwisterrivalitäten" kommt, nutze diese, um deine Partner zu besseren Leistungen anzuspornen.

Liefere zwei Kategorien von Coaching

Du bist sicherlich schockiert, wenn ich dir verrate, dass es Leute gibt, die gerne und viel jammern. Und es gibt andere Menschen, die ständig nach Ablenkungen und Ausreden suchen. Diese Leute sind es, die deine gesamte Zeit und Energie aufsaugen wollen.

Ich zeige dir, wie du auf wirkungsvolle Weise mit diesem Problem umgehen kannst, um produktiv zu bleiben und deine gesamte Gruppe gleichzeitig bestmöglich zu unterstützen.

Teile dein Team gedanklich in zwei Kategorien ein: In eine Gruppe von Partnern, mit denen du persönlich arbeitest. Und in eine zweite Gruppe, die du per Gruppeninteraktion betreust. Wenn du auf jemanden stößt, der echtes Führungspotential besitzt, der lernbereit und arbeitswillig ist, dann gib ihm die persönliche Aufmerksamkeit, die er benötigt.

Wenn du aber von jemandem belästigt wirst, der sich über Dinge beschwert, die nicht geändert werden können, der über jemand anderen lästern oder sich einfach nur selbst reden hören möchte, verweise ihn an eine Gruppenveranstaltung.

Beispiele:

Nörgler: „Warum hat das Unternehmen das Etikett auf dem Energieriegel rot bedruckt? Den Leuten in meiner Gegend würde Blau viel besser gefallen… “

Du: "Hey, wie wäre es, wenn Sie am Samstag früher zum Seminar kommen, dann können wir darüber sprechen?" (Keine Sorge – er wird sowieso nicht auftauchen.)

Nörgler: "Ich habe einen Freund, der nur Plastikreste und Kieselsteine isst, weil er es nicht verantworten kann, Pflanzen zu töten. Er weigert sich, unser Proteinpulver zu kaufen, weil es ermordeten Reis enthält. Ich denke, dass es einen riesigen Markt an Kiesessern gibt, der uns entgeht. Daher habe ich Angst, weitere Interessenten zu kontaktieren, bevor dieses wichtige Problem behoben ist. Können wir ein Notfallmeeting mit dem Vorstandsvorsitzenden, dem Aufsichtsrat, der Marketingabteilung und mir vereinbaren, um die Sache in den Griff zu bekommen? “

Du: "Das ist eine interessante Frage. Sehen Sie sich unbedingt das Online-Training am Dienstag an, und ich werde versuchen, mich mit dem Thema Marketing für neue Marktnischen zu befassen."

Wenn jemand ein berechtigtes Anliegen hat, solltest du dich dieser Sache natürlich immer annehmen. Du wirst jedoch schnell erkennen, wer nur nach Ausreden sucht, um keine echte Arbeit verrichten zu müssen. Leite diese Leute zu den Gruppeninteraktionen weiter und schränke deine persönliche Arbeitszeit mit diesen Menschen ein.

Sei zuverlässig

Eines der Probleme, auf das du regelmäßig im Gespräch mit deinen Partnern stoßen wirst, ist deren Weigerung, die persönliche Verantwortung für ihre Leute zu übernehmen.

Sie werden dir beispielsweise erzählen, dass ihre Partner zu schüchtern, zu faul, zu dumm oder zu was-auch-immer sind ...

Sie werden dir sagen, dass sie viel erfolgreicher wären, wenn sie einfach nur ein besseres Team hätten. Und auch du selbst kannst deinen eigenen Ausreden leicht zum Opfer fallen. Tu es nicht. Weil Ausreden wie diese eine grundlegende Wahrheit übersehen ...

Es kann nur einen Grund für ein schlechtes Team geben. Und dieser besteht in einem schlechten Anführer.

> *Die Ursache liegt gewöhnlich in derjenigen Person begründet, die glaubt, dass sie nicht verantwortlich sei. Die von sich denkt, dass für sie irgendwelche besonderen Regeln gelten würden. Doch das Gegenteil ist der Fall.*

Du selbst musst das Verhalten vorleben, das deine Leute nachahmen sollen. Sei selbst verantwortlich und halte immer, was du versprichst. Diese Form der Integrität wird sich in hohem Maße auf die Kultur in deinem Team auswirken. Praktiziere z.B. in den folgenden Bereichen das Verhalten, das du auch bei deinen Partnern sehen möchtest:

- Kontaktgewinnung
- Aufstieg im Vergütungsplan
- Integrität
- Produktivität

Wenn du nicht dazu bereit bist, bist du im falschen Geschäft.

Mache auch deine Partner verantwortlich. Rufe sie auf eine liebevolle Weise zur Ordnung.

Arbeite auf integre Weise

Das bezieht sich zwar auf den letztgenannten Punkt, verdient jedoch eine eigene Erwähnung. Menschen werden selten von jemandem beeinflusst, dem sie nicht vertrauen. (Zumindest nicht auf bewusste Weise beeinflusst.) Jedes Mal, wenn ich jemanden in mein Geschäft einschreibe, mache ich dieser Person zwei Zusagen:

1. Ich werde sie niemals wissentlich anlügen.
2. Ich werde ihr niemals wissentlich etwas mitteilen, was nicht im besten Interesse für ihr Geschäft ist.

Ich schlage dir vor, diese Vorgehensweise zu übernehmen. Wenn dir die Menschen nicht vertrauen, wirst du Schwierigkeiten haben, sie auf positive Weise zu beeinflussen.

Sei ein Vermittler

Tu nicht alles selbst. Binde das Team in die Aufgaben ein und bringe alle Leute dazu, mitzumachen.

Eine der Philosophien, die ich in meinem Geschäft beherzige, lautet: Tu niemals etwas für deine Leute, was diese auch selbst tun könnten. Andernfalls machst deine Partner nur schwächer, statt sie stark werden zu lassen.

Gefährde nicht die finanzielle Sicherheit Anderer

Zu viele Menschen werden in unserer Branche viel zu früh dazu ermutigt, ihre Arbeitsstelle zu kündigen. Viele Menschen wollen sofort ihren Arbeitsplatz verlassen, sobald sie ein paar tausend Dollar oder Euro im Monat verdienen. Das ist eine äußerst schlechte Idee und erzeugt viel unnötigen und schädlichen Stress.

Deinen Partnern wird viel besser gedient, wenn sie nicht versuchen, von ihrem neuen Einkommen zu leben. Sondern wenn sie ihre reguläre Arbeit behalten und die Provisionen stattdessen in den Aufbau weiterer Linien reinvestieren.

Bedenke, dass die meisten Menschen ständig pleite sind. Wenn sie nun ihr bisheriges Einkommen von jährlich 40.000 Euro gegen ein Einkommen von 40.000 Euro in deinem Geschäft eintauschen, sind sie immer noch pleite.

Leite sie dazu an, ihr Kreditkarten- und ihr Girokonto auszugleichen, ihren Autokredit zurückzuzahlen und erste Beträge zur Seite zu legen, um den Grundstock für ihr Vermögen zu schaffen.

Wenn sie dann schuldenfrei sind (ihre Hypothek eventuell ausgenommen) und sie mehr verdienen, als sie es je zuvor getan haben – erst dann ist der Zeitpunkt gekommen, an dem du sie ermutigen kannst, ihre Arbeitsstelle zu kündigen und ihr Geschäft in Vollzeit zu betreiben.

Gib deinen Partnern Aufgaben

Unabhängig vom Typ des Events - örtliches Schulungsseminar, Webinar oder Jahresauftaktveranstaltung – besteht eine deiner wirkungsvollsten Strategien, um Wachstum zu erzeugen, darin, deinen Partnern Hausaufgaben zu geben. Je mehr es sich dabei um konkret nachvollziehbare Aktivitäten handelt, umso besser. (Beispiele: Vereinbare, dass sie 15 Personen einladen, die sich die nächste Live-Streaming-Präsentation ansehen, dass sie einen Kooperationspartner finden, bevor sie die Veranstaltung verlassen, dass sie ihre Kampagne für die nächste Großveranstaltung planen, usw.)

Menschen führen - Konflikte managen

Ich hasse es, diese Worte zu schreiben. Aber täte ich es nicht, wäre ich nachlässig. Um eine starke Führungskraft in unserem Geschäft zu sein, musst du zu einem

Experten für Konfliktlösung werden. Die größten Herausforderungen, denen du jemals gegenüberstehen wirst, sind menschliche Probleme.

Ich erinnere mich an ein Führungssymposium, das ich beim Mastermind-Event gehalten habe. Jemand fragte mich, wie mein typischer Arbeitstag aussähe. Ich habe Folgendes gesagt:

"Im Moment redet eine meiner Top-Führungskräfte nicht mehr mit mir, weil ich ihn beim vergangenen Event nicht auf die Bühne geholt habe. Allerdings hat er in den letzten drei Jahren keine neue Stufe mehr im Vergütungsplan erreicht und seine Umsätze nehmen nicht zu, sondern ab. Eine andere Führungskraft ist wütend auf mich, weil ich ihr bei der letzten Veranstaltung nur 20 Minuten Bühnenzeit eingeräumt habe, während eine andere Führungskraft 25 Minuten bekam. Eines meiner erfolgreichsten Ehepaare lässt sich gerade scheiden und sie streiten darum, wer das Geschäft behalten wird. Und ich habe einen weiteren wichtigen Partner, den ich allerdings aus allen Teamverantwortungen streichen muss, weil er eine Affäre mit der Frau von jemandem auf seiner dritten Ebene hat. Doch sonst ist alles im grünen Bereich! "

Ich habe keinen Comedy-Auftritt geliefert. Alles, was ich erzählte, war in diesem Moment aktuell. Habe ich schon erwähnt, dass die größten Herausforderungen, denen du jemals gegenüberstehen wirst, menschliche Probleme sein werden?

Ein großer Teil deiner Arbeit wird darin bestehen, Menschen zum Herunterfahren ihrer Emotionen zu bringen, ihr Ego zu überprüfen und Differenzen wie eine erwachsene Person zu regeln. Wenn dich jemand wegen eines persönlichen Konflikts anruft, solltest du wie folgt mit der Situation umgehen:

Partner: „Ich habe ein großes Problem mit Steve. Sag ihm nicht, dass ich dich angerufen habe, aber ..."

Du: „Es tut mir leid, dich zu unterbrechen. Wenn du ein Problem mit Steve hast, dann müssen wir ihn gleich in dieses Gespräch zuschalten. Warte, ich rufe ihn an. "

Partner: „Nein, nein, nein! Ich möchte nicht, dass er weiß, dass ich derjenige bin, der sich beschwert."

Sie: "Entschuldigung, aber ich spreche niemals über jemanden, der nicht anwesend ist. Wenn wir dieses Problem wirklich lösen wollen, müssen wir damit umgehen, wie es erwachsene Menschen tun. Wir müssen uns zu dritt unterhalten und alles offen ansprechen."

In solchen Situationen erkennen deine Teampartner, dass du keine Spielchen spielst und dich auch nicht mit Klatsch und Tratsch abgibst. Dein zielgerichtetes Vorgehen vermeidet Heimlichtuereien und sorgt für ein Umfeld, in dem Probleme gelöst werden können.

Menschen herausfordern

Viel zu viele Führungskräfte bevormunden ihre Leute – und fördern dadurch deren Verhalten, ständig den kleinen und sicheren Weg zu wählen.

Lass dich nicht auf diesen Weg ein.

Zerstöre die Selbstzufriedenheit. Sprenge die Grenzen, die dich in deinem Wohlfühlbereich gefangen halten. Erschaffe eine Kultur, in der deine Partner ihr Tempo steigern müssen und ständig etwas außer Atem sind, um mithalten zu können.

Wirke als ein Katalysator, der deine Partner dazu inspiriert, zur größtmöglichen Version ihrer selbst zu werden. Es gibt auf dieser Welt keine größere Gabe und Ehre als diese.

Jetzt kennst du die Wahrheit darüber, wie man zur Führungskraft wird. Wohin wird dich dein Weg nun von hier aus führen? Du musst einen Glauben in deinem Team aufbauen. Doch sie müssen nicht an *dich* glauben. Sondern an *sich*. Damit befassen wir uns als nächstes ...

Kapitel 15

So baust du den Glauben in deinem Team auf

Ich hoffe, du hast mein erstes Buch, *Bringen Sie Ihren ersten Kreis in Schwung* gelesen. (Falls nicht, nimm dir bitte bald die Zeit, es zu tun.) Das gesamte Buch ist dem Gedanken gewidmet, wie man Hoffnung in Glauben verwandelt. Wenn du den Wunsch hast, eine starke, wohlwollende Führungskraft zu sein, dann musst du zu einem Experten werden, der seinen Teampartnern bei dieser Verwandlung helfen kann. Denn ...

Hoffnung ist, was Menschen in dieses Geschäft bringt.
Glaube ist, was Menschen in diesem Geschäft hält.

Wenn jemand in unsere Branche einsteigt oder erst seit kurzer Zeit dabei ist, hofft diese Person, dass das Geschäft funktioniert. Sie hofft, dass sie sich für eine bezahlte Reise oder für einen Firmenwagen qualifiziert.

Wenn sie aber "die Grenze überschreitet", dann hat sich ihre Hoffnung in Glauben verwandelt. Jetzt *hofft* sie nicht mehr, dass das Geschäft funktionieren oder dass sie Erfolg haben könnte. Sie *weiß*, dass sie erfolgreich sein wird. Weil sie einen festen Glauben entwickelt hat.

Wie bringst du deine Mitarbeiter über diese Grenze? Dahin, dass sie von Hoffnung zum festen Glauben übergehen und zu starken, produktiven Mitgliedern deines Teams werden? Gestatte mir, dir sieben Elemente vorzustellen, von denen ich glaube, dass sie für den Prozess notwendig sind. Dabei handelt es sich nicht nur um Fähigkeiten. Manche Elemente sind Gewohnheiten. Andere reflektieren einfach nur eine Denkweise. Und einige wiederum sind Techniken.

Jedes dieser Elemente dient einem doppelten Zweck: dich zu einer stärkeren Führungskraft zu machen und gleichzeitig den Glauben in den Menschen aufzubauen, die dir folgen. Beginnen wir mit der Liste und untersuchen dann jeden Punkt im Detail.

1. Haltung
2. Image
3. Veranstaltungen
4. Persönlichkeitsentwicklung
5. Kontinuität bzw. Konsequenz
6. Verpflichtung
7. Opfer erbringen

1. Haltung

Haltung ist ein bedeutsames Element, wenn du neue Partner gewinnen willst. Genauso wichtig ist Haltung aber auch in der Arbeit mit deinem bestehenden Team. Haltung ist eine Kombination aus dem, woran du glaubst, wie du handelst und aus dem Selbstvertrauen, das du an den Tag legst. Und – was für diese Diskussion am wichtigsten ist – es geht auch um das Selbstvertrauen, das du in anderen Menschen entstehen lässt.

Menschen, die die Grenze überschritten haben, zeigen Haltung. Denjenigen, die diese Grenze noch nicht überschritten haben, fehlt es an Haltung. Haltung besteht darin, wirklich zu wissen, über welchen Wert du verfügst. Du gehst mit Zuversicht auf andere Menschen zu, weil du keinen Zweifel an den Dingen hast, die du ihnen anbietest.

Wenn du nicht über Haltung verfügst, gehst du deine Interessenten (und das ganze Geschäft) mit der folgenden Einstellung an:

- Ich werde es versuchen.
- Ich hoffe, dass ich nicht abgelehnt werde.
- Lass mich erst einmal sehen, ob sich einer meiner Freunde begeistern lässt.

Wenn du über Haltung verfügst, gehst du deine Aufgabe hingegen mit diesen Denkweisen an:

- Ich werde es richtig krachen lassen!
- Wem kann ich diese fantastische Gelegenheit anbieten?
- Wer ist der oder die Nächste?

Menschen mit Haltung suchen nicht nach den leicht erreichbaren Leuten, die so verzweifelt nach einer Einkommensmöglichkeit suchen, dass sie überall mitmachen würden. Stattdessen kontaktieren sie sofort die beschäftigtsten, ehrgeizigsten und erfolgreichsten Menschen, die sie kennen. Und sie sprechen sie in der sicheren Erwartung eines positiven Ergebnisses an.

Menschen, die die Grenze überschritten haben, wissen, dass der Verkauf mit Hebelwirkung ein Traumgeschäft ist. Ja, wirklich. Das ist keine flauschige Marketing-Formulierung. Dieses Geschäft ist für Millionen von Menschen ein wahr gewordener Traum. Sieh dir den Nutzen und die Vorteile an, wie jemand davon profitieren kann:

- Kleinste Investition
- Hohes Gewinnpotential
- Tolle Lifestyle-Belohnungen (Urlaube, Autos, etc.)
- Lukrative Steuervorteile
- Möglichkeiten, Gutes zu tun
- Keine Mitarbeiterlöhne
- Weniger Stress
- Reisemöglichkeiten
- Potential für ein Passiveinkommen

Wenn du also an Menschen denkst, die du ansprechen wirst, dann halte nach erfolgreichen Menschen Ausschau, die das Prinzip des Geschäftslebens verstanden haben. Gehe dann mit Haltung auf diese Menschen zu. Laufe ihnen nicht nach, bettle nicht und bitte sie auch nicht um Verständnis oder Aufmerksamkeit. Biete ihnen mit zuversichtlicher Haltung die Möglichkeit, sich auf etwas Außergewöhnliches einzulassen. Etwas, wovon du weißt, dass es der Arbeit oder dem Geschäft, dem diese Person derzeit nachgeht, wahrscheinlich überlegen ist.

Der zweite Faktor, der durch Haltung entsteht, ist die Fähigkeit, „aufwärts zu sponsern". Damit meine ich Folgendes: Als ich bei meiner Firma einstieg, tat ich genau das, worüber wir gerade gesprochen haben. Ich ging zu den beschäftigtsten, ehrgeizigsten und erfolgreichsten Menschen, die ich kannte. Ich ließ sie wissen, welch großes Potenzial die Gelegenheit hatte und welch große Ergebnisse sie darin erreichen konnten.

Es gab ungefähr 10 Leute, von denen ich den Eindruck hatte, dass sie ein Geschäft im Wert von mehreren Millionen Dollar aufbauen konnten. (Sieben von diesen 10 hatten übrigens noch keine Erfahrung im Verkauf mit Hebelwirkung. Und doch war ich zuversichtlich, dass sie außergewöhnlich gut verdienen würden. Weil sie intelligent waren und sowohl über erstklassige Führungs-, als auch über exzellente Lehrfähigkeiten verfügten.)

Und hier ist der Schlüssel ...

Ich habe in diesem Geschäft Millionen von Dollar verdient. Aber als ich anfing, mit diesen Leuten zu sprechen, hatte ich weder die Manager-Stufe erreicht, noch hatte ich meinen ersten 500 Dollar-Scheck erhalten!

Verstehst du wirklich, was das heißt?

Ich habe nicht gewartet, bis ich ein sechsstelliges Monatseinkommen erreicht hatte, um zu erkennen, wie groß diese Leute werden könnten. Ich wusste, was ich anzubieten hatte und dementsprechend präsentierte ich meine Geschäftsgelegenheit.

Du tust dir keinen Gefallen, wenn du nur auf kleinem Niveau spielst. Zurückhaltend und konservativ zu sein, hilft dir nicht weiter. Und zuerst auf deinen eigenen Erfolg zu warten, bevor du die wirklich erfolgreichen Menschen ansprichst, bietet dir keinen Nutzen – ganz im Gegenteil.

Eine Stradivari ist Millionen wert, auch wenn du gar nicht darauf spielen kannst. Ein Bugatti ist ein brachiales Fahrzeug, egal ob du diesen Wagen auf der Rennstrecke beherrschst oder nicht. Und der Verkauf mit Hebelwirkung ist nach wie vor eine der weltweit besten Möglichkeiten, um echte finanzielle Freiheit zu erlangen. Auch – oder gerade - dann, wenn jemand keine Erfahrung, wenig Kapital oder nur eine begrenzte Ausbildung hat.

Selbst wenn du erst gestern mit deinem Geschäft begonnen und noch keine 20 Euro verdient hast, wird dadurch das Potenzial dieses Geschäfts nicht für deine Interessenten gemindert oder eingeschränkt. Du hast eine der besten Geschäftsmöglichkeiten der Welt anzubieten. Fange also an, dementsprechend zu handeln und aufzutreten. Und das heißt: mit Haltung.

Kontaktiere diejenigen Menschen, die mehr Geld verdienen als du. Diejenigen, die eine bessere Ausbildung haben als du. Diejenigen, die mehr im Leben erreicht haben, als du es hast. Du wirst angenehm überrascht sein, wenn du feststellst, dass diese Menschen ein empfängliches, aufmerksames und aufgeschlossenes Publikum darstellen.

Trage die sechs Jahrzehnte, seit denen dieses Geschäft Menschen hilft, als deinen Brustpanzer. Halte die Erfahrung deiner Führungskräfte als deinen Schutzschild aufrecht. Bewaffne dich mit der Überzeugung, dass dieses Geschäft Hunderttausenden geholfen hat, ein besseres Leben zu führen. (Dann nimm dein

Telefon in die Hand – jetzt, sofort - und rufe den einschüchterndsten Kontakt auf deiner Liste an. Und sprich mit Haltung!)

2. Auf das Image kommt es an

Erwähne dieses Thema, und die meisten Leute glauben zu wissen, was du meinst. Die meisten Menschen denken, dass sie nach außen ein gutes Bild abgeben. Die meisten lägen falsch.

Denk darüber nach…

Wo triffst du zum ersten Mal auf deine Interessenten? Nicht bei deiner Geschäftsvorstellung oder deinem Firmenevent. Auch nicht dann, wenn du sie zum ersten Mal auf dein Geschäft ansprichst. Du wirst die überwiegende Mehrheit deiner Interessenten schon während deines normalen täglichen Lebens zum ersten Mal getroffen haben.

Gut, wenn deine Interessenten zu deiner Geschäftsvorstellung erscheinen, trägst du vielleicht einen Anzug. Aber bis dein Interessent zur Veranstaltung kommt, ist der Eindruck, den diese Person von dir hat, bereits festgelegt. Und in den meisten Fällen hat sie sich diesen Eindruck schon verschafft, als ihr euch zum ersten Mal getroffen habt. Vermutlich, als du:

Ins Kino gegangen bist ...

Auf dem Markt eingekauft hast ...

Bei einer Party zu Gast warst ...

Ein Konzert besucht hast ...

Dein Auto waschen ließest ...

Im Garten des Nachbarn am Grill standest…

Mit anderen Worten: während du dein tägliches Leben führst - beim Fußballspiel deines Kindes an der Seitenlinie stehst, Kleidung aus der Reinigung holst, im örtlichen Supermarkt einkaufst – das sind die Momente, in denen du viele deiner Interessenten zum ersten Mal treffen wirst. Oder, genauer gesagt, sie werden auf dich treffen.

Wie siehst du aus?

Wenn du aus dem Haus gehst, siehst du dann so aus, wie jemand aussieht, der bereits die Stufe im Vergütungsplan erreicht hat, die du erreichen willst? Oder siehst du so aus, wie es heutzutage viele Menschen tun – die ein T-Shirt mit Budweiser-Logo tragen, wenn sie vor Gericht erscheinen und die im Trainingsanzug an einer Hochzeit teilnehmen?

Damit will ich nicht sagen, dass du jedes Mal einen Tom Ford-Anzug tragen musst, wenn du das Haus verlässt. Aber du musst attraktiv aussehen. Du kannst auch in Blue Jeans schick sein, wenn du auf die Details achtest.

Ist deine Kleidung gebügelt und sauber? Ist dein Atem frisch? Sind deine Haare gepflegt, deine Accessoires passend?

Und was ist mit deiner persönlichen Einstellung? Bist du positiv, freundlich und die Art von Person, mit der Menschen gerne zusammen sein wollen? Hast du gute Manieren und behandelst andere Leute zuvorkommend?

Ich erinnere mich, eine Stadt besucht zu haben, um einen Bekannten wegen eines geschäftlichen Angebotes zu treffen. Er holte mich am Flughafen ab und bewirtete mich fürstlich, um zu zeigen, wie wichtig ich ihm war. Aber ich stellte fest, dass ich ihn nicht wirklich mochte und beschloss, keine Geschäfte mit ihm zu machen. Weißt du, weshalb?

Auch, wenn er mich mit Respekt behandelte, tat er das bei niemand anderem. Als wir auf dem Weg vom Flughafen durch die Mautstelle fuhren, sprach er kein einziges Wort mit dem Kassierer, sagte nicht einmal hallo zu ihm. Er warf ihm nur einen Geldschein zu, wartete auf das Wechselgeld und fuhr wieder los. Ich fand das sehr unhöflich.

Das gleiche passierte im Restaurant. Er ging mit mir um wie mit einem König, behandelte den Kellner aber wie einen Diener. Ich begann, seinen Respekt mir gegenüber anzuzweifeln. Und es wurde mir unangenehm, in der Gegenwart eines Menschen zu sein, der so wenig Rücksicht auf die Würde anderer Menschen nahm.

Jedes Mal, wenn du das Haus verlässt, lässt du ein Bild von dir entstehen. Ist das Bild, das du nach außen abgibst, eines, das Menschen dazu bringen würde, bei deinem Geschäft einsteigen zu wollen? Oder würde es sie eher davon abhalten?

Und dann ist da noch der zweite Teil ...

Das Image, das innerhalb deiner Gruppe von dir existiert. Dein Team hat eine bestimmte Wahrnehmung von dir. Diese Wahrnehmung basiert auf Faktoren wie den folgenden:

- Deine Art zu reden
- Die Art, wie du dich kleidest
- Dein allgemeiner Stil
- Wie du andere Menschen behandelst
- Die Fähigkeiten, die du dir angeeignet hast
- Deine Stufe im Vergütungsplan und dein Einkommen
- Deine persönliche Marke

Wir haben zuvor ein ganzes Kapitel mit dem Aufbau einer persönlichen Marke verbracht. Hier sind einige zusätzliche Überlegungen, wie du auf den Eindruck, den deine Teampartner von dir haben, Einfluss nehmen kannst.

Eines der einzigartigen Coachings, das ich für meine Top-Führungskräfte durchführe, ist die Buchung eines externen Experten für Image und Auftreten.

Denn tatsächlich haben die meisten Menschen, die sich unserem Geschäft anschließen, keine Ahnung von Manieren und Etikette (ich wusste mit Sicherheit nichts darüber). Denn ein großer Teil unserer Gesellschaft hat sich von diesen beiden Dingen losgesagt. Und viele Menschen haben auch keine Ahnung, was Kleidung und Mode angeht.

Wenn du ein Mann bist und es versäumst, den Stuhl für die Dame, die neben dir speist, herauszuziehen oder ihr die Tür ins Gesicht fallen lässt, bist du, offen gestanden, ein Ignorant. Und du wirst deine Kontakte bei einem gemeinsamen Lunch kaum damit beeindrucken, wenn du dein Essen mit den Fingern auf die Gabel schiebst, deine Suppe schlürfst oder mit vollem Mund redest. (Oder wenn du nachfragen musst, welcher Brotteller oder welches Glas zu dir gehört.) Ein Etikette-Coach kann wahre Wunder für dein Image bewirken. Ganz davon zu schweigen, wie sich diese neuen Fähigkeiten auf dein Selbstvertrauen und auf dein Selbstwertgefühl auswirken werden.

Ich sehe viele Frauen in unserem Geschäft, die nicht wissen, wie sie sich richtig schminken sollen. Und die genug Parfüm tragen, um einen Ochsen zu betäuben. Oder die nicht wissen, dass ein aufreizendes Kleid, das man in einen Nachtclub tragen kann, im geschäftlichen Kontext möglicherweise nicht angebracht ist.

Als ich mein erstes weißes Hemd kaufte, hatte es keine Knöpfe an den Ärmeln. Stattdessen gab es diese zwei bunten Plastiklaschen an den Ärmeln, welche die beiden Seiten zusammen hielten. Erst nachdem ich es trug, informierte mich jemand darüber, dass es sich um französische Manschetten handelte und dass ich in diesen Schlitzen doch bitte Manschettenknöpfe tragen sollte. Ich wusste noch nicht einmal, dass es überhaupt so etwas wie einen Manschettenknopf gibt. (Ich wusste auch nicht, dass man das Etikett, das an der Außenseite meines ersten Sakkos aufgenäht war, abtrennen sollte. Und der Verkäufer im Schnäppchenladen, in dem ich es gekauft habe, hat es mir auch nicht mitgeteilt.)

Liebe Herren: Ihr seht in dieser extralangen lila Anzugjacke mit sechs Knöpfen absolut fabelhaft aus. Solange ihr mit Dr. Hook oder Kool & the Gang bei den Grammys auftretet. Wenn ihr eine Geschäftspräsentation durchführt … dann nicht.

Oftmals trägt jemand eine Frisur, die völlig aus der Mode ist oder die seiner Gesichtsform nicht schmeichelt. Wusstest du, dass du eine eckige Brille tragen solltest, wenn du ein rundes Gesicht hast? Und runde Gläser, wenn du ein quadratisches Gesicht hast? Dieser Kontrast gleicht deinen optischen Eindruck aus, um dich attraktiver zu machen. Wenn du ein großes Gesäß hast, wird bei einer Anzugjacke mit Seitenschlitzen die hintere Klappe hervorstehen. In einer Jacke ohne Schlitze wirst du besser aussehen.

Wie viele Leute sind mit solchen Tipps vertraut? Ich war es sicherlich nicht. Ein Überarbeiten deines optischen Auftrittes durch einen guten Fachmann kann dein Selbstvertrauen stärken und einen bemerkenswerten Wachstumsschub für deine Karriere bewirken.

Was du in diesem Geschäft ständig verkaufst, ist der Traum von einem besseren Leben. Deinen Interessenten verkaufst du den Traum durch deine Präsentationen. Und du verkaufst den Traum an dein Team – durch die Art und Weise, wie du dein Leben führst. Das Bild, das du nach außen von dir abgibst, bestimmt darüber, ob jemand deinem Team beitreten möchte oder nicht. Tatsächlich ist es oft dein Image, das darüber bestimmt, ob ein Interessent deine Informationen ansieht oder nach deiner Einladung zum Meeting erscheint.

Selbst dann, wenn du in diesem Geschäft noch ganz neu bist, kannst du ein Image von Selbstvertrauen, Überzeugung und Professionalität ausstrahlen. Und nichts wird auf einen guten Interessenten attraktiver wirken, als ein gutes Image.

Der Eindruck, den dein Team von dir hat, wird sich in hohem Maße darauf auswirken, wie weit du es in deinem Geschäft bringen kannst und wie schnell du dort ankommst. Lieferst du das Image eines Anführers? Oder wirkst du wie jemand, der eher anderen Menschen folgt? Strahlst du Vertrauen aus oder sorgst du für Zweifel? Wirkst du wie ein Profi oder wie ein Amateur? Denke über das von dir projizierte Bild nach und bewerte dich in dieser Kategorie ehrlich und kritikfähig.

3. Geschäftsaufbau durch Veranstaltungen

Jemanden über die Grenze zu bringen, bedeutet, ihm oder ihr zu helfen, eine Einstellung des „es gibt kein Zurück mehr" zu entwickeln. Diese Menschen sind eine felsenfeste Verpflichtung für das Unternehmen eingegangen und werden nicht aufgeben – egal, welche Herausforderungen sich ergeben.

Sie sind *im* Unternehmen verwurzelt. So fest verwurzelt, dass es keine Rolle spielt, ob:

- alle Produkte seit sechs Wochen im Rückstand sind
- ihre hochrangigste Führungskraft aufgibt
- das Unternehmen negative Publicity im Fernsehen bekommt
- ihr Cousin Pookie sicher ist, dass das Geschäft nicht funktionieren wird

Keine dieser Situationen spielt dann noch eine Rolle. Weil sie die Grenze überschritten haben. Weil sie glauben. Nicht, weil sie hoffen.

Und nichts bringt einen Menschen besser über die Grenze als die großen Unternehmensveranstaltungen ...

Sie sind der Klebstoff, der das gesamte Team zusammenhält. Und sie stellen das Vehikel für wichtige Funktionen – wie z.B. Anerkennung und Mitarbeiterschulung - dar. Diese Veranstaltungen sind auch das beste Medium, um den Glauben an das Geschäft aufzubauen. Auf eine Art und Weise, die durch nichts ersetzt werden kann.

Wenn du nicht selbst für die Veranstaltungen in eurem Team verantwortlich bist, denkst du vielleicht, dass diese Inhalte für dich nicht relevant sind. Das wäre ein Fehler. Denn worum es wirklich geht, ist, wie du diejenigen Veranstaltungen bewirbst und promotest, die dir zur Verfügung stehen. Bei einigen wird es sich um Veranstaltungen aus deiner Sponsor-Linie handeln. Andere Veranstaltungen werden von der Firma organisiert werden.

Ich glaube, die beste Kombination besteht aus einem stetigen Besuch beider Ereignisse – denjenigen, die vom eigenen Vertriebsteam und denjenigen, die von deinem Unternehmen veranstaltet werden. Diese Veranstaltungen werden dir am meisten helfen, wenn es darum geht, den Glauben an deine Firma, deine Produktlinie und dein System zu stärken.

Am effektivsten ist es, wenn jährlich drei oder vier Großveranstaltungen durchführt werden, die alle drei oder vier Monate stattfinden. (Und eine zusätzliche Führungskräfte-Schulung, allerdings nur für hochrangige Partner, nicht für das gesamte Team.) Gewöhnlich handelt es sich bei einer der großen Veranstaltungen um die jährliche Tagung, die vom Unternehmen ausgerichtet wird.

Hier ist die eine Sache, die du verstehen musst, wenn du ein Anführer werden und dein Network kontinuierlich vergrößern möchtest ...

Du musst bei jeder dieser Veranstaltungen anwesend sein. Doch die meisten dieser Veranstaltungen sind nicht für dich gemacht. Sie sind für deine Teampartner konzipiert – damit du sie über die Grenze bringen kannst. Deine Aufgabe ist es, in deinem Team eine Kultur zu schaffen, in der die Veranstaltungen und die Teilnahme daran oberste Priorität haben.

Du musst jede Veranstaltung bewerben und möglichst viele deiner Teammitglieder dort haben. Nehmen wir an, du hast 25 Teilnehmer bei einer Großveranstaltung. Wenn das Ereignis richtig durchgeführt wird, werden mindestens 10 von ihnen die Grenze überschreiten. Es wird etwas geschehen, das bei ihnen dafür sorgt, dass es „Klick" macht und sie werden es „verstehen".

Diese Wandlung bei der Großveranstaltung kann durch eine Vielzahl unterschiedlicher Möglichkeiten hervorgerufen werden: Indem einer deiner Partner den Firmenpräsidenten erlebt und ihm in die Augen sieht. Oder wenn er die Rede von einer der Top-Verdienerinnen hört. Oder aufgrund eines Kommentars der Person, die im Raum neben einer deiner Team-Partnerinnen sitzt. Vielleicht ist es auch nur ein Gespräch, das während einer Pause auf dem Flur stattfindet. Oftmals tritt diese Verwandlung auch dann auf, wenn jemand seine Dankesrede für das Erreichen seiner neuen Stufe hält. Eine bestimmte Zahl deiner Leute wird sich mit dieser Person identifizieren. Und sie werden erkennen, dass die Geschichte, die sie hören, ihre Geschichte sein könnte.

Und dann beschließen sie, diese Geschichte für sich selbst wahr werden zu lassen. Wenn das geschieht, ist die Zeit des Zweifelns vorüber. Deine Partner werden ihren Traum verwirklichen, denn jetzt haben sie die Grenze überschritten.

Es besteht eine gute Chance, dass 15 von 25 Partnern, die du mitgebracht hast, diesen Aha-Moment nicht haben werden. Aber auch sie werden zumindest begeistert und ein wenig motivierter sein, wahrscheinlich auch aktiver werden. Einige von ihnen werden dann den nächsten Event besuchen und bei diesem die Grenze überschreiten. Oder bei dem Event, der darauf folgt.

Manche Menschen müssen fünf, zehn oder sogar fünfzehn solcher Events besuchen, bevor sie die Grenze überschreiten. Anderen wird dies niemals gelingen und sie werde vorzeitig aufgeben. Aber sie werden ersetzt werden. Und das Team wird durch weitere Neueinsteiger wachsen. Weitere Neueinsteiger, die von den Leuten herangezogen wurden, die die Grenze überschritten haben.

Die Magie der Zahl 100

Sobald du mindestens 100 Vertriebspartner (Ehemann und Ehefrau gelten als eine Vertriebspartnerschaft) aus deinem Team zu einer Veranstaltung mitbringst, erreichst du einen Wendepunkt. Wenn du durch mindestens 100 Geschäftspartner vertreten bist, stellst du hiermit sicher, dass du über genügend Führungskräfte verfügst, die am Ball bleiben und letztendlich auch die Grenze überschreiten werden. An diesem Punkt setzt die wahre Duplikation ein und dein Geschäft beginnt auf stabilen Säulen zu stehen.

Das Erfolgsgeheimnis beginnt also damit, dass du deine erste Großveranstaltung besuchst. Nimm so viele deiner Teammitglieder wie möglich dorthin mit. Erlerne die Fähigkeit, Veranstaltungen zu *bewerben,* nicht nur *anzukündigen.* Lass eine Kultur in deinem Team entstehen, bei der die Teilnahme an Veranstaltungen ein grundlegender Teil der Arbeit ist.

Es gibt fünf Gründe, warum wir diese Großveranstaltungen durchführen. Und jeder Partner - und ich meine jeder - hat immer Bedarf an einem dieser fünf Ergebnisse.

Diese sind:

1. Wissen erwerben
2. Die persönliche Einstellung verbessern
3. Verhalten ändern
4. Fähigkeiten entwickeln
5. Glauben aufbauen

Wenn du ein bestimmtes Niveau erreicht hast, geht es bei den Veranstaltungen für dich nicht mehr darum, neue Fähigkeiten zu erlernen. (Mit Ausnahme der jährlichen Führungskräftetagung, die sich damit befasst, dass du deine Führungsqualitäten verbesserst.) Die Veranstaltungen stehen dir zur Verfügung, damit du dein Team schneller aufbauen kannst.

Die erfolgreichsten Führungskräfte in unserem Beruf sind Experten darin, ihr Geschäft von einer Großveranstaltung zur nächsten Großveranstaltung hin aufzubauen. Genau das ist, was auch du tun musst.

In einem Interview wurde ich einmal gebeten, die Kerntätigkeiten einer Führungskraft in diesem Geschäft zu beschreiben. Ich gab zur Antwort, dass die wahre Essenz dieses Geschäfts lediglich darin besteht, zwei Dinge zu verkaufen:

1. Deine Produkte
2. Tickets für die nächste Großveranstaltung

Das ist alles.

Nun fragst du dich vielleicht: „Aber man muss doch auch den großen Traum verkaufen?" Nun, das geschieht bei den Großveranstaltungen. Du fragst dich vielleicht auch, wie man Menschen bestimmte Fähigkeiten beibringt. Auch das geschieht bei den Großveranstaltungen. Tatsächlich wird jede wichtige Fähigkeit, die deine Teampartner benötigen, bei den Großveranstaltungen geschult. Das Gleiche gilt für den Aufbau ihres Glaubens. Deshalb musst du das Bewerben von einer Großveranstaltung zur nächsten zum Dreh- und Angelpunkt deiner Strategie machen.

4. Der nächste Punkt auf unserer Liste heisst Persönlichkeitsentwicklung

Dies ist die wichtigste tägliche Angewohnheit in unserem Geschäft. Und es ist diejenige, der sich die meisten neuen Leute widersetzen. Weil es die meisten Menschen nicht cool empfinden, wenn sie gesagt bekommen, dass sie an sich selbst arbeiten müssen. Sie finden es cool, zusätzliche Methoden zur Gewinnung neuer Kontakte zu erlernen. Was sie aber nicht verstehen, ist Folgendes:

Wenn du kein Mensch bist, dem andere vertrauen, an den sie glauben und mit dem sie zusammenarbeiten möchten, werden sie sich niemals deinem Geschäft anschließen.

Das andere Problem ist: Um in diesem Geschäft erfolgreich zu sein, musst du ein gewisses Selbstvertrauen, Auftreten und Verhalten an den Tag legen. All diese Dinge basieren auf der Person, die du bist - und das beginnt mit deiner Persönlichkeitsentwicklung.

Wenn du dich noch daran erinnerst - das erste Element, von dem ich gesprochen habe, war unsere Haltung. Du kannst keine gute Haltung (mental und physisch) einnehmen, wenn du nicht über die richtige geistige Einstellung verfügst. Und deine Persönlichkeitsentwicklung wird der größte Einfluss sein, der auf deine geistige Einstellung wirkt.

Unser Geschäft ist nicht einfach. Ja, es ist leicht, aber es ist nicht einfach. Manchmal treffen wir auf skeptische Menschen, die den Unterschied zwischen betrügerischen Pyramidensystemen und dem legitimen Verkauf mit Hebelwirkung nicht verstehen. Oft bringen wir über unser Geschäft bahnbrechende Produkte auf den Markt, die jedoch erklärungsbedürftig sind. Und wir bringen viele Leute in eine selbstständige Tätigkeit, die noch nie zuvor ihr eigener Chef waren. Somit ist die Ausstiegsquote ein Teil unseres Arbeitsablaufs. Wir müssen daher ständig über positive Energie verfügen.

Du musst es lernen, Herausforderungen als Wachstumschancen, Rückschläge als Lernerfahrungen und Widrigkeiten als notwendigen Teil deiner Charakterbildung zu betrachten. Und das kann ziemlich schwierig sein, wenn du den ganzen Tag von Negativität umgeben bist, wie es viele von uns sind.

Die Wahrheit ist, dass die meisten deiner durchschnittlichen Kollegen, Freunde und Familienmitglieder wahrscheinlich eher zum negativ gestimmten Teil der Bevölkerung gehören. Sie wollen nicht so sein, aber sie können nicht davon lassen. Sie werden programmiert - 24 Stunden am Tag, sieben Tage die Woche – so, wie es auch dir geschieht. (Wenn du einen sehr tiefen Einblick in all die geistigen Viren erhalten möchtest, mit denen du programmiert wirst, dann lies mein Buch *Why You're Dumb, Sick and Broke ….. And How to Get Smart, Health and Rich!*)

Damit du eine wirklich positive geistige Einstellung entwickeln kannst, musst du dein Unterbewusstsein mit positiven Inhalten in die entgegengesetzte Richtung programmieren. Jede wirklich erfolgreiche Führungskraft in unserem Geschäft tut dies konsequent - und gewöhnlich jeden Tag aufs Neue.

Ich glaube an das Konzept, als erste Tätigkeit am frühen Morgen täglich 30 Minuten zur Entwicklung der eigenen Persönlichkeit zu investieren. Wenn du dies gleich des Morgens tust, öffnest du dein Bewusstsein und bestimmst die Ergebnisse, die du an diesem Tag erreichen wirst.

Aus irgendeinem Grund denken die meisten Neueinsteiger, dass den Top-Führungskräften niemals ein Partner verloren geht, dass sie niemals irgendwelchen Widrigkeiten ausgesetzt sind oder dass deren Interessenten alle immer „Ja" sagen. Aber in Wirklichkeit sind die Spitzenleister in unserer Branche sogar mit noch viel mehr Herausforderungen, Widrigkeiten und Ablehnungen konfrontiert. Sie verbringen jedoch genügend Zeit mit ihrer eigenen Persönlichkeitsentwicklung, daher werden sie von diesen Rückschlägen nicht in ihrem Erfolg gebremst. Sie haben die Grenze schon so weit überschritten, dass es auch keine Rolle mehr spielen würde, falls ein Erdbeben die Unternehmenszentrale verschlucken sollte. Sie würden trotzdem einen Weg finden, erfolgreich zu sein und sie werden niemals aufhören.

Erfolg ist kein Ziel im materiellen Sinn. Sondern eine stetige Reise zur mentalen Balance. Top-Führungskräfte arbeiten täglich an sich selbst, um für einen positiven psychischen Zustand zu sorgen. Auf diese Weise können ihre negativen Erfahrungen niemals größer sein als die positiven Ergebnisse.

An diesen Punkt musst auch du gelangen ...

Bei nachhaltigem Erfolg geht es nicht nur darum, dass du die Grenze überwindest oder dass du nicht aufgibst. Es geht darum, dass du deine täglichen Ergebnisse deutlich verbesserst, jeden einzelnen Tag von Neuem. Die Zeit, die du am Morgen für deine persönliche Entwicklung einsetzt, führen zu einer Veränderung deines körperlichen Zustands. Und dieser bewirkt wiederum, dass die Maßnahmen, die du an diesem Tag ergreifst, zu besseren Ergebnissen führen.

Wenn du 10 Menschen anrufst und zu einer Geschäftsvorstellung einlädst, erhältst du ein bestimmtes Ergebnis. Aber ich verspreche dir, dass du ein besseres Resultat erhältst, wenn du dir an diesem Morgen meinen *Power Prosperity Podcast* (in Englisch) angehört hast.

Wenn du nach dem Aufwachen 15 Minuten aus dem Buch *Wie der Mensch denkt* (James Allen) liest, bist du an diesem Abend bei deiner Präsentation oder bei deiner Schulungsveranstaltung eine andere Person. Dein Körper wird eine andere Haltung annehmen, deine Stimme wird sich ändern und die Menschen werden einen anderen Blick in deinen Augen sehen. All das wird sich auch in veränderten Ergebnissen widerspiegeln.

5. Wie kontinuierlich bist du in deinem Handeln?

Der Begriff „kontinuierliches Handeln" mag nicht so verlockend klingen wie das Versprechen einer brandneuen Social-Media-Marketing-Technik. Aber Kontinuität lässt dich im Verkauf mit Hebelwirkung reich werden. Der größte Unterschied zwischen den Spitzenverdienern und den Schuftern, die sich erfolglos abplacken, besteht darin, wie sie kontinuierliches Handeln definieren (und praktizieren).

Wenn ich dich fragen würde, ob du konsequent bist, würdest du mir wahrscheinlich versichern, dass du es bist. Die meisten Leute denken das. Und doch sind die meisten Menschen in ihrem Geschäftsaufbau nicht annähernd konsequent.

Innerhalb meines Teams halten wir einmal pro Woche ein Führungskräfte-Webinar ab. Viele neue Teammitglieder hören in den ersten Wochen zu. Dann kommt ihnen das Leben in die Quere. Doch die erfolgreichen Führungskräfte sind 50 Mal im Jahr dabei. Sie sind konsequent.

Das Gleiche gilt für Geschäftsvorstellungen und Schulungsveranstaltungen. Die meisten Menschen sind zu Beginn Feuer und Flamme. Aber dann, auf einmal, stellen sich dringende Ereignisse - Rasenmähen, einem Freund das Sofa transportieren oder der Besuch der Schwiegereltern – in den Weg. Dann werden diese Dinge zu einer veritablen Entschuldigung, um das Geschäft in den Hintergrund schieben zu können. Doch Konsequenz bedeutet konsequent zu sein.

Die meisten Menschen brauchen keine größeren Ziele.
Sondern bessere tägliche Gewohnheiten.

6. WIE HOCH IST DEINE STUFE DER VERPFLICHTUNG?

„Verpflichtet zu sein" klingt leicht, nicht wahr? Ist nicht jeder seiner Sache verpflichtet?

Wohl kaum.

In diesem Geschäft fängt die große Mehrheit aller Menschen allerhöchstens mit einer vorbehaltlichen Verpflichtung an. Sie stottern Sätze wie "Ich werde es mal versuchen" vor sich hin.

Sie verpflichten sich zu ihrem Erfolg – natürlich vorausgesetzt, dass ihnen diese Verpflichtung keine Unannehmlichkeiten bereitet, ihren Wohlfühl-Gewohnheiten nicht im Weg steht oder nicht die Zeiten in Anspruch nimmt, in denen ihre Lieblingssendungen im Fernsehen laufen.

Mit Verpflichtungen verhält es sich wie mit Prinzipien. Du weißt nicht wirklich, ob du ihnen treu bist – bis du auf die Probe gestellt wirst.

Eine Verpflichtung einzuhalten bedeutet nicht, jeden Tag joggen zu gehen – außer, wenn es regnet. Eine Verpflichtung bedeutet, dass du nass wirst oder dass du dein Training aufs Treppenhaus verlagerst. Regen oder Sonnenschein, du bist eine Verpflichtung eingegangen.

Ein Ratschlag, den du regelmäßig zu hören bekommst, lautet: Behandle dein Geschäft wie ein Geschäft. Hier ist ein noch besserer Ratschlag: Behandle dein Geschäft wie eine Arbeitsstelle.

Warum?

Menschen sind ihren Arbeitsstellen verpflichtet, weil sie andernfalls bei Beförderungen übergangen werden, keine Lohnerhöhung bekommen oder entlassen werden. Du lässt deine Arbeit nicht ausfallen, weil die Abschlussfolge von *DSDS* läuft oder weil *Der König der Löwen* in die Stadt kommt. Die Verpflichtung für dein Geschäft sollte genauso ernsthaft sein.

Hier sind zwei wichtige Verpflichtungen, die in deinem Geschäft für einen echten Unterschied sorgen werden:

1. Verpflichte dich, dein Geschäft mindestens 10 bis15 Stunden pro Woche zu betreiben.
2. Verpflichte dich, deinem Geschäft mindestens ein Jahr lang nachzugehen.

Wir haben beide Punkte bereits besprochen, also will ich nicht weiter darüber reden. Aber wie viele Menschen arbeiten wirklich mindestens 10 Stunden pro Woche für ihr Geschäft? Und, noch wichtiger: Tust du es?

Das Firmenvideo weitere vier Mal pro Woche anzusehen, hat nichts mit Arbeiten zu tun. Durch die Listen in deinem Backoffice zu scrollen, um zu sehen, ob deine Umsätze gestiegen sind, hat nichts mit Arbeiten zu tun. Und das Durchblättern deines Facebook-Feeds ebenfalls nicht.

Dein Geschäft zu betreiben bedeutet, dass du aktiv verkaufst, kontaktierst und präsentierst. Oder jemandem in deinem Team dabei hilfst, zu verkaufen, zu kontaktieren oder zu präsentieren. Das sind die "Goldesel"-Aktivitäten, die dein Wachstum vorantreiben und für dein Einkommen sorgen. Daher willst von deinen 10 bis 15 Wochenstunden so viel Zeit wie möglich mit diesen Tätigkeiten verbringen.

Wir hatten darüber gesprochen, diese Verpflichtung für dein erstes Jahr aufrecht zu halten. Aber wie viele Menschen steigen schon während ihrer ersten zwei Wochen wieder aus? Wie viele nach zwei Monaten? Wie oft warst du in der Vergangenheit schon in dieses Geschäft involviert und hast aufgegeben, bevor ein Jahr vergangen war?

Die Wahrheit ist, dass der Verkauf mit Hebelwirkung für die meisten Menschen einen Zwei- bis Vier-Jahresplan umfassen wird, bis sie ein stabiles und ernstzunehmendes Einkommen erreichen. Man wird nicht in vier oder in sechs Monaten reich. Es braucht seine Zeit, die richtigen Führungskräfte zu finden und auszubilden und dann auch noch die richtige Infrastruktur zu erschaffen. Solange du nicht gerade über eine Gruppe von Leuten aus einer anderen Firma stolperst, gibt es hierfür keine Abkürzung.

Ich gebe zu, dass dir eine zwei- oder vierjährige Verpflichtung wie ein langer Zeitraum erscheinen mag. Aber was ist mit den 45 oder 55 Jahren, die du am Ende mit einer Reihe von "normalen" Arbeitsstellen verbringen wirst? Und wenn du den Weg einer klassischen Arbeitsstelle verfolgst, wo wirst du dich finanziell nach Ablauf dieser vier oder fünf *Jahrzehnte* befinden?

Bist du also zu 100% im ersten Jahr dabei? Was hast du wirklich vergangene Woche in deinen 10 oder 15 Stunden getan? Was hast du für diese Woche in deinem Terminkalender stehen? Mach dir darüber ernsthafte Gedanken.

7. Opfer bringen

Ich hatte dir bereits gesagt, dass Opfer erbringen der letzte Punkt auf der Liste sein wird.

Und dieser Punkt mag dich überrascht haben. Schließlich klingt es weder verlockend noch begeisternd, einem Interessenten oder gar einem Teammitglied zu sagen, dass sie etwas opfern müssen. Wir werben die ganze Zeit mit dem vielen Geld, dem Lifestyle und dem Luxus. Und der Verkauf mit Hebelwirkung bietet all diese Vorteile. Aber nicht von Anfang an.

Um anzufangen und etwas Großes aufzubauen – wirst du Opfer erbringen müssen.

Du und auch jede andere Person, die du in diesem Geschäft einschreibst, verbringt bereits sämtliche 24 Stunden eines jeden Tages mit irgendwelchen Dingen. Du folgst bestimmten täglichen Gewohnheiten auf bestimmte Art und Weise. In Arten und Weisen, die dich mit großer Sicherheit in deinem Wohlfühlbereich festhalten.

Das bedeutet, dass du, um diese 10 bis 15 wöchentlichen Stunden freischaufeln zu können, opfern musst, was immer du momentan in dieser Zeit tust.

Dieses Opfer braucht nicht für die Ewigkeit zu sein. Aber du wirst zu Beginn einige Opfer erbringen müssen. Ich wurde in meiner damaligen Firma nur aus einem Grund zum weltweiten Nr.1-Verdiener: weil ich bereit war, die nötigen Opfer zu bringen.

Die meisten Menschen sehen sich jeden neuen Kino-Hit in der ersten Woche an, in der er veröffentlicht wird. Sie schauen sich pro Woche mindestens 10 Folgen irgendwelcher Serien im Fernsehen an. Ich habe die meisten davon verpasst oder Monate später im Flugzeug angesehen. Meine Top-Führungskräfte haben mehr Wellness-Tage, Kreuzfahrten und Urlaube genommen, als ich es je getan habe. Aber ich habe die Entscheidung getroffen, in den ersten Jahren die nötigen Opfer zu erbringen, um letztendlich mehr für die Zukunft zu erreichen.

Versteh mich nicht falsch …

Ich habe trotzdem noch die Dinge getan, die mir große Freude bereiteten. Ich ging zum Mitternachts-Preview der neuesten Star Wars-Episode oder zur Eröffnungs-Gala der Metropolitain-Oper. Und ich hatte kein Problem, einen 50.000-Dollar-Vortrag abzulehnen, der am Tag meines Softball-Ausscheidungsspiels stattfinden sollte. Wenn es etwas gab, dem meine Leidenschaft galt, dann fand ich einen Weg, dieser Sache den Vorrang zu geben. Aber ich hielt eine strikte Geisteshaltung aufrecht, diejenigen Opfer zu erbringen, die für meine Zukunft wichtig waren. Mein Mantra lautete:

Ich werde heute tun, was andere nicht tun, damit ich morgen tun kann, was andere nicht tun können.

Und weißt du was? Dieses Mantra hat für mich funktioniert. Und es wird auch für dich funktionieren.

Erbringst du heute die Opfer, die dir morgen wahre Freiheit ermöglichen? Oder lebst du eine Verhaltensweise der sofortigen Belohnung – welche dich für immer in der Kategorie der Schufter gefangen halten wird?

Hier ist nochmals die Liste:

1. Haltung
2. Image
3. Veranstaltungen
4. Persönlichkeitsentwicklung
5. Kontinuität bzw. Konsequenz
6. Verpflichtung
7. Opfer erbringen

Diese Elemente nutzen Elite-Führungskräfte, um riesige Netzwerke aufzubauen. (Manchmal bewusst, manchmal instinktiv.) Die erfolgreichsten setzen alle sieben Elemente ein. Mach dir ernsthafte Gedanken darüber, wie du selbst in diesen sieben Bereichen abschneidest. Und dann, nachdem du dich ehrlich eingeschätzt hast, wirst du genauer wissen, in welchen Bereichen du an dir arbeiten musst.

Die nächste Stufe bedeutet, zu lernen, wie du Führungskräfte in deinem Team erkennst, entdeckst und entwickelst. Genau das wirst du im nächsten Kapitel erfahren …

Kapitel 16

Wie du eine Fabrik für Führungskräfte erstellst

Wie kannst du potenzielle Führungskräfte erkennen, fördern und ihnen anschließend einen duplizierbaren Prozess ermöglichen? Einen Prozess, durch den sie fortfahren, weitere Führungskräfte zu entwickeln - über Hunderte oder sogar Tausende von Ebenen hinweg?

Es wird dir nicht gelingen, indem für mehr Disziplin sorgst, längere Trainingseinheiten einführst oder motivierendere Zitate in deinen WhatsApp-Gruppen verbreitest.

Stattdessen musst du eine Kultur in deinem Team erschaffen, die Führungsstärke wertschätzt, Potenziale erkennt und Ergebnisse belohnt. Und indem du auch die eine oder andere Feier veranstaltest. Lass uns diesen Prozess in einzelne Schritte aufteilen, um zu analysieren, wodurch sich gute Führungskräfte auszeichnen, woher sie kommen und wie du sie entwickelst.

Nachdem ich Teams mit mehr als 200.000 Partnern aufgebaut habe, verfüge ich über einen hervorragenden Blickwinkel, aus dem ich den Entwicklungsprozess von Führungskräften unzählige Male aus erster Hand miterlebt habe. Den Anfang machte ein Talentpool potenzieller Anführer, dann analysierte ich die Verhaltensmuster, die dazu führten, dass sich diese Talente in tatsächliche Führungskräfte verwandelt haben. Dabei machte ich eine überraschende Entdeckung: es war die völlige Ungleichheit, die zwischen den verschiedenen Herkunftsgeschichten der erfolgreichen Partner herrschte.

Unter den absoluten Top-Führungkräften befanden sich Menschen, die in reichen, privilegierten Haushalten aufgezogen wurden, und andere, die auf der

Straße aufgewachsen waren. Kinder aus stabilen traditionellen Familien und Kinder, bei denen so gut wie keine Familie existierte. Verwöhnte Kinder von Helikoptereltern und Kinder, die missbraucht wurden.

Zu dem Zeitpunkt, an dem neue Vertriebspartner in dein Team einsteigen, können sie Vorstandsvorsitzende, Hausfrauen oder Kleinkriminelle sein. Lehrer, Unternehmer oder Taxifahrer. Es gibt kein Muster aus der Vergangenheit eines Menschen, das in unserem Geschäft über dessen Erfolgswahrscheinlichkeit entscheidet. Jede Person auf deiner Kontaktliste hat die Möglichkeit und das Potenzial, deine nächste erfolgreiche Führungskraft zu werden.

Was sind dann die Gemeinsamkeiten der Vertriebspartner, die es schaffen, starke, positive Führungskräfte zu werden?

Die wichtigste Gemeinsamkeit besteht darin, dass sie sich entschieden haben, eine Führungskraft zu werden.

Deine Herkunft bestimmt nur dann über dich, wenn du es zulässt. Du entscheidest, ob du den gleichen Weg in deinem Leben beibehalten oder den Kurs ändern möchtest. Die Menschen, die zu erfolgreichen Führungskräften werden, treffen an irgendeinem Punkt ihres Lebens die Entscheidung, zu einem Anführer zu werden. Sie verschwenden keine Zeit mit dem Versuch, sich selbst zu "finden". Sie entscheiden, was für ein Mensch sie gerne sein möchten, und dann erschaffen sie diese Person.

Sie entscheiden sich, neue Fähigkeiten zu erlernen, an sich selbst zu arbeiten und ergreifen dann die nötigen Maßnahmen. Sie beschließen, ihre Arbeitszeiten zu planen, Prioritäten zu setzen und Geschäftsvorstellungen abzuhalten. Ein wichtiger Faktor ist auch, dass sie die Verantwortung für sich selbst übernehmen. Und, vielleicht am wichtigsten: sie entscheiden, dass sie es verdient haben, eine Führungsposition innezuhaben.

Sobald du diese Entscheidung getroffen hast, vergrößern sich deine Erfolgsaussichten um ein Vielfaches. Statt dich darauf zu konzentrieren, wie du selbst erfolgreicher werden kannst, beginnst du deinem Team zu helfen, wertvoller zu werden.

Wenn wir Führungsqualitäten unter die Lupe nehmen und die DNA aufschlüsseln, landen wir letztendlich beim Wesentlichen – dass es auf das Prinzip des Mehrwerts ankommt. Darauf, einen größeren Wert für das Team zu schaffen, als du aus dem Team abschöpfst.

Hier geht es um mehr, als an dich selbst, an deine Kunden und an deine Teammitglieder zu denken. Um eine Führungskraft zu sein, musst du verstehen, dass du nur einen einzelnen Organismus innerhalb eines größeren Ökosystems darstellst. Welchem nicht nur dein eigenes Team, sondern auch deine Upline, das Arbeitssystem, das Unternehmen und sogar alle anderen Firmen unserer Branche angehören.

Wenn du nicht auf die große Perspektive achtest, beginnst du zu glauben, dass sich alles nur um dich dreht. Dein überaktives Ego saugt dann zu viel Sauerstoff aus dem Ökosystem und alle Organismen werden darunter leiden – auch, und vor allem, du selbst. Du glaubst vielleicht, dass dass die Gesetze der Physik für dich nicht gelten würden, weil du der Größte bist. Doch das bist du nicht.

Anderen beibringen, eigenständig zu denken

Kehren wir zu meiner Definition von Führungsqualität zurück. Zu dem Teil, in dem es darum ging, Menschen zu inspirieren, die bestmögliche Version ihrer selbst zu werden.

Du kannst diesen Gedanken nur dann wahr werden lassen, wenn der Glaube und das Selbstwertgefühl deiner Teampartner aufgrund deines Einflusses ansteigen. Das bedeutet, dass du viel mehr tust, als ihnen lediglich Führungsfähigkeiten und -qualitäten vorzuleben. Es *bedeutet, dass du ihnen die Vorstellung vermittelst, dass sie diese Entwicklungsstufe auch selbst erreichen können.*

Starke, positive Führungskräfte tun dies, indem sie ihren Partnern dabei helfen, an sich selbst zu glauben. Ein wichtiges Element ist hierbei, ihnen nicht beizubringen, *was* sie denken sollen. Sondern *wie* sie denken sollen.

Das alte Führungsmodell bestand darin, Menschen beizubringen, was sie denken sollen. Man glaubte, wenn man Menschen einfach nur andere Gedanken eintrichterte, (und einer dieser Denkweisen lautete, niemals die Autorität der Führungskraft in Frage zu stellen), dass sie dann blindlings folgen würden.

Ja, tatsächlich streben viele Menschen danach, sich einfach nur zeigen zu lassen, was sie denken sollen. Sie suchen auf der ganzen Welt nach Gurus, denen sie folgen und nach Bewegungen, denen sie beitreten können. Die große Präsenz von Banden, Sekten und organisierten Religionen, die heutzutage herrscht, macht diesen Umstand offenkundig.

Menschen lassen sich in den Sportnachrichten sagen, was sie von den großen Sportstars halten sollen. Sie lassen sich von prominenten Gastgebern der großen Talkshows erzählen, wie sie über bestimmte politische Themen zu denken haben. Und sie lesen Unterhaltungsblogs, damit sie wissen, wer hip, heiß und trendy ist.

Das Bildungssystem auf der ganzen Welt bringt jungen Menschen kein selbstständiges Denken bei. Es zwingt sie, Inhalte auswendig zu lernen, um Prüfungen zu bestehen. Dieselben Inhalte, die sie auch innerhalb von sechs Sekunden auf ihrem Smartphone nachschlagen könnten.

Doch obwohl dieses System besteht, schlachten es starke, positive Führungskräfte nicht zu ihrem Nutzen aus.

Stattdessen wählen sie die Menschen, die sie führen, zuvor sorgfältig aus. Sie entscheiden sich nur für diejenigen, die daran interessiert sind, ihre eigene Denkweise zu entwickeln. Sie schaffen ein Umfeld, in welchem Menschen

Fähigkeiten zur Problemlösung und ein starkes Selbstvertrauen entwickeln. (Es ist kein Zufall, dass die Duplikation in diesen Teams deutlich größer ist.)

Wahre Anführer bauen nicht den Glauben der Menschen an die Führungskraft auf. Sie sorgen dafür, dass die Anhänger an sich selbst glauben.

Sie fördern ihre Anhänger, so dass deren Selbstsicherheit und Selbstvertrauen wachsen. Und sie helfen diesen Menschen, unabhängig denken zu lernen. Dieses freie Denken und das neu gewonnene Vertrauen sorgt bei den Anhängern dafür, dass diese eigene Führungsfähigkeiten entwickeln. Auf diese Weise entstehen Anführer, die wiederum neue Anführer erzeugen. Dies ist der einzig wahre Beweis für echte Führungsqualität.

IN FÜHRUNGSKRÄFTE INVESTIEREN ...

Als ich eines Nachts nach Hause flog, kam die Flugbegleiterin zu mir, um mir für meine treues Kundenverhalten zu danken. Sie erwähnte, dass mir bereits mehr als drei Millionen Meilen verbucht wurden und dass sie nicht einmal gewusst hätte, dass so etwas überhaupt machbar sei. (Ich brachte es nicht übers Herz, ihr zu sagen, dass ich noch weitere vier Millionen Meilen auf den Konten bei anderen Fluggesellschaften stehen hatte.) Dieses Jahr halte ich bei drei verschiedenen Fluggesellschaften den Elite-Status. Und weißt du, warum ich so viel reise?

Weil ich in Führungskräfte investiere.

Denn ich weiß, dass eine gut ausgebildete Führungskraft im Verkauf mit Hebelwirkung eine der lukrativsten Investitionen der Welt darstellt. Die Zeit, die du in eine potenzielle Führungskraft investierst, kann sich über Jahrzehnte hinweg auszahlen. Das Beste daran ist, dass du von deiner Investition in vielerlei Hinsicht profitierst, nicht nur in Form einer erstaunlichen finanziellen Rendite. Du wirst viele interessante Orte kennenlernen und wunderbare, bereichernde

Freundschaften pflegen, die deinem Leben einen echten Mehrwert verleihen.

Ich bin immer wieder darüber schockiert, wie viele Menschen es in diesem Geschäft versäumen, in den Aufbau ihrer Führungskräfte zu investieren. Gerade dann, wenn es um Teams geht, die weit entfernt sind. Es ist wirklich frustrierend, wie lange es manchmal dauert, jemandem klarzumachen, dass er in ein Flugzeug steigen und mit den Partnern zusammenarbeiten soll, die weit von ihm entfernt leben.

Und was ist mit dir?

Investierst du in deine Führungskräfte? Baust du die Teamleiter der Zukunft auf? Wenn du innerhalb deines Teams eine Fabrik für Führungskräfte erschaffen willst, dann musst du in das Entdecken, Entwickeln und Ausbilden dieser Führungskräfte investieren.

Du kannst mit einer einfachen Sache beginnen. Beispielsweise damit, jedem vielversprechenden neuen Partner eine Ausgabe dieses Buches zu überreichen. Manchmal wird auch eine vier- oder fünfstündige Fahrt in eine andere Stadt notwendig sein. Und oftmals bedeutet es, in ein Flugzeug zu steigen und durch das halbe Land oder durch die Welt zu fliegen, um einer neuen Führungskraft bei ihrer Entwicklung zu helfen.

Stell dir dein Geschäft wie ein Fließband vor, auf dem neue Führungskräfte produziert werden. Deine Aufgabe ist es, jeden Monat neue Führungskräfte auf diesem Fließband entstehen zu lassen. Und diesen Führungskräften anschließend beizubringen, wie sie ihre eigenen Fließbänder ins Laufen bringen.

Die gute Nachricht lautet: wenn du dies erst einmal gemacht hast, wird sich das Beispiel, das du vorgelebt hast, innerhalb deines Teams duplizieren. Und wenn du dieses Verhalten in deiner Gruppe wirklich kultiviert hast, ist der Punkt erreicht, ab dem wahrer Reichtum erschaffen wird.

Fünf grundlegende Voraussetzungen

Lass mich dir fünf grundlegende Voraussetzungen nennen, die in unserer besonderen Geschäftssituation für den Aufbau von Führungskräften gelten. Ich glaube, diese Voraussetzungen stellen die wichtigsten Grundsätze dar, auf denen alles andere aufgebaut ist. Schau dir die Liste an und dann werden wir jeden einzelnen Punkt durchgehen.

1. Du führst eine Armee an, die ausschließlich aus Freiwilligen besteht.
2. Wenn du alle darum bittest, zu führen, wird es keiner tun.
3. Fordere die Menschen heraus, sei nicht zu sanft.
4. Du musst auf drei Sprossen der Leiter arbeiten.
5. Die Gewinnung von Führungskräften schafft sofortiges Wachstum – das anschließende Aufbauen von Führungskräften sorgt für nachhaltiges Wachstum.

Schauen wir uns die erste Voraussetzung an. Bei meinem ersten Anlauf in diesem Geschäft habe ich mich äußerst schwer getan. Aber beim zweiten Mal konnte ich viel leichter talentierte Leute gewinnen und baute mein Geschäft deutlich schneller auf. Ich denke, letztendlich beruhte mein Erfolg darauf, was ich zwischenzeitlich in der Zusammenarbeit mit Freiwilligenorganisationen gelernt hatte. (Ich war Präsident der Handelskammer, meines Kirchenvorstands und der Florida Speakers Association.)

In einer Armee von Freiwilligen gibt es keine Wehrpflicht. Und du kannst Leute nicht einfach anheuern und wieder feuern. *Du musst ein Umfeld schaffen, in dem diese Menschen bereit sind, einen Beitrag leisten zu wollen.* Und weißt du was? Das Gleiche gilt auch, wenn du im Verkauf mit Hebelwirkung ein Team von Mitarbeitern führen möchtest.

Die zweite Voraussetzung befasst sich mit einem Fehler, den vor allem neue

Leute häufig in unserem Geschäft machen. Sie gehen davon aus, dass jeder ein Anführer ist, und geben allen Mitarbeitern Führungsaufgaben vor, die sie durchführen sollen. Dieser Fehler kann dein Team schnell ruinieren.

Sie treffen ihrem Team gegenüber Aussagen der folgenden Art: „Jeder hier ist eine Führungskraft. Also müsst ihr (telefonieren, bis euch die Finger bluten, jede Woche 20 Präsentationen abhalten, usw.]. "

Nein, nicht jeder ist ein Anführer. Es will noch nicht einmal jeder Mensch ein Anführer sein. Tatsächlich besteht ein großer Teil deines Teams aus Personen, die nur deshalb eingestiegen sind, um dir oder anderen Führungskräften folgen zu können.

Wenn du also die Bereitschaft zum Anführen zur Voraussetzung für die Aufnahme in den Team machst, wirst du viele gute Leute vertreiben. Einige der Menschen, die du verlierst, wären nicht zu Führungskräften, aber dennoch zu wertvollen Mitgliedern deines Teams geworden. Und andere hätten sich später zu Führungskräften entwickelt, aber mit dem von dir geforderten Tempo hast du sie vertrieben.

Einige der Menschen, die dir folgen, werden ihre Fähigkeiten als fähige Feldgeneräle unter Beweis stellen. Sie werden unermüdlich arbeiten, um die Systeme, Veranstaltungen und Richtlinien innerhalb der Vertriebsgruppe umzusetzen und aufrecht zu erhalten. Aber sie werden dir nicht hilfreich sein, wenn es darum geht, diese Dinge zu entwerfen und zu erstellen.

Du musst dir der Kräfte und Abläufe innerhalb deiner Gruppe bewusst sein – darüber, wer sich in deinem Team in welcher der folgenden Rollen wiederfindet:

A. Kunden

B. Einzelhändler

C. „Kleine" Vertriebspartner

D. Ernsthafte Vertriebspartner (Feldgeneräle)

E. Führungskräfte

Die dritte Voraussetzung lautet, unsere Partner herauszufordern. *Menschen entwickeln sich nicht von alleine zur größtmöglichen Version ihrer selbst, solange sie von Menschen umgeben sind, die ihnen gestatten, so zu bleiben, wie sie sind.* (Was momentan jedoch so gut wie jeder um sie herum tut.) Menschen brauchen jemanden, der sie dazu herausfordert, mehr zu erreichen und mehr zu werden.

Diese Person musst du sein.

Sehen wir uns die vierte Voraussetzung an und was ich damit meine, auf drei Sprossen der Leiter zu arbeiten. Die wachstumssteigernden Aktivitäten, wie Schulung und Beratung der Partner, werden immer auf allen Ebenen der Vertriebsgruppen durchgeführt. Der Bronze-Partner berät sich mit seinem darüber stehenden Silber-Partner und dieser Silber-Partner berät sich mit seinem darüber stehenden Gold-Partner.

Sowohl dein eigener Fortschritt als Anführer, wie auch deine Fähigkeit, andere Führungskräfte zu fördern, basieren auf diesem Ablauf. Stelle sicher, dass du Ausschau nach der Ebene unter dir hältst, um diesen Partnern zu helfen. Und orientiere dich auch eine Ebene aufwärts, um selbst Unterstützung zu erhalten. Diese Führungskräfte über dir sind deine beste Hilfe. Wenn du Kooperationen mit diesen Partnern eingehst, bist du noch besser in der Lage, die Leute unterhalb von dir zu führen und zu unterstützen. Und du übernimmst die Führungsmerkmale, durch die weitere neue Führungskräfte in deiner Gruppe entwickelt werden. (Weil diese Partner den gleichen Prozess in deinem gesamten Team duplizieren werden.)

Lass uns die abschließende Voraussetzung noch etwas intensiver betrachten. Zu viele Leute jagen den Führungskräften anderer Firmen hinterher und versuchen, diese Menschen abzuwerben. So etwas mag vielleicht für einen kurzen Umsatzanstieg sorgen. Wenn du jedoch langfristig stabile Umsätze und echte Duplikation erhalten willst, musst du deine Führungskräfte aus den Kernpartnern deines eigenen Teams aufbauen.

Wenn du von der Idee dieser fünf grundlegenden Voraussetzungen fasziniert bist, dann lies unbedingt mein Buch *Führen Sie Ihr Team an* - es enthält 21 Lektionen für Führungskräfte im Direktvertrieb und liefert dir eine kompakte Zusammenfassung meiner Philosophie zu diesem Thema. Und jetzt erforschen wir den ...

ENTWICKLUNGSWEG FÜR FÜHRUNGSKRÄFTE

1. Triff deine Entscheidung
2. Erlerne, die vier Grundfertigkeiten zu beherrschen(Menschen kennen lernen, Kontaktliste abarbeiten, Einladungen aussprechen, Nachfassgespräche führen)
3. Führe die Menschen an, die sich dafür entscheiden, dir zu folgen (indem du die gleichzeitige Ausführung von „Lernen, Tun und Lehren" beherzigst)
4. Erlerne, die wichtigen Führungsfähigkeiten zu beherrschen (Präsentieren, Umgang mit Menschen, Führungsqualitäten)
5. Identifiziere und kontaktiere potenzielle Führungskräfte innerhalb deines Teams
6. Bilde deine aufstrebenden Führungskräfte in ihren Führungsqualitäten aus
7. Bilde deine aufstrebenden Führungskräfte darin aus, wie sie ihre Anhänger führen

8. Leite deine Führungskräfte an (Inspiration, Vision, Lebenszweck)

9. Sprich deine eigene Entlassung aus dem Arbeitsleben aus

Zu dem oben beschriebenen Weg würde ich dir raten, wenn du deine Fähigkeiten sowohl im Geschäftsaufbau als auch in der Führung deiner Partner entwickeln willst. Dieses Thema ist zu wichtig, um es lediglich mit einem oberflächlichen Überblick oder flauschigen Plattitüden abzutun. Lass uns daher einige der täglichen Aktivitäten genauer betrachten, denen eine Führungskraft in unserem Geschäft nachgeht.

Folge dem System

Gute Führungskräfte wissen, dass es Zeiten gibt, in denen auch sie folgen müssen. Da Führungskräfte oft eigensinnig sind, kann dies manchmal zu Problemen führen. Aber das Befolgen des Systems muss dir als Führungskraft heilig bleiben. Wenn du das System auch nur geringfügig änderst, sendest du die Botschaft an das Team, dass es in Ordnung ist, das System zu ändern. Dann macht die nächste Ebene unter dir das gleiche und vier Ebenen darunter existiert das System nicht mehr.

Natürlich werden die Marktbedingungen von Zeit zu Zeit dafür sorgen, dass das System angepasst werden muss. Hier ist ein Vorschlag, wie du eine Änderung vornehmen kannst, falls dies notwendig sein sollte ...

Nehmen wir an, du hast die höchste Stufe im Vergütungsplan deines Unternehmens erreicht, hast fünf Führungskräfte in deiner ersten Linie, die ebenfalls die höchste Stufe erreicht haben und du denkst darüber nach, etwas in deinem System zu ändern. Angenommen, du möchtest ein Buch, das du zu einem bestimmten Zeitpunkt des Sponsor-Prozesses verwendest, entfernen und durch ein anderes ersetzen. (Zum Beispiel durch dieses hier 😬)

Du nimmst diesen Punkt bei der jährlichen Führungskonferenz, oder bei einer anderen Veranstaltung, an der deine Top-Führungskräfte teilnehmen, auf die Tagesordnung. (In meinem Fall war dies ein Diamond Retreat - ein Wochenende, an dem jeder qualifizierte Diamant-Direktor für seine eigene Teilnahme bezahlt hat. Es war keine offizielle Firmenveranstaltung, sondern nur eine Gelegenheit für die Diamant-Gruppe, eine langfristige Teamstrategie zu planen.) Als Nächstes sendest du jeder Führungsperson eine Ausgabe der neuen von dir vorgeschlagenen Ressource zu, damit sie die Inhalte vorab überprüfen kann. Dann diskutiert ihr bei der Veranstaltung darüber und erzielt eine Übereinkunft.

Das System sollte immer nur von innen heraus durch das gesamte Team geändert werden. Wenn du eine Änderung auf diese Weise durchführst, bleibt die Integrität des Systems geschützt. Dann schützt das System auch die Integrität deines Passiveinkommens.

Monatliche Beratungen

Dies ist der Prozess, den du einmal im Monat mit deinen Vertriebspartnern durchführst, um auf deren kontinuierliches Wachstum zu achten. (Mir ist klar, dass die Provisionen in vielen Unternehmen wöchentlich abgerechnet werden. Aber ich denke, dass wöchentliche persönliche Beratungen nicht zu bewältigen sind und dass es am besten funktioniert, wenn diese einmal im Monat, unabhängig vom Auszahlungsmodus, durchgeführt werden.)

So führst du deine Beratungen durch.

Nehmen wir an, du hast in deinem Unternehmen den Bronze-Status erreicht und der Silber-Status wäre die nächste zu erreichende Stufe. Dann würdest du dich mit dem ersten Silber-Partner in deiner Upline beraten. Sobald du aber selbst zum Silber-Partner geworden bist und sich deine Upline-Partnerin immer noch auf der Silber-Stufe befindet, würdest du dich nicht mehr mit ihr beraten. Stattdessen würdest du zu ihrer Upline gehen, die ein Gold-Partner ist.

Du berätst dich immer mit der nächsthöheren Person, die sich für die Stufe qualifiziert hat, die über deiner Stufe liegt. (Wenn du wissen möchtest, wie man die Gold-Stufe erreicht, musst du mit jemandem sprechen, der diese Stufe bereits erreicht hat. Wenn du die Diamant-Stufe erreichen möchtest, musst du dich von einem Diamant-Partner beraten lassen.)

Auf diese Weise ist sichergestellt, dass jeder einen Beratungspartner findet, dass aber die Führungskräfte in den oberen Stufen nicht von Tausenden Menschen kontaktiert werden, die um ihre Beratung bitten. Genauso wie in den üblichen Sponsorlinien, arbeitest du mit deinen Führungskräften deiner ersten Linien zusammen. (Die dann mit ihren Erstlinien-Führungskräften zusammenarbeiten, welche wiederum mit ihren Erstlinien-Führungskräften zusammenarbeiten.) Sollten sich eine oder zwei Personen oberhalb von dir auf der gleichen Stufe befinden wie du, gehst du innerhalb der Linie einfach weiter nach oben, um jemanden zu finden, der bereit ist, mit dir zusammenzuarbeiten.

Übrigens, sollte sich dein Sponsor auf der gleichen Stufe befinden, wie du, bedeutet dies nicht, dass er ein schlechter Anführer ist oder dass er das Geschäft nicht versteht.

Es bedeutet einfach, dass er dir zu einem schnellen Wachstum verholfen hat. Es kommt oft vor, dass ein Sponsor seinen Leuten auf die gleiche Stufe verhilft, auf der er sich selbst befindet, bevor er selbst die nächste Stufe erreicht. Beurteile diese Person also nicht negativ oder halte ihr das vor. Freue dich über die Tatsache, dass er dir dabei geholfen hat, so weit zu kommen, und berate dich mit der entsprechenden Person in deiner Upline.

Lerne aus den Erfahrungen anderer. Diese Menschen werden bereits dieselben Fehler gemacht haben, auf die du zusteuerst. Was wiederum bedeutet, dass du deine Lernkurve um viele Jahre verkürzen kannst. Sei aufgeschlossen und lernbereit, denn diese Partner haben ein großes Interesse an deinem Erfolg.

Hier ist noch ein Hinweis: In neuen Vertriebsgruppen, insbesondere in schnell wachsenden, verschwimmen die sichtbaren Grenzen manchmal. Es kann passieren, dass deinem Team in diesem Monat 60, 80 oder sogar 100 neue Partner beitreten. Dass aber keiner von ihnen wirklich Zeit hatte, seine Stufe zu festigen und zu lernen, wie man die unter sich stehenden Partner ausbildet. Glaube mir, dass dies ein ernsthaftes Problem darstellt. Du kannst es dadurch bewältigen, indem du höherrangige Führungskräfte zusätzliche Gruppenberatungen durchführen lässt. Es ist ein bisschen chaotisch, aber es funktioniert trotzdem. Und mit zunehmender Reife deines Teams wird sich das Ganze stabilisieren.

Eine Beratungssitzung kann dir nur dann helfen, wenn sie auf wahren Fakten beruht. Die Person, mit der du dich berätst, benötigt genaue Informationen, mit denen sie arbeiten kann. Erzähle nichts von 12 Linien, wenn du in Wirklichkeit nur über fünf aktive Linien verfügst. Sage nicht, dass du 15 Personen zur Geschäftsvorstellung erwartest, obwohl du tatsächlich nur drei eingeladen hast. Andernfalls basiert die Beratung auf falschen Voraussetzungen und die Beratung, die du erhältst, wird dir nicht von Nutzen sein.

Die tatsächliche Beratung basiert darauf, dass ihr in jeder Sitzung die Schlüsselfaktoren überprüft. Hier sind die Bereiche, die ich für die wichtigsten halte (in deinem Team zählen eventuell andere Faktoren):

- Erreichte Stufe im Vergütungsplan
- Persönliche Umsätze
- Anzahl der Vertriebspartner im Team
- Umsätze des gesamtem Teams
- Durchschnittlicher Umsatz pro Vertriebspartner
- Anzahl der Einzelhandelskunden
- Durchschnittlicher Umsatz pro Kunde
- Anzahl der neu eingestiegenen Partner
- Anzahl der persönlichen aktiven Linien
- Anzahl der persönlichen Linien mit einer Führungskraft
- Gesamtzahl der Führungskräfte im Team

Es sollte selbsterklärend sein, warum diese Faktoren so wichtig sind. Du willst dir immer darüber im Klaren sein, ob du dich auf dem richtigen Kurs befindest. Indem du die Zahlen analysierst, kannst du mit erschreckender Genauigkeit vorhersagen, welches Einkommen jemand in drei Monaten erreichen wird. (Sobald du einmal verstanden hast, wie man die einzelnen Faktoren bewertet.)

Die von Beginn an wichtigsten Messgrößen sind die Anzahl der Kunden, die durchschnittlichen Umsätze pro Kunde und die Zahl der Neueinstiege. Wenn sich ein Team zu entwickeln beginnt, gewinnen diejenigen Linien an Bedeutung, in denen sich eine eigene Führungskraft herausbildet. Wichtig ist auch die Gesamtzahl der Führungskräfte im Team. Denn diese Kennzahlen bestimmen dein zukünftiges Wachstum. Wir wissen, dass eine Linie aus 20 Leuten bestehen kann, aber wenn keine dieser Personen eine Führungkraft ist, wird diese Linie innerhalb von drei Monaten wahrscheinlich stark reduziert oder gänzlich verschwunden sein.

Wir können aber auch eine weitere Linie haben, in der sich lediglich zwei Personen befinden. Aber wenn es sich bei beiden um Führungskräfte handelt, kann diese Linie bereits einen Monat später aus 40 oder 50 Personen bestehen. Führungskräfte erschaffen weitere Führungskräfte. Achte daher auf die Zahl der Führungskräfte, wenn die Teams deiner Partner wachsen.

Es ist wichtig, dass du dich jeden Monat mit deinen Partnern berätst, die wichtigsten Daten auswertest und sie dann an die Person sendest, mit der du dich berätst.

Umgang mit Fehlern, die von oben kommen

Ich hasse es, dir diese Nachricht zukommen zu lassen. Aber es wird Zeiten geben, in denen es dein Unternehmen oder deine Upline verbocken wird. Nicht, weil sie zwangsläufig schlechte Menschen sind, sondern weil alle Unternehmen und Sponsoren irgendwann Fehler machen. Gewöhne dich an diesem Umstand.

Vielleicht startet das Unternehmen mit einem unpassenden Vergütungsplan. Oder es ändert den Plan, aber die erhofften Ergebnisse stellen sich nicht ein. Die Vertriebspartner kämpfen, verlieren den Glauben und geben auf.

Oder die Upline-Partner handeln unethisch, indem sie Maßnahmen ergreifen, die dem Team schaden. Mitglieder des Teams fühlen sich betrogen, verlieren den Glauben und geben auf.

Das ist die oberflächliche Beurteilung. Aber hier ist, was in diesen Fällen wirklich passiert …

Ja, das Unternehmen oder die Upline haben Fehler gemacht und das Problem verursacht. Aber die Vertriebspartner haben nicht gekündigt, weil sie das Vertrauen in das Unternehmen oder in die Upline verloren hatten. Sie haben aufgegeben, weil sie das Vertrauen in sich selbst verloren haben.

Ob deine Mitarbeiter den Glauben verlieren oder zuversichtlich bleiben, hängt in erster Linie davon ab, wie die Führungsriege mit solchen Herausforderungen umgeht. Die heilige Regel unseres Geschäfts lautet, dass negative Dinge niemals, niemals, niemals in der Gruppe nach unten wandern dürfen. Jedes Mal, wenn etwas Schlimmes passiert und du dich darüber beschweren möchtest, ruf das Unternehmen oder jemanden in der Linie oberhalb von dir an. Aber besprich solche Dinge niemals mit deinen Teampartnern, es sei denn, du willst sie vertreiben.

Manchmal wird die Situation ernst. Das Unternehmen oder die Führungskräfte fahren fort, schwerwiegende Fehler zu machen, sie lernen nicht aus diesen Fehlern oder sie lassen böse Absichten erkennen. Du erreichst einen unhaltbaren Zustand, in dem du das Gefühl hast, nicht mehr aufrecht vor dein Team treten zu können. In diesem Fall hast du keine andere Wahl, als nach einem anderen Unternehmen zu suchen, bei dem du ein Geschäft mit Integrität aufbauen kannst.

Das Organisieren von Veranstaltungen

Dein Seminarkalender kann für dich eine große Hilfe bei der Entwicklung neuer Generationen von Führungskräften sein. Stell dir die unterschiedlichen Ebenen deiner Veranstaltungen als ein Aufbausystem vor, ähnlich wie beim Fußball. Es gibt die Bundesliga, die Landes- und Kreisligen und die Jugendabteilungen, aus denen die Talente geschöpft werden. Nutze deine unterschiedlichen Veranstaltungen auf die gleiche Weise.

Die neuen Partner machen ihre ersten Bühnenerfahrungen mit einem 30-Sekunden-Testimonial bei einem örtlichen Meeting oder bei einem Webinar. Später können sie auf die nächste Stufe aufsteigen und eine fünfminütige Präsentation geben. Danach halten sie Vorträge oder Schulungen bei regionalen Veranstaltungen. Und bestenfalls können sie bei einer landesweiten Tagung auf der Bühne stehen oder ein weltweites Webinar moderieren. Während sie dann ihre Präsentationsfähigkeiten entwickeln und die höheren Stufen des Vergütungsplans erreichen, sollten sie gleichzeitig auch immer mehr Präsenz zeigen und erhalten.

Es ist äußerst wichtig, dass du deine Leute sorgfältig für ihre Aufgaben überprüfst ...

Die heiligste Position in deiner Vertriebsgruppe ist die, vor deinem Team auf der Bühne zu stehen. Mit „Bühne" meine ich tatsächliche Bühnen bei physischen Veranstaltungen, aber auch den Bildschirm bei Online-Konferenzen. Oder eine bildliche bzw. schriftliche Darstellung in den Marketingmaterialien. Menschen, die du auf die Bühne lässt, erhalten hierdurch eine unterschwellige Empfehlung. Daher ist es wichtig, dass du diese Personen mit Bedacht auswählst.

Die erste Voraussetzung, um jemanden für die Bühne zu berücksichtigen, ist, dass diese Person bereits ein erfolgreiches Geschäft aufgebaut hat. Oder dass sie sich auf dem schnellen Weg zum Aufbau eines erfolgreichen Geschäfts befindet.

Wichtig ist auch, dass die Person ein Teamplayer ist und sich an das System hält. Wenn du jemanden auf die Bühne lässt, der Strategien schult, die nicht Teil des Systems sind, wird dies deine Gruppe negativ beeinflussen und deine Entwicklung als Führungskraft behindern.

Loyalität und Beständigkeit sind wichtige Eigenschaften. Du willst niemanden beim März-Seminar auf der Bühne loben, von dem die Leute dann hören, dass er aufgehört und im April bei einer anderen Firma eingestiegen ist. Wenn du glaubst, dass jemand ein Risiko darstellt, dann halte diese Person von der Bühne fern.

In den letzten zwei Jahrzehnten ist ein weiteres Problem aufgetreten, das du kennen solltest. Es ist die Branche der Parasiten, die sich an unserem Geschäft bereichern wollen. Jeder Motivationsredner, Seminarleiter, Berater, Coach und Guru sieht bei unseren Kongressen die Massen begeisterter Menschen. Und bei dem Gedanken, was sie uns alles verkaufen könnten, beginnt ihnen das Wasser im Mund zusammenzulaufen.

Einige dieser Menschen meinen es gut und sind hilfreich. Wie bereits erwähnt, habe ich in der Vergangenheit Coaches für Etikette und Kleidung hinzugezogen, um meine Top-Führungskräfte zu beraten. Und ich habe auch einen brillanten Berater für Markenaufbau engagiert, der die Entwicklung unserer Botschaft in den Marketingmaterialien begleitet hat. Auch bei der Ausarbeitung eines Vergütungsplans kommt es darauf an, dass jedes Unternehmen einen kompetenten Berater für die Erstellung der Vergütungsstruktur hinzuzieht. Ebenso wichtig ist es, mit einer auf den Direktvertrieb spezialisierten Anwaltskanzlei zusammenzuarbeiten.

Ein starker Motivationsredner, der eine inspirierende Eröffnungs- oder Abschlussrede hält, kann deiner Tagung oder Großveranstaltung einen zusätzlichen Wert verleihen. Du musst jedoch aufmerksam sein und gemeinsam mit dem Sprecher an den Inhalten arbeiten, damit die Botschaft eine positive Wirkung entfalten und keine Konflikte mit deinem System verursachen kann.

Einige dieser Leute meinen es gut – sind jedoch NICHT hilfreich. Es gibt eine Vielzahl an Verkaufstrainern, NLP-Coaches und Marketingberatern, welche die einzigartige Vorgehensweise unseres Geschäfts nicht verstehen. Wenn du diese Menschen in dein Unternehmen bringst, schulen sie eventuell Techniken und Strategien, die deine Duplikation nicht verbessern, sondern sogar ruinieren.

Und einige dieser Leute meinen es NICHT gut – und sind, welch Überraschung, NICHT hilfreich. Einfach ausgedrückt, sie sind nur auf dein Geld aus. Häufig handelt es sich um Vertriebspartner anderer Unternehmen, die Zugriff auf deine Mitarbeiter haben möchten, um diese abzuwerben. Oder es könnte jemand sein, der eine erfolgreiche Vertriebspartnerschaft gekauft oder von seinen Eltern geerbt hat, jedoch gar nicht weiß, wie man selbst ein Geschäft aufbaut. In den meisten Fällen sind es Menschen, die Geld damit verdienen wollen, indem sie versuchen, wertlosen Mist an dein Team zu verkaufen.

Sorge für einen definierten Weg zur Führungsposition

Um eine echte Fabrik für Führungkräfte zu erschaffen, müssen deine Mitarbeiter genau wissen, wie der Weg zum Erreichen einer Führungsposition verläuft. Wenn du ein neuer Rekrut bei der Marine bist und davon träumst, Admiral zu werden, dann hast du eine Vorstellung davon, welche Dienstgrade zur Admiralität führen und welche Verantwortlichkeiten sie jeweils haben. Für dein Team muss es einen ganz ähnlichen Ablauf geben. Deine neuen Mitarbeiter sollten wissen, welche Stufen, Verhaltensweisen und Teamaktivitäten sie absolvieren müssen, um eine Führungsposition zu erreichen. (Ein gutes Beispiel dafür findest du in den unten beschriebenen Stufen einer Führungskraft.)

Wenn nötig, verhänge die Todesstrafe

Wenn dein Unternehmen eine kritische Masse erreicht und ein exponentielles

Wachstum zu verzeichnen beginnt, wirst du Zeuge der „Zombie-Apokalypse" werden. Ständig gibt es Tausende von MLM-Zombies, die verzweifelt nach dem nächsten „brandheißen" Deal Ausschau halten, weil ihr vergangenes Pyramidenspiel oder irgendein „Hinterzimmer"-Geschäft zusammengebrochen ist.

Leider gibt es in dieser Gruppe mindestens 30 oder 40 Personen, die sich auf solch trickreiche Weise vermarkten, dass sie von manchen Menschen für erfahrene Führungskräfte gehalten werden. Oft haben diese Leute einen starken Auftritt in den sozialen Medien, beraten leichtgläubige Start-up-Unternehmen oder führen (angeblich neutrale) Seminare durch.

Sie werden in deine Firma kommen und für ein großes Bohei sorgen, mit all den „Bäumchen-wechsel-Dich"-Zombies, die sie mitbringen. Aber sobald bei ihnen etwas ins Stocken gerät oder wenn ihnen jemand ein anderes verlockendes Geschäft anbietet, werden sie aussteigen und versuchen, so viele deiner Leute wie nur möglich mitzunehmen.

Genauso wichtig ist es, dass wir auf „Terroristen" achten, also auf Menschen, die unrecht handeln, Interessenten von anderen abwerben oder die Richtlinien und Verfahren der Firma missachten. Dieses unethische Verhalten zerstört die Unternehmenskultur und kann sogar die Existenzfähigkeit des Unternehmens gefährden.

Vor allem aber musst du deine eigene Vertriebsgruppe schützen. Wenn Leute erkennen lassen, dass sie in die Kategorie der Zombies oder Terroristen gehören, dann verhänge die Todesstrafe: sofortige Kündigung. Tu dies schnell und tu es öffentlich, damit die Menschen verstehen, was in deinem Geschäft akzeptiert wird und was nicht.

Eine der besten Methoden, die ich faszinierend finde, kommt von Unternehmen aus anderen Branchen: der "Panikknopf". Oftmals handelt es sich tatsächlich um einen großen roten Knopf, manchmal ist es nur ein Ablauf, der befolgt werden muss. Auf jeden Fall ist jedes Mitglied des Teams jederzeit berechtigt, den Knopf zu drücken, ohne negative Konsequenzen befürchten zu müssen.

Ein Beispiel hierfür wäre eine Produktionsanlage mit einem Förderband. Geschieht etwas, das die Arbeiter in Gefahr bringen oder für die Herstellung minderwertiger Produkte sorgen könnte, kann jeder Arbeiter die Produktion stoppen, damit die Situation bewertet werden kann.

Ein weiteres gutes Beispiel hierfür ist der Cirque du Soleil. Jede Live-Show hat einen leitenden Regisseur, der für den Ablauf verantwortlich ist. Wenn diese Person sieht, dass irgendein Darsteller - ein Trapezkünstler, ein Bühnenarbeiter, selbst ein Platzanweiser - die Arme vor der Brust verschränkt - gehen die Lichter an, die Musik endet und die Show stoppt sofort. Bei diesen verschränkten Armen handelt es sich um das Panikknopfzeichen. Es kann bedeuten, dass eine Sicherheitsmatte nicht korrekt platziert, ein Gerät nicht richtig verankert oder ein Kleinkind in einen gefährlichen Bereich gewandert ist. Jeder Mitarbeiter des Cirque ist befugt, dieses Zeichen zu geben, wenn er das Gefühl hat, dass jemand in Gefahr ist.

Ich bin der Meinung, dass jedes große Vertriebsteam das Prinzip des „Panik-Knopfes“ einsetzen sollte. (Stell dir einmal vor, wie viel früher die #MeToo-Bewegung hätte voranschreiten können, wenn es diese Art von System schon in Hollywood gegeben hätte.) Es ist wichtig, dass wir uns selbst überwachen. Wenn also ein Vertriebspartner das Backoffice einer anderen Person aus seinem Team manipuliert, Social Media-Posts erstellt, in denen von Krebsheilungen berichtet wird, wenn er Frontloading bei neuen Teampartnern betreibt oder irgendetwas tut, was das Team oder das Unternehmen bedroht, müssen die Partner in der Lage sein, sich zu äußern – ohne, dass sie Angst vor Repressalien haben zu brauchen. Dieses Vorgehen wird Wunder wirken, um die Terroristen und Zombies in Schach zu halten.

Die vier Stufen einer Führungskraft

Du hast nun gesehen, wie der gezielte Weg zum Erreichen einer Führungsposition aussieht. Und, welche wichtigen Verhaltensweisen Führungskräfte auf diesem Weg entwickeln müssen. Jetzt möchte ich dir etwas ganz Besonderes mitteilen: Es sind meine persönlichen Kriterien, die ich verwende, um Führungskräfte zu bewerten. Diese Kriterien können dir aussagekräftige Einblicke liefern, mit denen du dein persönliches Fließband zur Entwicklung von Führungskräften erschaffen kannst.

Diese Stufen gliedern sich wie folgt:

Die Führungskraft der Stufe 1:

- Verwendet die Produkte regelmäßig für sich selbst.
- Hat einen soliden Kundenstamm aufgebaut.
- Beherrscht die vier Grundfertigkeiten.
- Fördert den Einsatz von Werkzeugen nach dem Prinzip der dritten Person, statt sich selbst in den Vordergrund zu stellen.
- Nimmt an wichtigen Veranstaltungen teil.
- Baut ihr Team in der Tiefe auf.
- Engagiert sich bei Teamevents und Projekten.

Die Führungskraft der Stufe 2:

- Alles oben Genannte.
- Ist im Ticketverkauf aktiv, um die Großveranstaltungen zu fördern.
- Hat eine „Schwellen"-Stufe (einen ernstzunehmenden Rang) erreicht.
- Investiert in den Aufbau weit entfernter Linien.
- Arbeitet 15 bis 20 Stunden pro Woche, um sich den Übergang in den Hauptberuf zu ermöglichen.
- Beginnt, auf den örtlichen Bühnen sichtbar zu sein.

Die Führungskraft der Stufe 3:

- Alles oben Genannte.

- Baut aktiv Linien nach dem „Pfahlwurzel-Prinzip" auf.
- Hat mindestens sechs weit entfernte Linien aufgebaut.
- Betreibt das Geschäft in Vollzeit.
- Hat eine der Top-Positionen erreicht.
- Steht bei Großveranstaltungen auf der Bühne.
- In ihrem Team entsteht eine echte Duplikation von Führungskräften.
- Ist „erwachsen" geworden. Lässt keine Ablenkungen zu, löst Konflikte und ist selbstdiszipliniert.

Die Führungskraft der Stufe 4:

- Alles oben Genannte.
- Kann strategisch denken und handeln. Ist in der Lage, zur Konzeption und Umsetzung des Ausbildungsplans, der Systementwicklung und Firmenkultur beizutragen.
- Versteht das große Ganze. Kann ein wichtiger interner Partner für das Unternehmen sein, vielleicht sogar im Beirat mitwirken. Ist in der Lage, die Notwendigkeit von Richtlinien oder Prozessen zu erkennen, die bei den Vertriebspartnern möglicherweise nicht immer beliebt, aber für den langfristigen Erfolg des Unternehmens erforderlich sind.
- Ein Maestro, der die einzigartigen und besten Talente eines jeden Mitgliedes im Orchester hervorbringt.

Wie du siehst, unterscheidet sich diese Definition des Begriffes „Führungsfähigkeit" deutlich von dem, was die meisten Menschen in unserer Branche darunter verstehen. In einer Vertriebsgruppe von 100.000 Partnern wirst du in den ersten fünf Jahren wahrscheinlich nicht mehr als ein bis vier Personen finden, die sich tatsächlich als eine Führungskraft der Stufe vier qualifizieren würden.

Hier ist das Allerwichtigste, was dir über diese unterschiedlichen Stufen bewusst sein sollte: Du musst deine Zusammenarbeit mit deinen Partnern so anpassen, dass du mit jemandem immer nur eine Stufe oberhalb des Niveaus interagierst, das diese Person bereits selbst erreicht hat.

Nehmen wir beispielsweise an, du wärst eine Führungskraft der Stufe 4 und hättest gerade einen neuen Vertriebspartner gesponsert. Dann kannst du dich dieser Person gegenüber nicht aus deinem Elfenbeinturm wie eine Führungskraft der Stufe 4 verhalten. In diesem Fall musst du ihren Bedürfnissen gerecht werden, indem du ihr gegenüber als Führungskraft der Stufe 1 auftrittst. Wenn sie sich dann zu einer Führungskraft der Stufe 1 entwickelt hat, interagierest du mit ihr als Anführer der zweiten Stufe. Nur bei deinen Führungskräften, die bereits Stufe 3 erreicht haben, trittst du wie eine Führungskraft der Stufe 4 auf.

Führungskräfte der vierten Stufe sind für das Team wie die Wächter der Galaxis. Sie sind zu gleichen Teilen Mentor, Reiseleiter, Eltern, Coach, Manager, Anführer und Visionär. Führungskräfte der Stufe 4 sind der Klebstoff, der die gesamte Unternehmung zusammenhält - sie erschaffen die Teamkultur, inspirieren das komplette Vertriebsteam und sorgen dafür, dass alles in geordneten Bahnen verläuft.

Wenn du zu einer Führungskraft der Stufe 4 wirst, hast du eine Tätigkeit, die mit der Arbeit eines Vorstandsvorsitzenden in einem Multimillionen-Euro-Unternehmen vergleichbar ist. Du triffst Entscheidungen, die von monumentaler Bedeutung sind und die Zehntausende von Menschen betreffen. Aber wenn du morgen Jessica einschreibst, dann musst du mit ihr so arbeiten, als ob du ihr ganz normaler Sponsor wärst. Weil du es bist.

Die Aktivitäten, denen du nachgehen musst, um dich für jede einzelne Stufe zu qualifizieren, sollten wohldurchdacht sein. Sei ehrlich und bewerte dich selbst, auf welcher Stufe du dich tatsächlich befindest. Und erkenne auch, was du ändern musst, um die nächste Stufe zu erreichen. Denn das Wichtigste, was du jemals tun musst, um dein Team zu einer Fabrik für Führungskräfte werden zu lassen, ist, dich ständig selbst zu einer besseren Führungskraft weiterzuentwickeln.

Dieses Geschäft braucht keine weiteren Manager mehr. Davon haben wir bereits genügend.

Manager helfen anderen, sich so zu sehen, wie sie sind. Und manchmal ist das notwendig.

Aber Führungskräfte helfen Menschen zu erkennen, zu welcher Persönlichkeit sie werden könnten. Und das ist der Grund, warum wir dich als Führungskraft brauchen!

Kapitel 17

Erschaffe dir wahren Wohlstand – nicht nur "Instagram-Reichtum"

Hast du schon einen dieser Filme gesehen, in denen ein armer Schlucker von der Straße plötzlich reich wird und nicht weiß, wie er sich benehmen soll? (Zum Beispiel Julia Roberts, als sie von Richard Gere in *Pretty Woman* in das luxuriöse Restaurant ausgeführt wird?) Es ist ein zeitloses Klischee, das immer für einen Lacher gut ist.

Ich war solch ein Mensch.

Hierfür gibt es auch ein passendes Wort: Neureich. Es ist ein abwertender Begriff, mit dem aufstrebende Menschen beschrieben werden, die sich ihr Vermögen selbst erarbeitet haben, statt es von ihrer reichen, prominenten und glamourösen Familie zu erben.

Ich bin so ein Neureicher. 🤣 Manche Menschen, deren Familien seit Generationen wohlhabend sind, sehen auf die neuen Reichen herab. Sie scheinen zu glauben, dass es ehrenhafter ist, wenn deine Eltern dich zu einem reichen Menschen machen, statt dich dein Geld selbst verdienen zu lassen. Wie seltsam ist das?

Eine der großartigen Eigenschaften unseres Geschäft ist die Chance, wie viele Menschen in der Lage sind, echten Wohlstand für sich und ihre Angehörigen zu schaffen. Dies bringt allerdings auch ein paar Herausforderungen mit sich.

Unsere wichtigste Aufgabe besteht darin, diesen erst seit kurzer Zeit wohlhabenden Menschen zu helfen, die Veränderungen und Verantwortlichkeiten zu beherrschen, die mit dem Besitz von viel Geld einhergehen. Seit Jahren denke ich darüber nach, ein Buch mit dem Titel *Was du tun musst, wenn du plötzlich zu Geld kommst* zu schreiben. Ernsthaft.

Wenn du arm auf die Welt kommst und reich wirst, ändert sich alles. Die Anzahl der Hochzeiten, Geburtstage und Bar-Mitzwas, zu denen du eingeladen wirst, nimmt exponentiell zu. (Geh davon aus, dass du Einladungen vom Kabelinstallateur bis hin zur Supermarktkassiererin erhältst.)

Jetzt, wo du ernsthaft über Geld verfügst, musst du an Dinge wie Steuern, Investitionen und Nachlassplanung denken. Und du hast Freunde, Familienangehörige und Bekannte, die jedes Mal zu dir kommen, wenn sie einen Kredit benötigen, ein Unternehmen gründen wollen oder ein Heim für alleinstehende Lamas betreiben möchten.

Im Direktvertrieb bringen wir oftmals Menschen mit bescheidenem Einkommen ins Geschäft und verhelfen ihnen in eine Situation, in der sie jetzt ein extrem gut bezahlter Unternehmer sind. Die überwältigende Mehrheit dieser Menschen ist hierauf einfach nicht vorbereitet.

Daher begann ich vor ungefähr 15 Jahren, meine hochrangigeren Führungskräfte in zusätzlichen Punkten zu schulen: wie man anderen Menschen den Traum unseres Geschäfts nahebringt, wie man sein Geld in das Wachstum seines Geschäfts investiert und wie man mit seinem Geld sinnvoll umgeht. Im Folgenden möchte ich dich an einigen Bereichen dieses Trainings teilhaben lassen.

Ein wichtiger Hinweis: Ich bin kein Finanzplaner, Buchhalter, Investmentberater oder Steuerfachmann. Ich verfüge über keinerlei Ausbildung in diesen Bereichen. Um hierzu eine Beratung und Anleitung zu erhalten, solltest du eine qualifizierte Fachkraft engagieren.

Denke daran, ich bin nur ein Neureicher. Aber ich habe wahrscheinlich *mehr Geld verdient,* als die meisten deiner Bekannten, die über die oben genannten

Zertifizierungen verfügen. Und ich habe viele nützliche Erfahrungen gesammelt, wie dir die Art und Weise, wie du mit deinem Geld umgehst, dabei helfen kann, die Aktivitäten und Ergebnisse deines Teams positiv zu beeinflussen. Nimm daher den Rat, den ich dir auf den folgenden Seiten gebe, in diesem Zusammenhang - und nur in diesem Zusammenhang - an. (Und wenn du bereits zu den Unternehmensinhabern oder Top-Verdienern gehörst: Überlege dir, wie du diese Art von Schulung in deine Seminare und Incentive-Reisen für die Top-Partner auf den höheren Stufen integrieren kannst.)

Die Reihenfolge, um anderen den Traum nahezubringen ...

Es klingt schon fast lächerlich, dass es in unserem Geschäft notwendig ist, "anderen den Traum nahebringen" zu müssen. Aber spiele die Notwendigkeit dieser Aufgabe nicht herunter. Menschen werden ständig mit negativen und einschränkenden Glaubenssätzen klein gehalten. Viele Menschen vergessen einfach, wovon sie einmal geträumt haben oder geben ihre Träume sogar vollständig auf. Wir müssen ihnen daher helfen, diese Träume wieder zum Leben zu erwecken.

Stelle jedoch sicher, dass du dies mit Integrität und auf eine Weise tust, die dein Team tatsächlich vorwärts bringt und nicht rückwärts schreiten lässt. Du musst dir im Klaren darüber sein, welche Kultur du erschaffen willst.

Oftmals erzählen Menschen ihre Geschichten, in denen sie „wie Phönix aus der Asche auferstanden" sind, weil sie andere hierdurch inspirieren wollen. Sie veröffentlichen Fotos ihres Firmenfahrzeugs, ihrer kostenlosen Reise in das mondäne Strandresort und zeigen sich mit einer Wagenladung Schmuck, die einem Rapper peinlich wäre.

Andere Partner im Team dieser Leute möchten es ihnen gleichtun. Sie glauben, das Geheimnis bestünde darin, "so zu tun, als ob" und veröffentlichen Bilder von gestellten Fotoshootings. Manche Leute mieten sich für einen Tag einen teuren

Sportwagen und stellen sich dann in Social-Media-Posts und –Profilen dar, als ob es ihr Auto wäre. Sie scheinen irgendwie zu glauben, dass diese schrägen Inszenierungen andere Menschen zum Einstieg inspirieren würden. Oder dass alle ihre Teammitglieder jetzt fleißiger arbeiten werden. Und dann, so lautet die Logik, können sie sich diese Illusion des „Instagram-Reichtums" später auch selbst leisten.

Das letzte Mal, dass so etwas erfolgreich funktioniert hat, war niemals.

Hier ist eine andere Art von Falle, in die du nicht tappen solltest. Nehmen wir an, du verdienst monatlich bis zu 25.000 Euro. Nun siehst du im Laden eine schicke 25.000-Euro-Armbanduhr. Du sagst dir: „Die sollte ich jetzt kaufen. Wenn meine Teampartner sehen, dass ich mir so etwas leisten kann, werden sie motiviert sein und fleißiger arbeiten, so dass sich die Uhr schnell bezahlt macht. Außerdem ist es ja nur ein Monatseinkommen."

Ähm ... nein.

Erstens stellt dies kein Monatseinkommen, sondern nur eine monatliche Bruttoprovision dar. Von diesen 25.000 Euro müssen Steuern abgezogen werden, die zwischen 7.000 und 10.000 Euro liegen können. Und was ist mit den Flugtickets und Hotelzimmern, die du in diesem Monat bezahlt hast? Und den anderen Marketingmaterialien und sonstigen Ausgaben?

Für die erwähnte Uhr sind also möglicherweise Einnahmen in Höhe von drei oder vier Monatsprovisionen erforderlich. Und die Wahrscheinlichkeit, dass hierdurch eine solch großartige Umsatzsteigerung entsteht, dass sich die Uhr schnell amortisiert, ist so gering, dass du ein Mikroskop bräuchtest, um sie erkennen zu können.

Ich habe kein Problem damit, dass du dir teure Uhren kaufst. (Ich bin selber süchtig danach und besitze mehr als 200 Stück.) Aber kaufe sie dir dann, wenn du sie dir leisten und sie bar bezahlen kannst. Und weil du Freude daran hast - nicht aus der dummen Überzeugung, dass du dein Team dadurch vergrößern wirst.

Oftmals mieten oder kaufen sich Leute in unserem Geschäft ein größeres Haus, als sie es sich leisten können und denken ebenfalls, dass sie ihre Teammitglieder damit beeindrucken und inspirieren würden. Aber in Wirklichkeit werden nur sehr wenige Leute aus deinem Team jemals bei dir zu Hause sein. Was die meisten Leute stattdessen zuerst bemerken, sind deine Kleidung und deine Schmuckstücke - weil sie dich so oft bei den Veranstaltungen sehen werden.

Viele Leute denken, dass sie durch Kauf oder Leasing eines teuren Autos oder eines beeindruckenden Eigenheims viele neue Partner gewinnen werden. Doch das wird nicht geschehen. Stelle daher bitte sicher, dass in der Kultur deines Teams niemand zu unüberlegten finanziellen Entscheidungen ermutigt wird.

Das beste Bewusstsein, das du in deinem Team entstehen lassen kannst, ist ein Umfeld, in dem sich aufstrebende Führungskräfte von erfahrenen Führungskräften beraten lassen, bevor sie wichtige finanzielle Entscheidungen treffen. Es gibt eine Hierarchie, nach der du deinen Lebensstil deinem steigendem Einkommen anpassen solltest. Ich empfehle (und halte mich selbst) an diese Reihenfolge:

- Kleidung
- Schmuck bzw. Uhren
- Fahrzeug(e)
- Erster-Klasse-Reisen
- Wohnung bzw. Haus
- Privatflüge, Yacht, usw.

Wenn jemand anfängt, ernsthaft Geld zu verdienen, muss er im üblichen Szenario zuerst seine Garderobe und sein Erscheinungsbild aufrüsten. Wie bereits besprochen, haben viele Menschen, die wir in dieses Geschäft bringen, keine Erfahrung mit Mode oder Geschäftskleidung. Das ist völlig in Ordnung - wir alle müssen irgendwo anfangen.

Wenn Männer erfolgreicher werden, sollten sie ihre Anzüge von der Stange, die nie auf ihre Maße geändert wurden, vom Schneider so anpassen lassen, dass wie wirklich sitzen. Später werden sie sich dann wahrscheinlich für maßgeschneiderte Anzüge entscheiden. Einige Damen müssen zuerst den Unterschied zwischen einem Abendkleid und einem Business-Kostüm kennen lernen. Wer dann als Führungskraft die höchsten Stufen erreicht, wird seine Ehrungen auf Gala-Bühnen entgegen nehmen, bei denen Smoking und Abendkleid als Dresscode vorgegeben sind. Einige Partner werden hierzu die Beratung ihrer Upline benötigen, wo und wie sie diese Artikel am besten kaufen.

Als nächstes möchtest du dir vielleicht ein paar schöne Schmuckstücke zulegen. Wenn dein Unternehmen ein Firmenwagen-Programm bietet, wird die Auswahl deines Fahrzeuges vermutlich hierdurch beeinflusst. Wenn es in deiner Firma kein Fahrzeugprogramm gibt, dann berate deine Mitarbeiter, damit diese nicht Gefahr laufen, sich durch zu hohe Fahrzeugkosten zu ruinieren. Es wird besser sein, wenn sie ihr Geschäft zunächst weiter ausbauen und genug Geld beiseite legen, damit sie ihr nächstes Auto bar bezahlen können.

Berate deine Partner auch weiterhin, wenn sie fortfahren, die Leiter hinaufzusteigen. Halte sie dazu an, zuerst ihr Girokonto auszugleichen, eventuelle Kreditkartenschulden abzuzahlen und daran zu arbeiten, schuldenfrei zu werden. Wenn ihr Geschäft wächst und ihr Einkommen weiter steigt, können sie ihren Lebensstil entsprechend ändern.

Du wirst in deinem Geschäft viel mehr Erfolg haben, wenn du eine Kultur des schuldenfreien Lebens förderst. Statt Menschen zu ermutigen, Instagram-

Reichtümer vorzugaukeln und darauf zu hoffen, dass dieser Werberummel neue Interessenten anlockt. Hilf deinen Partnern, ihr Geld mit Bedacht zu investieren und ihren Lebensstil zurückhaltend zu steigern. Du und deine Partner sollten das Geschäft mit Blick auf die Zukunft aufbauen.

Wenn du dir ein großartiges Zuhause mit einer Garage für 10 Autos, einen Privatjet und eine Schmuckschatulle wünschst, deren Glitzern den Sternen Konkurrenz macht, habe ich damit kein Problem. Aber wenn du diese Dinge nicht bar bezahlen kannst, lass es bleiben.

Ich habe Millionen von Dollar verdient. Aber ich verspreche dir, *dass du dich niemals reicher fühlen wirst als an dem Tag, an dem du die letzte offene Rate deiner Kreditkarte abbezahlt hast und schuldenfrei bist.*

Das andere Bewusstsein, auf das es diesem Bereich so sehr ankommt, besteht darin, in dein Geschäft zu investieren. Viele Menschen wollen ihre Arbeitsstelle kündigen und dann von ihrem Geschäft leben. Das ist ein tolles Ziel. Aber zu viele Leute versuchen es zu früh. Der Grund, warum das „Nahebringen des Traums" tatsächlich funktioniert, besteht darin, dass man sehen kann, wie andere Menschen die finanzielle Leiter hinaufsteigen. Man sieht, wie sich deren Lebensstil verbessert.

Nehmen wir also an, eine Dame verdient in ihrem Beruf 50.000 Euro pro Jahr. Sie hat Kreditkartenschulden, ein Studentendarlehen, Leasingraten für ihr Auto und eine Hypothek am Hals. Sie schließt sich deinem Team an und erreicht ein Einkommen in Höhe der 50.000 Euro, die sie bisher verdient hat. Also kündigt sie ihre Arbeitsstelle.

Doch ihr Lebensstil hat sich bisher nicht bedeutsam verändert. Sie ist weiterhin ein Mensch, der 50.000 Euro verdient und mit Kreditkartenschulden,

Studentendarlehen, Leasingraten und einer Hypothek zu kämpfen hat. Sie kann jetzt zwar von zu Hause aus arbeiten, das ist sicher eine Verbesserung. Doch ihre finanzielle Situation hat sich nicht verbessert.

Daher solltest du lieber für ein Bewusstsein sorgen, bei dem sie weiterhin mehr Zeit für ihr Geschäft aufbringt, ihre Arbeitsstelle aber gleichzeitig behält. Alle Einnahmen aus ihrem Geschäft investiert sie entweder erneut in ihren Geschäftsaufbau oder sie zahlt ihre Schulden zurück. Wenn sie schuldenfrei ist und danach ihre Arbeitsstelle kündigt, haben sich ihr Lebensstandard und ihre finanzielle Sicherheit verbessert.

Bei einer der bekanntesten Landminen, der erstmals erfolgreiche Partner gern zum Opfer fallen, handelt es sich um Steuerzahlungen. Die meisten Menschen sind es gewohnt, dass ihre Steuern automatisch vom Gehaltsscheck abgezogen werden. Wenn sie dann beginnen, unternehmerisch tätig zu werden, legen sie nicht jeden Monat die nötigen Beträge für ihre Steuern beiseite. (Ich wusste damals nichts davon. 😬) Dies kann sich schnell in eine Lawine verwandeln und extremen Druck verursachen. Kläre deine Teampartner also frühzeitig auf, damit du dieses Szenario vermeiden kannst.

Investiere zu Beginn alles, was du verdienst, wieder zurück in dein Geschäft. Wenn deine Provisionseinnahmen dann steigen, sollte der prozentuale Teil deiner Geschäftsausgaben sinken. Eine sinnvolle Strategie, um dir echten Wohlstand aufzubauen, ist, den Prozentsatz deiner Ersparnisse zu erhöhen, wenn die Beträge auf deinem Scheck größer werden. Die Grafik auf der folgenden Seite liefert dir ein Beispiel, wie dies auf verschiedenen Einkommensstufen aussehen kann.

Grafik: Das Budgetieren deines Provisionsschecks

Beispiel 1

Posten	**Betrag**	**%**
Provisionsscheck	€ 10 000	—
Geschäftsausgaben	2 500	—
Rohgewinn	7 500	100
Der Zehnte	750	10
Steuern	2 625	35
Ansparungen	750	10
Lebenshaltung	**€ 3 375**	**45**

Beispiel 2

Posten	**Betrag**	**%**
Provisionsscheck	€ 40 000	—
Geschäftsausgaben	10 000	—
Rohgewinn	30 000	100
Der Zehnte	3 000	10
Steuern	10 500	35
Ansparungen	4 500	15
Lebenshaltung	**€ 12 000**	**40**

Beispiel 3

Posten	**Betrag**	**%**
Provisionsscheck	€ 100 000	—
Geschäftsausgaben	15 000	—
Rohgewinn	85 000	100
Der Zehnte	8 500	10
Steuern	29 750	35
Ansparungen	17 000	20
Lebenshaltung	**€ 29 750**	**35**

Du magst vielleicht glauben, dass es unmöglich ist, 40.000 oder 50.000 Euro im Monat zu verdienen und in finanzielle Schwierigkeiten zu geraten. Aber ich kann dir versichern, dass dies nicht nur möglich ist – sondern in unserem Geschäft viel zu oft vorkommt. Sorge also dafür, dass in deinem Ausbildungsplan und in deine Teamkultur auch ein Verständnis für Finanzdinge vermittelt wird. Dann haben deine Partner eine weitaus größere Chance, wahre finanzielle Sicherheit zu erlangen.

Und als Nächstes...werden wir alles zusammenfassen – und über eine brutale Wahrheit sprechen, die dir sonst niemand verraten wird!

Kapitel 18

Die brutale Wahrheit, die dir sonst niemand sagen wird ..."

20:00 Uhr. Das Telefon klingelte. (Nein, es war nicht das Sirren meines Smartphones. Sondern des Telefons, das an der Wand festgeschraubt war, zwischen Hörer und Apparat ein 5 Meter langes Kabel. Du kannst es googeln. 🤣 Es war Jim, mein Partner, der sich mit mir in unserem erfolglosen Geschäft abmühte.

"Hey, was machst du diesen Samstagnachmittag?" fragte er.

"Ich denke, ich habe Zeit. Warum? Was gibt es?"

"Es könnte sein, dass du mich beschützen musst ..."

Da ich Jim nicht als hilflos in Erinnerung hatte, sagte ich: "Dich beschützen? Wovor?"

"Nun, ich war heute an der Tankstelle und der Kerl auf der anderen Seite der Zapfsäule fing an, mit mir übers Geldverdienen zu reden. Er kommt vorbei, um mir etwas zu zeigen. Ich möchte gern, dass du bei mir bist, um mich zu beschützen, denn ich denke, es geht um Amway."

"Amway? Was ist Amway?" wollte ich wissen.

"Du weißt nicht was Amway ist! Es ist diese Geschichte, wo sie all die Kreise aufzeichnen, wie man Geld verdient."

"Jimmy, ich weiß nichts über Kreise oder über Amway. Aber wenn es um Geldverdienen geht – wir müssen Geld verdienen!"

Dieser schicksalhafte Samstag brach an. Der Bursche saß uns an Jimmys Küchentisch gegenüber, griff in seine Aktentasche, zog einen A4-Block und einen roten Stift heraus. Dann zeichnete er oben auf das Blatt einen Kreis. In diesen Kreis schrieb er das Wort "Du."

Unter diesen Kreis zeichnete er fünf weitere Kreise. Und darunter nochmals 25. Und dann 125. Und dann....

Ich begann zu halluzinieren. Als Schulabbrecher mit begrenztem Bildungshintergrund hatte mir noch nie jemand das Konzept der Hebelwirkung gezeigt. Ich hörte, wie Elvis *Blue Suede Shoes* sang.

Ich bin sofort eingestiegen. Und obwohl ich nicht bei Amway geblieben bin, ist es mit Sicherheit eine gute Firma, die vielen Menschen geholfen hat. Und da sie ungefähr 8 Milliarden Dollar pro Jahr umsetzen, scheinen sie auch ohne mich gerade so über die Runden gekommen zu sein.

Ich konnte es damals noch nicht wissen, aber die Entscheidung, mit 20 Jahren im Direktvertrieb einzusteigen, sollte mein Leben für immer verändern.

Ich habe Millionen Dollar an Provisionen und eine ganze Flotte exotischer Supersportwagen verdient, habe in wunderschönen Häusern auf der ganzen Welt gelebt und bin in mehr als 70 Länder gereist. Und das sind noch die unwichtigsten Dinge, die ich davon hatte ...

Dieses Geschäft führte mich in das Konzept der Persönlichkeitsentwicklung ein. (Ein Konzept, von dem ich nicht einmal wusste, dass es existiert.) Auf diese Weise begann für mich eine lebenslange Reise, die einen jungen, naiven, unsicheren Menschen mit einer ausgeprägten Sozialphobie in eine selbstbewusste, ausgeglichene Person mit gesundem Selbstwertgefühl verwandelt hat.

Und es hat mir den allergrößten persönlichen Nutzen gebracht: Wertvolle, geschätzte Beziehungen zu außergewöhnlichen Menschen.

Wenn ich meinem damaligen naiven 20-jährigen Ich einen Brief schreiben könnte, würde ich ihm Folgendes sagen…

Lieber junger Randy,

jetzt, wo du dich auf diese neue Reise in deinem Leben begibst, möchte ich, dass du vorab einige Dinge weißt. Ich bin in die Vergangenheit gereist, weil diese Lektionen für deinen zukünftigen Erfolg und für dein Glück unglaublich wichtig sind. Es handelt sich um die Lektionen, die du in den nächsten vier Jahrzehnten lernen wirst. Gestatte mir, sie dir jetzt schon zu enthüllen …

Wenn du dein erstes Meeting abhältst, wird niemand auftauchen.

Ich weiß, dass du bereits all die vielen Telefonate geführt hast. Ich weiß auch, dass 17 Leute ihr Erscheinen im Voraus bestätigt haben. Keiner von ihnen wird kommen. Nicht einer.

Aber du wirst an diesem Abend eine Wahl treffen. Du wirst dich entscheiden, ob du aussteigen oder deiner Zukunft eine bessere Chance geben möchtest. Du wirst tief in dich gehen und zu einer faszinierenden Offenbarung kommen. Du wirst feststellen, dass du die ehrgeizigste Person bist, die du kennst. Und dies wird die Grundlage für deinen späteren Erfolg im Leben erschaffen.

Du wirst einen schrecklichen Sponsor haben.

Im Verlauf deiner Jahrzehnte in diesem Geschäft wirst du eine Reihe von Sponsoren erleben. Aber derjenige, der deine Zukunft am meisten beeinflusst, wird der schrecklichste von allen sein. Bitte sei dir im Klaren, dass dich ein schwacher Sponsor stärker macht. Anders wird es nicht funktionieren.

Investiere früher in deine Zähne.

Es wird eine Korrekturoperation nötig sein und das Entfernen eines Zahns sowie das Tragen von Zahnspangen erfordern. (Drei Stück.) Aber schlechte Zähne sind ein echtes Hindernis. Weil du jedes Mal Angst hast, zu lächeln. Aber ein Lächeln ist das effektivste Werkzeug zur Kontaktgewinnung, das jemals erfunden wurde. Investiere also früher in deine Zähne. Außerdem bieten die meisten Zahnärzte Finanzierungsmöglichkeiten an.

Wenn du zweifelst und dir nicht sicher bist, in welche Richtung du schreiten sollst, werde aktiv.

Aktivität heilt Aufschieberitis. Aktivität reduziert Stress. Aktivität heilt Zweifel. Aktivität besiegt Angst.

Niemand aus deiner unmittelbaren Familie wird bei deinem Geschäft mitmachen.

Okay, ein paar Leute werden sich einschreiben, um dich zu beruhigen. Aber kurz darauf werden sie wieder aussteigen. Und das ist in Ordnung.

Manchmal bist du der „Prophet im eigenen Land". Und diejenigen, die dir am nächsten stehen, können den alten, festgefahrenen Eindruck, den sie von dir haben, einfach nicht loslassen.

Sei einfach du selbst. Schon viel früher.

Im Moment wird dir gesagt, dass der einzige Weg zum Erfolg darin besteht, einen blauen Anzug, ein weißes Hemd und eine rote Krawatte zu tragen. Und du wirst diesen Rat an andere weitergeben, weil du es selbst nicht besser weißt.

Sei nicht so schnell bereit, konventionelle Weisheiten zu akzeptieren, was professionell, angemessen oder normal sein soll. Respektiere diese Informationen, denke darüber nach, aber akzeptiere sie nicht blindlings. Der einzige Weg, wie du jemals zu einem großartigen Anführer werden und den Werdegang des Universums verändern kannst, besteht darin, dein absolutes, wahres und authentisches Selbst zu sein. Diejenigen Menschen, die dich nicht akzeptieren, sind nicht deine Leute. Und du solltest nicht einmal zwei Sekunden damit verbringen, dir darüber Sorgen zu machen.

Andere Menschen zu beleidigen ist keine sehr effektive Strategie, um sie für dein Geschäft zu gewinnen.

Wenn du ganz neu in dieser Branche bist, dann bist du völlig davon überzeugt, dass du und dein Unternehmen die größten der Welt seid. Und dass jede andere Geschäftsgelegenheit einfach nur minderwertig sein kann. Aber anderen Menschen zu sagen, wie dumm sie sind, mit einem anderen [Unternehmen, Vergütungsplan, Produkt, Sponsor] als dem deinen zu arbeiten, sorgt nicht für die Ergebnisse, die du dir davon versprichst.

Hör auf, so hart mit dir selbst ins Gericht zu gehen.

Das Gegenteil von Erfolg ist nicht Misserfolg. Das Gegenteil von Erfolg ist Mittelmäßigkeit. Scheitern, Hindernisse und Fehler sind wesentliche Bestandteile des Weges zum Erfolg. Lass dein Mantra wie folgt lauten:

Meine Laster sind Teil meines Lernens, meine Tugenden gehören zur Wahrheit, meine Weisheit kommt von meinen Fehlern, und meine Herausforderungen schaffen meine Siege.

Erkenne früher, wie wichtig deine Vision ist.

Oh, das wirst du noch entlang des Weges herausfinden. Aber beschleunige den Prozess. Denn der Zustand, den du letztendlich erreichen willst, ist Selbstbeherrschung.

Doch Selbstbeherrschung bedeutet, wie jede Art von Meisterschaft, besser zu sein als andere und ein Höchstmaß an Anstrengung, Routine und Ausführung zu erreichen. Die Bereitschaft, Opfer zu erbringen, um einer der Besten zu sein. Und sobald du diese Art von Meisterschaft erlangt hast, verwandelt sich das Geschäft. Es ist nicht länger schwierig und anstrengend, sondern wird angenehm und fast mühelos. Lass mich dir also zeigen, wie du dorthin gelangst. Auf den Punkt gebracht, ist die Formel für Selbstbeherrschung äußerst einfach und dennoch bemerkenswert tiefschürfend.

Meisterschaft entsteht durch Überzeugung. Überzeugung entsteht durch das Erreichen von Zielen. Das Erreichen von Zielen hängt von deinen täglichen Gewohnheiten ab. Deine täglichen Gewohnheiten geschehen anhand der Vision, die du von dir hast.

Wenn du deine Träume definiert und die wahre Vision des Menschen geschaffen hast, der du werden möchtest, dann werden dich deine täglichen Gewohnheiten zu dieser Person machen. Womit wir zum nächsten Punkt auf meiner Liste gelangen ...

Träume größere Träume.

Denn wenn deine Träume nicht mutig, gewagt und ein wenig beängstigend sind - warum solltest du dann deine Zeit damit verschwenden?

Integrität wird dir ein guter Diener sein.

In deinem späteren Leben wirst du auf ein sehr kleines, aber überaus weises grünes Männchen treffen. Es wird dir raten: "Wenn du den schnellen und einfachen Weg wählst, wie es Vader getan hat - wirst du ein Agent des Bösen." Dieser Rat wird dir den Rest deiner Tage von Nutzen sein.

Es wird Unternehmen geben, die dir unter der Hand geheime Deals anbieten werden. An irgendeinem Tag werden sie mit einem Köfferchen und 100.000 Dollar bar erscheinen. Und anbieten, es für dich zurückzulassen, wenn du eine Empfehlung für ihr Unternehmen aussprichst. Du wirst diese Angebote ablehnen, obwohl du das Geld zu diesem Zeitpunkt wirklich brauchen könntest. Aber du wirst froh sein, dass du so gehandelt hast, wie du es getan hast. Deine Integrität wird das mächtigste Werkzeug werden, das du jemals haben wirst, wenn du andere Menschen für dich gewinnen willst.

Deine Freiheit befindet sich auf der anderen Seite deiner Ängste.

Die Interessenten, die du am meisten fürchtest, sind in der Regel die besten. Die Arbeit, die am einschüchterndsten wirkt, liefert oft die größte Befriedigung. Und das Ziel, das am entmutigendsten zu sein scheint, ist in Wirklichkeit dasjenige, welches die stärkste Anziehung auf dich ausübt.

Sei dir bewusst, dass du für einen echten Unterschied sorgen wirst.

Ja, du wirst voller Selbstherrlichkeit über die Bühne schreiten, wirst ein Vermögen verdienen und dir einen Namen machen. Du wirst erfolgreich werden. Und wisse auch, dass du eines Tages etwas viel Unbezahlbareres sein wirst, als lediglich Erfolg zu haben: du wirst bedeutungsvoll sein.

Denke darüber nach, welche indirekten Auswirkungen unser Geschäft auf die Menschheit hat. Wie viele Beziehungen wurden gestärkt oder gerettet, weil sich Ehepartner wieder zusammengeschlossen haben, um auf ein gemeinsames Ziel hinzuarbeiten? Wie viele Mütter (und Väter) konnten nach Hause zurückkehren und ihre Kinder selbst großziehen, anstatt jemand anderen dafür zu bezahlen?

Wie viele Millionen Menschen - die nicht einmal Vertriebspartner geworden sind - haben ihr Leben durch die Produkte einer Direktvertriebsfirma verbessert? Was ist mit den verlorenen Pfunden, dem wieder ausgeglichenen Nährstoffhaushalt, der neu gewonnenen Vitalität? Oder vielleicht ist es einfach nur das Geld, das durch einen günstigeren Telefon-, Gas- oder Stromanbieter gespart und jetzt für einen besseren

Zweck genutzt wird?

Wie viele Menschen können aufgrund des Einkommens und der Freiheit, die sie durch dieses Geschäft erreicht haben, wohltätige Zwecke unterstützen? Ein zukünftiger Präsident, der Arzt, der ein neues Heilmittel gegen eine Krankheit findet, oder die Person, die das Raumschiff baut, das uns auf den Jupiter bringt, könnte ihr Studium möglicherweise mit dem Geld finanziert haben, das ihre Eltern heute im Verkauf mit Hebelwirkung verdienen.

Und ja, es gibt Zehntausende von Menschen in diesem Geschäft, die niemals reich sein werden. Akzeptiere das. Denn die Möglichkeit ist für sie weiterhin vorhanden, wenn sie sich dafür entscheiden möchten. Die meisten Menschen werden einfach nur von den Produkten profitieren, einige werden das persönliche Wachstum zu schätzen wissen und diejenigen, die es ernst meinen, werden wohlhabend.

Was immer du also tust, wird für einen Unterschied sorgen. Verlier das nie aus den Augen.

Hochachtungsvoll,

Dein zukünftiges Du

Natürlich wissen wir beide, dass ich niemals zurückkehren und meinem jüngeren Ich diese Dinge mitteilen kann. Aber ich kann sie dir mitteilen.

Daher habe ich es getan.

EMPFOHLENE RESSOURCEN

MEHR VON RANDY GAGE IN DEUTSCHER SPRACHE:

www.randygage.de

MEHR VON RANDY GAGE IN ENGLISCHER SPRACHE:

www.randygage.com

www.leveragedsales.com

Mastermind Event:
www.mastermindevent.com

Randy's Leadership Academy:
www.gagevt.com

Power Prosperity Podcast:
anchor.fm/powerprosperity

Danksagungen …

Ob du es weißt oder nicht, du bist wahrlich durch die Menschen in meinem Leben gesegnet. Das Buch, das du gerade gelesen hast, ist auf Grund eines Teams hingabebereiter Fachleute (die gleichzeitig auch wundervolle Menschen sind) unvergleichlich besser geworden. Sie haben ihre Zeit, ihr Fachwissen und ihr Mitgefühl großzügig geopfert, um zu helfen, eine Ressource zu erschaffen, die dich und Millionen anderer Menschen auf der ganzen Welt ihren Träumen näher bringt.

Ich möchte dieser Gruppe von Superstars meinen tiefsten und herzlichen Dank aussprechen. Jede Person, die auf den vorderen Seiten mit einem Zitat versehen ist, hat auch eines der Kapitel gegengelesen und äußerst wertvolle Ratschläge geliefert, um das Buch für dich noch wertvoller zu machen. Mein Dank gilt auch der Lektorin Vicki McCown, die ich dafür bezahle, gemein zu mir zu sein. Und auch dem engagierten Team bei Wiley, die mich dafür bezahlen, dass sie gemein zu mir sein dürfen: Matt Holt, Zach Schisgal, Vicki Adang, Peter Knox, and Shannon Vargo. Und auch Bob Erdmann, der meine Arbeit in vielen Sprachen auf der ganzen Welt verbreitet.

Möge die Macht mit euch allen sein!

Über den Autor

Wenn du im Verkauf mit Hebelwirkung erfolgreich werden möchtest, gibt es wahrscheinlich niemanden auf der Welt, der ein besser qualifizierter Coach ist als Randy Gage. Als eine Ikone unseres Berufsstandes half Randy dabei, den Direktvertrieb in vielen Entwicklungsländern voranzubringen und hat die Spitzenverdiener unzähliger Firmen geschult. Er hat nachweislich mehr Einkommensmillionäre in dieser Branche ausgebildet als irgendein anderer lebender Trainer.

Vor allem aber schult Randy aus seiner tatsächlichen Erfahrung, hat als Vertriebspartner Millionen Dollar verdient und ein Team von mehr als 200.000 Partnern aufgebaut. Im Jahr 2014, war Randy die erste Person, die in die Direct Selling Hall of Fame eingeführt wurde.

Randy ist der Autor von 11 Büchern, die in 25 Sprachen übersetzt wurden, darunter die New York Times-Bestseller Risiko ist die Neue Sicherheit und Mad Genius. Er hat auf der ganzen Welt zu mehr als zwei Millionen Menschen in 50 Ländern gesprochen und wurde auch in die Speakers Hall of Fame aufgenommen. Wenn er nicht gerade auf der Bühne umherturnt oder in seiner einsamen Dachkammer beim Schreiben sitzt, wirst du ihn wahrscheinlich auf der dritten Base für irgendein Softball-Team spielen sehen.